郭嵩焘与近代西方天文学

KUO SUNG-TAO AND THE MODERN WESTERN ASTRONOMY

庞雪晨 著

人民出版社

郭嵩焘（1818~1891）

His Excellency Kuo-Sung-Tao, the Chinese Envoy Extraordinary and Chief
of the Mission to Great Britain
The Graphic, Feb 24th, 1877, p.188.

目　录

图表目录

序一

日前庞雪晨女士来访，这是她与我首次会面。她说自己在中科院自然科学史所师从韩琦研究员做博士后科研工作，此前所著《郭嵩焘与近代西方天文学》一书，即将由人民出版社出版。

郭公为清末驻外国使节之一。郭公大名我有些耳熟。

我先查阅我的祖父梁济（字巨川）的《感劬山房日记》，其中尝说道："中国士夫不思体谅爱护，而必多方屏斥，不以人齿，即不涉洋务之事，一见郭嵩焘之名，每避之唯恐不速（下略）"

我再查阅先父梁漱溟的文稿，又有以下发现：

"回忆十六七岁时，我很喜欢看广智书局出版的三名臣（曾国藩、胡林翼、左宗棠）书牍和三星使（郭嵩焘、曾纪泽、薛福成）书牍，圈点皆满。而尤其爱胡公与郭公之为人，正是由于受父亲影响。胡公主要是代表一种侠气热肠人对大局勇于负责的精神，把重担子都揽在自己身上来，有愿力有担当，劳怨不辞。郭公主要是代表独具深心远见的人一种实事求是的精神，不与流俗同一见解，虽犯众议而不顾。我父和彭公（彭翼仲）的行动与言论，几乎无时不明示或暗示这两种精神；我受到启发后，这两种精神亦就几乎支配了我的一生。"

胡公与郭公的精神均令人感动令人景仰，是人们的榜样，应向其学习。先父梁漱溟深受他们二位精神的感染与影响，因而先父一生行动言论，随时随地显示出胡、郭二公之精神。这对先父梁漱溟的为人具有一种支配力量。

以下再谈《郭嵩焘与近代西方天文学》——庞雪晨女士的这一研究工作。

庞女士既对郭公本人加以研究，又对郭公出使期间本人涉及近代西方天文学的思想和活动展开研究，可谓两面兼顾，十分周至，这当然要有勇气有自信才行。

我祝愿庞雪晨女士在学术研究的道路上，走得更远走得更好！

如今我为此书写出序言，得尽一臂之力，令我深感荣幸。为此，我应感谢此书作者才是，因为是她给我提供了这个机会。

是为序。

梁培宽于北大承泽园
2018-03-24
时年九十有三

序二

立夏已过，万物长大。

九年前，也是立夏过后，庞雪晨参加了山西大学科学技术史专业的博士考试，以优异的成绩成为我的学生，从此开始了她与郭嵩焘研究的不解之缘。

受我科学史启蒙业师吴以义先生《海客述奇——中国人眼中的维多利亚科学》一书的启示，十多年来我对郭嵩焘颇感兴趣。一方面，作为服膺孔孟之道又是湖湘船山信徒的士大夫，同时是科学技术的门外汉，却被"天朝"派驻西方第二次工业革命的旋涡，郭嵩焘其人不正是科学社会学、中外科技交流史再好不过的研究范本吗？另一方面，百年来关于郭嵩焘的研究不可谓不多，但几乎未有从科技方面的专门、系统的切入。而事实上，在其皇皇六十余万言的出使英法日记中，科技内容特别是他在英法的科技考察记录至富至详，有时甚至连篇累牍。所以，离开科技这一重要的视角，是不可能全面准确地把握住郭嵩焘的思想及其脉络的。基于这样的构想，东华大学科技哲学硕士生甄跃辉在我的指导下完成了《郭嵩焘科技观初探：基于〈伦敦与巴黎日记〉的研究》的学位论文。但这仅是宏观的定性研究，留下的空白特别是史料的解读和计量还很多，对科技如何影响郭嵩焘思想的发掘更有极大的深入空间。我把这一想法和庞雪晨一交流，她便生出极大的好奇，在对郭嵩焘日记进行了一些时间的研读后，便坚定地对我说，她准备选取郭嵩焘日记中的科技内容以系统专门的研究作为博士论文的方向！

　　庞雪晨坐得住冷板凳，有着异乎同龄人的学术情怀和为学志向。作为土生土长的北京独生女孩，却选择了"周游"全国来实现"读万卷书""行万里路"的学术历练。先是在西子湖畔的浙江工商大学读编辑出版专业本科，浸润着春风十里的江南灵秀；又负笈远赴滇池高原的昆明理工大学攻读科技哲学硕士学位，师从我中国科技大学的博士师弟于波教授，受到严格、系统的专业训练，仅两年就提前毕业，而且论文被评为优秀！接着，在唐风晋韵、文脉龙城的山西大学潜心钻研，博士就读期间在《自然辩证法研究》《自然辩证法通讯》《中国科技史杂志》等专业权威期刊发表学术论文 5 篇。仅《自然辩证法研究》就发表了 3 篇！以至于在答辩现场，一位教授不无感慨地说："凭这些，就够评教授的了！"自然，她的博士论文被评为优秀；再后来，为悠久的中原文化所感召，毅然奔赴新乡医学院工作，并开辟了医学史的第二学术战场，很快她的医学史研究论文就发表在《自然科学史研究》这一国内科技史的最高学术期刊之上；再再后来，投中国科学院自然科学史研究所副所长韩琦研究员门下，回到衣胞之地北京在科技史的"国家队"继续博士后研究工作……正是"东南西北中"的一个大"圈"，她完成了学术生涯的"万里行"，也从而点亮了别样精彩的学人青春。

　　作为学术学人，庞雪晨是有"学问"和"学品"的。

　　首先，"学"得扎实。要对郭嵩焘六十余万言、皇皇数千页中的科技内容逐行逐句、逐段逐页、逐节逐章进行分辨解读、统计分析，这本身就是一个浩繁的工程。况且，又涉及天文、物理、化学、生物、地理等学科，还有钢铁、铸炮、造船、印刷、造币、发电、化工、农机、电报、电话等技术，以及大学、科学院、研究所、天文台、博物馆、动物园、植物园、博览会、医院等机构。而这些科技内容，又是以文言文甚至湘乡土话夹杂着英文音译形式记录的。这对于非理工科班出身的庞雪晨来说，无异于天书一部。天下无难事，只怕有心人！她以极大的毅力和耐心，不仅跨越了学科天堑，而且将研究范围延伸到 230 余万字的郭嵩焘整个的日记，使本书立于更雄厚、更坚实的基础之上。同时，还以极大的付出，大海捞针，将150年前英法报纸等出版物上的图片、新闻、评论、广告等找到、译出，使本书更符合科技史研究的文献考据规范，也从而更形象直观、活泼生动。知易行难，正是甘愿坐冷板凳，她完成了对郭嵩焘日记科技内容的梳理和统计。结果令人惊异而振奋。宏富，太宏富！仅天文学内容就足以支撑起一篇博士论文。于是，在分类归纳、计量分析之后，切取天文学部分进行具体研究，并力争作为范例，为将来其他部分的延伸以至整体研究打下基础。她多次对我说，郭嵩焘科技内容是她终身研究的一个学术目标。所以，本书只能说是她关于郭嵩焘科技内容研究的第一部。但就是这一部，已然确定了郭嵩焘天文学部分的史料基础（What，是什么）。

其次，"问"得严谨。尽管资料的发掘与考据是庞雪晨的长处，但她的研究不是简单的资料堆积或流水账式的整理，也不是"资料长编加按语"，而是有着理论和思想的引导，即强烈的问题意识，问题引导、解决问题再到新的问题，研无止境，问无终点。最重要的是，相关问题不是泛泛之问、无物之问，而是有的之问、有物之问，问得严谨！本书开篇即以中日对比，即岩仓使节团出使欧美塑造了日本的近代化转型，相反郭嵩焘出使英法却招致毁版革职甚至开棺戮尸，引出沉重但深刻的科学社会学问题。然后以天文学切入，管中窥豹，旨在回答郭嵩焘在哪些方面"超越"了时代（How，如何是）？其中，科学技术起到了怎样的作用（Why，原因是）？之所以"问"的严谨，这不仅与庞雪晨弥补了科技功底的不足有关，而且是充分发挥了其人文素养特别是历史、哲学和文学等先天优势的硕果。通读这部著作会发现，科技、历史、哲学和文学等学科文理交融、中西会通，信息量极大，严肃而不失生动，充实之外有光辉，加之文笔优美、图文并茂，可谓文化大餐，科史佳作，令人本能地感到畅快。

最后，"品"得端正。除了有"学"有"问"——使人不经意间从What经How深入Why之外，本书最大的特色是"学品"极佳。除了在资料上做足功夫之外，本书引证、考据也极为宏富而严格，无论中文还是外文，都尽可能是第一手文献，哪怕万里之遥也要得之眼前，举凡信札、奏稿、诗文、报刊、档案等，力求言之有据、一份材料说一份话，"避主观而重客观"；而且，几乎不举孤证，而是努力找出尽可能多的证据包括旁证，如郭嵩焘三记金星凌日、三论西方宇宙图景、四观英法天文台以及四述海王星等等。即使偶有孤证，也尽可能旁征博引、比较对照；此外，对于诸如天文仪器、宇宙图景、光谱实验、金星凌日、科学方法乃至天文教育这些科技的"内核"，也拿出皓首穷经的韧劲和钻劲，力争砸破硬壳、搞懂精通；最难能的是，对于传主，不一味地褒扬夸大，或者人云亦云，而是秉承客观、公正的学术品格，予以自主独立的评价。

我特别欣赏这一段话：

> 从新的角度蠡测郭嵩焘思想，脱离原有大部分相关研究中的高、大、全的评价模式，避免陷入现代性论述的偏激。

这不仅构成本书重点研究的四个方面之一，而且更是郭嵩焘研究中超越前人的方法论创新。庞雪晨说出来了，更做到了。其中最大的亮点和新意就是，不是简单地断章取义甚或想当然，而是历史和逻辑相统一地得出郭嵩焘并没有达到对西方文明的所谓"思想意识"层面的认知和学习，而是将其对西方科技文明的感知融入中国儒家传统精神与伦理的框架之中。这一结论新颖独到，但符合历史真实，同时也很好地回应了本书开篇关于郭嵩焘"究竟是'超前''超时代'，还是信仰儒家'内圣外王'的理想主义者？"这一根本性的问题。始于问题，终于问题，逻辑贯穿，首尾呼应，理性客观，敢为人先，彰显了低调但有内涵的学术品格。

"若道春风不解意，何因吹送落花来？"今年，恰逢"于举世哗笑之中求所以为保邦制国之经"的时代先知郭嵩焘200周年诞辰，这部大作的问世可谓生逢其时，寓集学术与现实的双重价值。我个人认为，本书以时代的精神、学术的品格很好地诠释了郭嵩焘生前"流传百代千龄后，定识人间有此人"的自我历史评价。

立夏，是个美好的时节，因为她见证了长大！

是为序。

杨小明

2018 年 5 月 8 日

于上海定西路寓所

绪　论

1840年，鸦片战争一役，英国的船坚炮利严重挫伤了中国长期以来的自信，封闭自诩的大门终于被迫打开，开启了中国对外关系的转变。普天之下莫非王土，率土之滨莫非王臣，这自古以来的信条受到沉重的打击。中国人被催赶着登上了世界舞台，在广大的空间中寻找自己的位置。面对势不可挡的世界潮流，人们的思维方式在这般激烈的撞掣之后，动摇了，混乱了，能洞悉这"三千年未有之变局"的中国儒士，寥寥可数。一向自尊的天朝该如何自处并响应这样的冲击与挑战？在中国与西方两种学术思想间的冲突与调适中，士人们要如何找到平衡点和安顿身心之法？

一、君子勿郁郁士有谤毁者

郭嵩焘（1818~1891），字伯琛，号筠仙，晚年又号玉池老人，因室名"养知书屋"而被人称为养知先生。

1818年（嘉庆二十三年），郭嵩焘生于湖南省湘阴县一个日趋式微的殷实之家。他少有文名，有志于学，17岁考取秀才，19岁中举，29岁成进士、点翰林。

1836年（道光十六年），郭嵩焘就读长沙岳麓书院时，与刘蓉、曾国藩换帖订交，后又结识了左宗棠、江忠源、罗泽南等人。鸦片战争的失败使他开始思考"洋患"这个中国近代历史中的大问题。第一次鸦片战争期间，他在浙江学政罗文俊幕中"亲见海防之失，相与愤然言战守机宜"①，自称"年二十二，即办洋务。"② 本着以史为鉴的目的，鸦片战争之后，他"读书观史"，悉心考察历代边患缘由，辨证其得失。

1853 年（咸丰三年），郭嵩焘助曾国藩出办团练，建立湘军，与太平军作战，授翰林院编修。1856 年（咸丰六年），他奉曾国藩之命为湘军筹饷，在上海、浙江等地，始接触西人西学。在上海，他拜访英国、法国领事，参观"利名""泰兴"等洋行和火轮船，访问"墨海书馆"，会见西方传教士艾约瑟（Joseph Edkins，1823~1905）、伟烈亚力（Alexander Wylie，1815~1887）以及在墨海书馆工作的国人王韬（名利宾，字兰瀛，1828~1897）、李善兰（名心兰，字竞芳，号秋纫，别号壬叔，1811~1882）③。在墨海书馆，他见到机器印刷，对西方机器的巧妙深为赞许。1858 年（咸丰八年），郭嵩焘入京供职，次年奉旨随同僧格林沁办理天津海防，上书建议仿造西洋战舰，推求通悉外语人才，但旋因与僧议不合而辞去。

1862 年（同治元年），经江苏巡抚李鸿章的保举，郭嵩焘出任苏淞粮储道。次年，他被擢升为两淮盐运使，随即受命署理广东巡抚，但不久被左宗棠纠参丢官。此间，他在上海、广东通过各种途径探索、了解西洋情形，誉之为"至论"："同一御敌，而知其形与不知其形，利害相百焉；同一款敌，而知其情与不知其情，利害相百焉"④。他担心洋人"兵精而器利"；见西人电报，称"直夺天地造化之巧"，"足以称

---

① 郭嵩焘：《郭嵩焘全集》第十四册，梁小进主编，岳麓书社 2012 年版，第 298 页。

② 郭嵩焘：《伦敦与巴黎日记》，钟叔河主编，岳麓书社 1984 年版，第 14 页。

③ 墨海书馆是当时中西学人接触的重要场所。郭嵩焘此行觅得伟烈亚力的译著《数学启蒙》和载有科学新知的报纸《遐迩贯珍》数册。于时伟烈亚力和李善兰正在翻译《几何原本》后九卷，或更加深了他对李善兰数学造诣的欣赏，故他日后力荐李善兰任教同文馆。参见韩琦：《传教士伟烈亚力在华的科学活动》，《自然辩证法通讯》1998 年第 2 期，第 57-70 页。

④ 魏源：《魏源全集》第四册，岳麓书社 2011 年版，第 2 页。

雄中国"；① 而最让他忧虑的是，朝廷准"通市二百余年，交兵议款又二十年，始终无一人通知夷情，熟悉其语言文字者"②。后解职闲居八年（1866~1875 年），此间修《湘阴县志》《湖南通志》，从事撰述；掌教长沙城南书院，主讲思贤讲舍；建王船山祠，论船山之学，并讲礼学，注《庄子》；其间仍不时议论时局，评说洋务。

1875 年（光绪元年）授福建按察使，郭嵩焘未到任，命入值总理衙门。此间他上《条议海防事宜》折，力陈"西洋立国，有本有末，其本在朝廷政教，其末在商贾；造船、制器相辅以益其强，又末中之一节也"，并主张开民办企业。一言以蔽之："中国与洋人交涉，当先究知其国政军政之得失、商情之利病，而后可以师其用兵制器之方，以求积渐之功"；相反，"舍富强之本图，而怀欲速之心以急责之海上，将谓造船制器用其一旦之功，遂可转弱为强，其余皆可不问，恐无此理"。③ 近代思想家之中，郭嵩焘可谓较早提出从政教制度一途学习西方的人。

1875 年 2 月，英国驻华使馆翻译官马嘉理（Augustus Raymond Margary，1846~1875）在云南遇害，引发中英外交冲突，清政府被迫派大员赴英"通好谢罪"。7 月，郭嵩焘受命为出使英国大臣，署兵部侍郎，并在总理各国事务衙门行走。次年 10 月，他从上海启程赴英，了结马嘉理案，为中国遣使驻欧之始。12 月抵达伦敦。1877 年（光绪三年），他被正式任命为兵部左侍郎，留伦敦；1878 年（光绪四年），兼任出使法国大臣。1876 年 12 月至 1879 年 1 月，使外期间，他认真考察西方"朝廷政教"和历史文化，有六十万言记述，得出西洋"国政一公之臣民，其君不以为私"④，"中国秦汉以来二千余年适得其反"⑤ 的结论。其中极少部分以《使西纪程》为名刊行，受到清廷保守派的猛烈攻

---

① 郭嵩焘：《郭嵩焘全集》第八册，梁小进主编，岳麓书社 2012 年版，第 560、583 页。

② 郭廷以主编：《四国新档 英国档》下册，台湾"中央研究院"近代史研究所 1966 年版，第 854 页。

③ 郭嵩焘：《郭嵩焘全集》第四册，梁小进主编，岳麓书社 2012 年版，第 781-784 页。

④ 郭嵩焘：《郭嵩焘全集》第十册，梁小进主编，岳麓书社 2012 年版，第 376 页。

⑤ 郭嵩焘：《郭嵩焘全集》第十册，梁小进主编，岳麓书社 2012 年版，第 357 页。

击①，其书毁版，他被召回国，由曾纪泽（字劼刚，曾国藩长子）接任使英大臣。1879 年（光绪五年）归国，得旨准假三月，登船归里②；此后未再起用，居乡讲学，扶办湘水校经堂、思贤讲舍，仍有时向朝廷进言，论法事、论河务、论新政西法，促成中俄伊犁问题交涉改约。1891 年 6 月（光绪十七年）郭嵩焘病故③，年 74 岁。李鸿章上奏，请宣付国史馆为其立传，并请赐谥，诏不准行。

郭嵩焘，"于举世哗笑之中，求所以为保邦制国之经"④，彼时京城有辱骂联语："出乎其类，拔乎其萃，不见容尧舜之世；未能事人，焉能事鬼，何必去父母之邦。"⑤英国著名政治幽默杂志《喷奇》（Punch）在一整页的漫画中，将郭嵩焘画成一只带辫子的猴子，与英国狮子对眼相视。⑥据清人所撰《名人轶事》载："郭嵩焘尝奉使泰西，颇知彼中风土，以新学家自命。还朝后，缘事请假，返湘中原籍。时内河轮船犹未通行，郭乘小轮回湘。湘人见而大哗，谓郭沾染洋人习气，大集伦堂，声罪致讨，并焚其轮。郭嗫不敢问。"⑦然而，他在英国外交舞台上却是收到一片赞誉：伦敦《泰晤士报》（The Times）写道"郭去曾继，吾人深为惋惜。郭氏已获经验与良好之意见，此种更调实无必要，对于其国家将为一大损失"⑧；《字林西报》（North China Daily News）称"郭氏已树立一高雅适度榜样与外国相处无损于其影响与威仪"⑨；郭嵩焘还被推举为"国际法改进暨编纂协会"（Association for the Reform and

---

① 戈靖：《奏为纠参兵部左侍郎郭嵩焘崇洋鄙儒各款请旨交部议处事》，光绪五年，中国第一历史档案馆，军机处录副光绪朝 03-5144-010。
② 郭嵩焘：《奏为病难速痊恳请开缺调理事》，光绪五年六月十七日，中国第一历史档案馆，军机处录副光绪朝 03-5140-022。
③ 郭嵩焘：《奏为自陈病危事》，光绪十七年六月十三日，中国第一历史档案馆，军机处录副光绪朝 03-5280-039。
④ 郭嵩焘：《郭嵩焘全集》第十三册，梁小进主编，岳麓书社 2012 年版，第 273 页。
⑤ 王闿运：《湘绮楼日记》，商务印书馆 1927 年版，光绪二年三月三日。
⑥ Punch, Feb 10th,1877, p. 65.
⑦ 李秉新编：《清朝野史大观》，河北人民出版社 1997 年版，第 781 页。
⑧ The Times, Oct 3rd, 1878, p. 7.
⑨ North China Daily News, Apr 4th, 1879, p. 291.

Codification of the Law of Nations）第六届年会的名誉副主席。[①] 而他认为自己作为中英大使并不称职："出使兹邦，惟严君能胜其任。如某者，不识西文，不知世界大势，何足以当此。"[②] 他的功过为后人评说纷纭，走过风雨变局的梁漱溟，在谈他父亲梁巨川时，曾盛誉郭嵩焘："二十年前，我父亲也是受人指而目之为新思想家的呀！那时人们都毁骂郭筠仙（郭嵩焘）信洋人讲洋务，我父亲同他不相识，独排众议，极以他为然……"[③]

纵观郭嵩焘一生，乃至身后，对他的评价可谓毁誉参半。扎根于传统农业社会的乡民、禁锢在封建土地占有形态下的氏族、受制于死命保持其权利的精英，他们为何诟谇谣诼郭嵩焘？郭嵩焘百年研究，向以他的思想和行为表现，为他冠上"先知"一名，那么，他究竟是"超前""超时代"，还是信仰儒家"内圣外王"的理想主义者？

史华慈（Benjamin I. Schwartz）曾说："在一个文化中的一些人士与另一文化接触时，他们是带着从自己文化的特殊历史环境中所产生的先入为主的关切，来与另一文化接触的；在这种接触中，他们是对那些看来与他们先入为主的关切最为相干的成分反应的。"[④] 谤毁者，如晚清顽固的廷臣，他们先入为主地关切天威赫赫与"鬼""番""夷"的鄙视；愤怒者，如湘乡父老，最关切家仇乡土；盛誉者，如维新派，关切社会福祉、民生民智；敬意者，如国际友邦，关切近代科学技术所形成的利益及其影响的社会规范……中国近代改革思想家、政治家，近代中国第一位派驻外国的使臣，郭嵩焘，最符合史华慈所说的"走向世界"，他完成的不仅仅是地理方位的变换，还是从一种文化接触另一种文化，从传统国人走向近代西人。郭嵩焘就是这样一个带着满眼的矛盾，透过读

---

① Association for the Reform and Codification of the Law of Nations, *Reports of Sixth Annual Conference Held at Frankfurt-on-the-main, 20-23 August, 1878*, London: W. Clowes and Sons, 1879, p. 22.

② 王遽常：《严几道年谱》，商务印书馆 1936 年版，第 7 页。

③ 梁漱溟：《梁漱溟全集》第 4 卷，中国文化书院学术委员会编，山东人民出版社 2005 年版，第 542 页。

④ 林毓生：《思想与人物》，台北联经出版事业公司 1983 年版，第 462 页。

书观理，汲取经典中的智慧说服自己，试图调和思想中的传统意识，融合吸收西学的儒家知识分子。

二、科技史视域下的研究意义

中国古代是否有科学的争论与研究，起于爱因斯坦（A. Einstein）的指证和李约瑟（Joseph Needham）对其的批评。爱因斯坦指出近代科学发展的两大基础为形式逻辑体系与系统实验，而这是传统中国科学所不具备的。李约瑟则在牛津大学发表的题为《中国科学传统的贫困与成就》的演讲中批评道："爱因斯坦本人本来应该第一个承认他对于中国的、梵语的和阿拉伯的文化的科学发展（除了对于它们没有发展出近代科学这一点外）几乎是毫无所知的，因而在这个法庭上，他的名声不应该被提供出来作为证人。"[①]明清之际，特别是晚清时期，中西两种不同的文化体系确实发生了激烈的碰撞与冲突，近代西方科学的输入与引进使得中国近代科学体系从无到有逐渐发展，毋庸置疑它既不是中国传统文化中自发产生的，也不是传统文化转型发展而来的。无论"李约瑟之谜"的争论双方举出何等有效的例证，中国传统文化或说是中国传统科学思想，确实不具备爱因斯坦所指出的近代科学发展的两大基础，且缺乏系统性、完备性，在科学方法、思维方式等方面都与近代科学具有本质区别，这些伴随着明清以来近代科学输入的冲突逐渐凸显。

三十余年的近代西方科学输入中国研究，使其轮廓几近清晰，熊月之的《西学东渐与晚清社会》、杜石然等先生的《洋务运动与中国近代科技》、段治文的《中国近代科技文化史论》，以及董光璧主编的《中国近现代科学技术史》，这些跨度时间长、涉及范围广的"通史"性质的研究著述，全面概述了晚清特别是洋务运动期间西方科学输入中国的情况，以科学传入途径、传入内容，其后科学本土化探索及中国近代科

---

① ［英］李约瑟：《中国科学传统的贫困与成就》，《科学与哲学》1982 年版第 1 期，第31 页。

学研究的发展为主要内容，对近代科学引入带来的社会思想变迁，后来的科学主义思潮都进行了总体性的分析和讨论。中国近代科学技术自身发展及其社会变迁的互动关系在 21 世纪日渐成为科技史学界研究的热点，并朝着三个方向努力：一为追溯中国现代科研体制在近代时期的形成与演变的研究；二为中国近现代科学家科研生涯及成就的研究；三为近代西方科学技术向中国传播方式的研究。第一个方向，近年来中国近代科学技术史的研究形成从通史、社会史、思想史，向更为具体的学科史、机构史转变的趋势，同时科学社会学、知识社会学等理论不断融入其中，以期建立起平面化通史当中各成一体的学科史纵线。中国近代科技史研究的第二个方向——人物史研究的维度，把近代科学输入的行动者与社会发展、科学发展直接联系起来，在一定程度上，为科技史研究又建立起许多丰满的支撑点。特别是晚清以来，西方科学引入，中国传统土壤中出现了李善兰、徐寿、詹天佑这样的科技人物，他们的个人成长、学术研究与时代命运紧密相连，于是科技人物研究成为中国近代科技史研究的血肉。第三个方向，近代西方科学技术向中国传播方式的研究，属于一种系统性的专题研究，与社会史、思想史连接更为紧密，如李亚舒、黎难秋主编的《中国科学翻译史》。从以上三个中国近代科技史研究的方向来看，学界对于这一时期近代西方科学如何输入、中国人如何接受发展的历史概括都趋于清晰，既有"通史"的面，又有学科史的线、人物史的支撑点，还有科技传播史的系统专论。

　　然而，关于这个领域的研究和开发，却很少关注西学东渐中那些并非以西学成就作为自己事业追求的传统儒士甚至普通人是如何看待、处理思想上的知识冲突，以及他们采取何种态度去接受西学。此外，近代科学技术的输入与引进是中国与西方双向来往的过程，那么所使用的材料就必须是双方的，在以往的研究中通常仅就中国科技体制、人物科研展开论证，大量征引国内档案、报刊、当事人著作等材料，而忽略共时的西方科技发展背景、同类研究的前沿进展和研究方法、西人对中人的看法评价。

　　《走向世界丛书》中收录的正是中国近代史上第一批走出国门开眼

看世界的中国人的著作，这些国人中有第一个留学生容闳，第一个出访
外国的科技人员徐建寅，更多的则是中国最早在近代外交意义上正式派
遣出国的官方使节，如郭嵩焘、张德彝、刘锡鸿、曾纪泽、薛福成等，
他们的日记反映了西方国家的政治、经济、文化、风俗、人情，等等，
还大量记述了他们眼中的 19 世纪西方科学技术，以及中国传统知识分
子对西方科学技术的认识与引进西方科学技术的种种思想。

> "走向世界?" 那还用说! 难道能够不 "走向" 它而走出它
> 吗? 哪怕你不情不愿，两脚仿佛拖着铁镣和铁球，你也只好走向这
> 世界，因为你绝没有办法走出这世界，即使两脚生了翅膀。人走到
> 哪里，哪里就是世界，就成为人的世界。①

钱钟书先生在《走向世界丛书》序中所言，尽管带着些许调侃的
味道，但在人身上确实被赋有着 "向前走" 这样一种枷锁。随着欧风美
雨的吹打，清代星使，乘槎异国，走向世界，成为历史赋予他们的时代
使命。取白香山 "早风吹土满长衢，驿骑星轺尽疾驱" 句意，他们的游
记、日记一般由此总名为 "星轺日记"。② 这些日记，记录了一个个传
统中国知识分子思想自我辩证的历程，开新与守旧的斗争、近代民主思
想与传统封建意识的碰撞，每每在日记中都得到了忠实的反映。对史学
研究来说，日记材料仿佛是一扇心灵的窗户，一旦这扇窗户被打开，一
切便都呈现在眼前了。许多历史人物内心活动，并不见诸奏章尺牍，或
文书档案，而只有在日记中才能看到他们内心深处的东西。③ 此外，著
名科学家钱三强、著名史学家周谷城等都对该丛书的出版给予了各种支
持，许立言撰文称《走向世界丛书》是研究中国近代科技史的一部颇有

---

① 钟叔河:《走向世界——近代中国知识分子考察西方的历史》, 中华书局 2000 年版,
序第 2 页。
② 陈左高:《清代日记中的中欧交往史料》,《社会科学战线》1984 年第 1 期, 第
157 页。
③ 孔祥吉:《我与清人日记研究》,《博览群书》2008 年第 5 期, 第 65 页。

价值的参考书，它向科技史研究人员提供了众多的与中国近代科技史有关的史实。[①]

法国年鉴学派革新了史学学科的研究对象，认为历史已不再是"重大事件""伟大人物"的组合，他们公允地承认芸芸众生们在其演进过程中所起的作用。这样的历史，一如雅克·勒高夫（Jacques Le Goff）赞颂伏尔泰的史学著作时所说，"是结构的历史"，"是演进的、变革地运动着的历史"，"是有分析、有说明的历史"，"总之是一种总体的历史……"[②]。从此种观点出发，以日记作为线索，是最普通不过的，通过大众中个体的所见所思书写时代变迁中文化启蒙的历程，又由此延伸出这一历程中导致最终结果的所有因素。然而，在晚清这个世代更替、新旧接轨、民族危亡与发展前进交叠的时期，清廷的驻外使臣怎能不是时代的重要人物，日记洋洋洒洒的诉说怎能不是重大事件，又如何参照新史学倾心的"普通人"主张筛选研究对象？

被收录入《走向世界丛书》的郭嵩焘出使日记，即是上文所指的未在科技史领域得到充分开发的关于传统儒士与近代西方科学技术研究的对象之一。

郭嵩焘生前著述丰富，包括出使期间在内，著有二百三十余万字，还有许多传统学术著作。他是西学东渐中力挺西学而颇受争议的传统知识分子，他既没有系统学习过西方科学知识，又不是弃纲常礼教于不顾的革命者，他的出使恰好沟通了彼时中西方对科技进展的认识，以其自有的逻辑跨越了中国儒学与西方科学的认识鸿沟。以往在人文社会科学领域中有关郭嵩焘的研究大量征引其日记著作中政治（法律、军事）、洋务、外交、经济、经史哲等思想精要，以及相关晚清档案文献，研究者们的使用及评析已可谓是淋漓尽致、深入肌理，相较之下，对于其科技方面包括科技观尚无系统研究，以个别案例为攫取点的探讨也是寥

① 许立言：《〈走向世界丛书〉研究中国近代科技史的一部有价值的参考书》，《中国科技史料》1981 年第 3 期，第 42 页。
② ［法］雅克·勒高夫等主编：《新史学》，姚蒙译，译文出版社 1989 年版，第 19 页。

寥。[①]同时研究者们也忽略了对异质文明间科技水平、认识态度、思维方式、社会环境、政治利益等与具体技术仪器、科学实验、科学事件的关系及科学文化价值的研究。换句话说，如果将郭嵩焘置于科学技术史的研究视域下，相比那些近代史上东传科学的传教士，或是在近代西学上颇见造诣的中国人，郭嵩焘只是清末普通的儒者。身为中国第一位官方意义上的外交官，他是那个特定时间段中西方穿针引线的中介，中西两种异质文化冲突在他身上显得格外清晰，而后两者又如何互相渗透，一一在其日记中展现。

当郭嵩焘对西方科技的切身体会从中国境内扩展到科学的发源地时，研究者的关注焦点就会从国内转向全世界，晚清出洋儒士的西学认识研究所蕴含的深度和广度，也就更加弥足珍贵了。郭嵩焘不仅是中国特殊历史中的特殊人物，还是19世纪末西方科技社会进步的忠实记录者。郭氏记录的是英法为主的西方社会为他设置的近代化工业化社会议程，是中国传统知识结构和内省心理的自我意识思维过程。郭嵩焘研究绝不是关于郭嵩焘一人的独角戏的研究，而是郭氏所处中西交融时代的研究。因此，笔者正是站在这样两种研究的间隙发微，试图从西学东渐中郭嵩焘这样一个具有代表性的普通儒士的视角切入，再现近代西方科学技术与中国传统文化碰撞时书写出的独特意蕴。

郭嵩焘从1877年出使英国，到1879年被召回国，在英法等欧洲国家任职和游历两年有余，其间几乎数天就会赴兵工厂、铸炮厂、钢铁厂、造船厂、印刷厂、造币厂、发电厂、化工厂、农机厂、电话局、天文台、大学、科学院、研究所、博物馆、动物园、植物园、博览会、医院等地参观，并与科学家、工程师包括著名的爱迪生（Thomas Alva Edison）等人频相交流、学习，亲眼看见了西方"夺天地造化之奇"[②]的舟车机器、声光电气等，称赞"此邦格致之学，无奇不备，可以弥天地

---

① 杨小明、甄跃辉：《郭嵩焘科技观初探》，《科学技术与辩证法》2009年第4期，第75页。

② 郭嵩焘：《郭嵩焘全集》第十三册，梁小进主编，岳麓书社2012年版，第415页。

之憾矣"①，"计数地球四大洲，讲求实在学问，无有能及太西各国者"②。他以耳顺之年不辞辛苦地吸收和消化彼时最为先进的科技成果，涉及彼时自然科学各个最先进之领域，即使"生平于此种学问，苦格格不能入"③，无法懂得个中奥妙与原理，但他对西方科技的基本常识、作用影响及发展态势，还是巨细无遗地记录于自己的日记中。鉴于笔者能力所及，研究欲达目的及结构篇幅所限，加之他所记西方科技条目繁多，其中大有舛误及今无从考证处，本书成文内容主要以天文学为案例和线索。本书将郭嵩焘游历西洋的经历置于近代西方科学进展的大背景下，以郭氏一生所接触西方天文学知识为线索，探寻 19 世纪末西方天文学学界大事，从郭氏出洋，对天文仪器、宇宙图景、光谱实验、凌日现象、科学方法乃至天文教育、自然观念的认识逐渐加深展开论述，梳理出郭氏一生所接触到的近代西方天文学知识，通过对其中内容的定量与定性分析，在中西方两种社会文化史境下进行比较，深入探知郭嵩焘思想，和郭嵩焘一生与近代西方天文学的渊源，透视科学文化传播中的互动关系及融会过程。

笔者认为，从科学技术史视域出发的郭嵩焘研究主要有以下四点意义：

第一，郭嵩焘的宏富著述，不仅可以被看作是一部清末知识分子的认知自述史，一部晚清社会传统礼教根基大变的思想史，一部中西文化冲突与融合的西学东渐史，更是一部中国人视角下的科学考察史和西人游说下的科学传播史。从时间跨度上看，自咸丰年间直至光绪十七年（1891 年）郭嵩焘卒没之日，他的日记完整、著述丰富，留下了清季道咸同光四代王朝衰颓的缩影。从著述内容上看，他日记二百三十余万字，记录的是一个晚清儒士在面对西学流入时的自我体认和蜕变，其中《使西纪程》及"伦敦巴黎日记"、奏折书信等，足见他用察西器、倡导

① 郭嵩焘：《郭嵩焘全集》第十册，梁小进主编，岳麓书社 2012 年版，第 224 页。
② 郭嵩焘：《郭嵩焘全集》第十册，梁小进主编，岳麓书社 2012 年版，第 194 页。
③ 郭嵩焘：《郭嵩焘全集》第十册，梁小进主编，岳麓书社 2012 年版，第 597 页。

西学之深入，越器物而致力于思想。从中国科技史视角出发，他的著述亦是晚清儒士眼中的西方近代工业文明史，近代民主体制、科学教育工业生产、异族民心风俗处处可见。

第二，郭嵩焘在著述中记录下了大量西方科学知识，而且多次触及西方科学思想，它们在科技史的西学东渐研究领域中有着重要意义。王维诗言"若道春风不解意，何因吹送落花来"，郭嵩焘如若没有深领到近代西方科学文明的灿烂，又为何要在日记和诗文中大费笔墨呢？很显然，作为一个与第二次工业革命同时代的中国人，郭嵩焘以他的文化视野观察、思考、记录下了西方社会进步、科技昌明的景象。

第三，西方文明向以其科技与工业力量傲视全球，在西人的动机和视角下，郭嵩焘的出使具有被动参与科学调查的任务性，这是晚清西学东渐探讨科学文化传播、实地考察的个案，也是一种思考中国近代科学技术史的新视野。郭嵩焘及其使团在欧洲被邀请参与科学会议、与科学界工商界佼佼者共餐，遍览西方最新工业产品、机械制造过程、科学仪器实验演示，更有电话、电报等代表下一科技发展趋势的新成果。从英国人安排的议事日程的性质上看，这次邀使具有特意展现英国文明特色（科技与工业）的特殊性，用以凸显其在物质文明乃至精神文明上的民族优越性。本书即从视角上突破了以往晚清早期驻外公使研究的政治、经济、外交等历史学领域，疏解了中国中心论与欧洲中心论两种观点的对立，从而避免陷入以往责备清季官方未能把握住现代化契机的现代性论述偏激。

第四，本书欲从思想意识、心理剖析上再给郭嵩焘一个公允的评价，将他放回到世界多元文明冲击下儒家制度化解体的清末社会中去评析。郭嵩焘生前"谤满天下"，但在他逝世之后，时人以"功""德""言"三不朽来评价他，也不免陷入时代局限；革命时期，他受到政治家、进步思想家的推崇，指出他是"当时最能了解西学"者，将其括入"改革家"之列；改革开放后，历史学界对郭嵩焘的生平和思想研究全面深入，以近代史观去认识郭嵩焘，送以中国近代化先驱之美誉；当代为郭嵩焘立传者越发升级，以"超人""超时代""先知"来诠释他的一生思想、行事与挫折。如果说百年来对于郭嵩焘的研究是在陈述他的思想并加以名词化的定性解说，那么本书要回答的恰恰是他如何能毅然跳出清流舆论、如何能于心圆融晚清士大夫的思想拘囿、素有怅然又如何能颐养天年。对于郭嵩焘为何被认为是超于时代的，这个问题来自彼时各派人物对于西学不同认识的观照，那么还是要回到西学之地和他的精神根底去探究。①

三、百年来郭嵩焘研究现状

郭嵩焘研究百年以来，前后经历了逝世时纷乱的晚清社会、思想激荡的革命时期和欣欣向荣的改革开放以来三个阶段。毋庸置疑，其一生，经历颇丰，军事、政治、外交，无一不有，其业绩成就虽不显著，但思想、见识确有高人之处。随着中国进一步走向世界，与国际接轨，郭氏的洋务经历与识见深受后人的高度重视与评价，远胜过当时自强运动的健将李鸿章、沈葆桢、丁日昌等人。②

（一）国内郭嵩焘生平及思想研究现状

郭嵩焘的主要成就及受人重视之处在他的洋务及外交活动，而国内长久以来对这方面的研究主要集中在近代史或晚清史的研究领域，其中研究成果主要包括有关他生平和思想两大类。

关于郭嵩焘生平传记的成果主要有《郭嵩焘传》（柳定生，1937）、《清儒学案·养知学案》（徐世昌，1938）、《近百年湖南学风》中"郭嵩焘"一章（钱基博，1943）、《湘学略·玉池学略》（李肖聃，1946）、《郭嵩焘先生年谱》（尹仲容、郭廷以、陆宝千，1971）、《中国清代第一位驻外公使——郭嵩焘大传》（曾永玲，1989）、《走向世界的挫折——郭嵩焘与道咸同光时代》（汪荣祖，1993）、《郭嵩焘评传》（王兴

---

① 王兴国：《郭嵩焘研究著作述要》，湖南大学出版社 2009 年版，第 84-115 页。

② 汪荣祖：《走向世界的挫折——郭嵩焘与道咸同光时代》，台北东大图书公司 1993 年版，第 408-411 页。

国，1998）、《孤独前驱——郭嵩焘别传》（范继忠，2002）、《郭嵩焘先生年谱补正及补遗》（陆宝千，2005）、《洋务先知——郭嵩焘》（孟泽，2009）、《郭嵩焘》（州长治，2010）。

　　1949 年以前，除上述有关研究著作外，亦有时人纷纷为郭嵩焘正名，说明他的一些见解已逐步为人所理解和接受。特别是新旧民主主义革命时期的革命家、学者，如谭嗣同、杨毓麟、梁启超、蒋廷黻等，对郭嵩焘的评价颇高。维新思想家谭嗣同由郭嵩焘"西洋立国，有本有末"而论洋务"根本"与"枝叶"，积极倡导效法西方"法度政令之美备"，成变法维新之大势。民主革命家杨毓麟以"我湖南有特别独立之根性"为立论基础，引出郭嵩焘在内的曾幕湘军"所负罪于天下"的论断，反映了民主革命家欲推翻清政府统治的迫切心情。思想家梁启超指出"当时最能了解西学的郭筠仙（嵩焘），竟被所谓'清流舆论'者万般排挤，侘傺以死。这类事实，最足为时代心理写照了"。近代中国时事易变，一方面，时代的必然性使时人之评论难于超出现实政治利益的拘囿，另一方面感同身受也使得时人对郭嵩焘生平遭遇及其心理变化认识得更真实深刻。郭嵩焘的传统学术造诣精深，他考察西方各国得出卓见、坦然面对屡遭奸害的仕途窘境、洋务交涉中讲礼据理、在国之危亡间仍能释怀等，都得益于他的传统学术文化的基底。《养知学案》序录述郭氏于经学考实，究其方法："始宗晦庵，后致力于考据训诂。其治经先玩本文，采汉宋诸说以求义之可通，博学慎思、归于至当。"附录中陈澧曰："湘阴郭公兼治三礼，著书满家，绅绎乎礼文，反复乎注疏，必求心之所安而后已；其有不安，则援据群经，稽核六书而为之说，故有易注者，有易疏者，有与注疏兼存者，于国朝经师中卓然为一家。"《湘学略·玉池学略》又道郭嵩焘后半生勤于《礼》《易》等经文注疏，除因考究学问之严谨作风外，另由于横逆之人构陷于他，认为郭氏识得西方文化之大原得益于"读书观理"，然"不惑于南宋以来七百年流俗之论，其识高出于群公之上，故当时拘学小生群起而攻之"，"伦敦使旋，不还朝复命，而竟归老湖湘之间，日穷《礼》经以自遣，尊祀船山王子以训士"。有左宗棠相煎郭氏在先，又遇刘锡鸿弹劾以十条，郭嵩焘读之曰:"自宋以来,尽人能文章,善议论,无论为君子、为小人……辩之愈力,攻之者亦愈横,是以君子闻恶声至,则避之。避之者,所以静生人之气而存养此心之太和也。"① 于是他径归卧家不入朝,而从古训经典、三代以来痼癖流俗中寻求入世明心、终老归宿。钱基博亦同时人,认为郭氏由宋明空谈引出"不为风气所染为俊杰"的论断,表明他"其意渊然以天下为量","尤自厉勤苦"。百余年后,今人再论郭嵩焘思想时常枉自附会今日现代性一说,就事论事,未必尝得逝者心意。

这也是一种时代的必然性,基于此我们无论是"从现在出发来理解过去",还是"在过去的基础上理解现在"都是极为必要的。

《郭嵩焘先生年谱》(1971)、《郭嵩焘先生年谱补正及补遗》(2005)两种,是研究郭嵩焘生平事迹最重要的著作之一。前书为尹仲容创稿、郭廷以编定、陆宝千补辑,涉及中文资料177种,西文资料13种,汇录文字间有解说考订;《郭嵩焘日记》整理出版后,陆宝千又集此新刊行的第一手史料补正年谱,选取以他所遇政情及政见、与西方文物接触及反应和见及性格相关之若干行事为标准。此外,郭廷以还概其一生事业及其核心思想,认为他一生言行大都与"平乱""御侮"有关。比起20世纪80年代后在"洋务"研究中对郭嵩焘好评如潮的现象,郭廷以的年谱研究更具学术严谨性和客观性,不讳郭嵩焘的缺点,认为他性情偏激,又自视太高,孤持己志,动辄与人相忤,此为他不能施展抱负的重大原因。年谱体例犹司马迁所持"述而不作",蕴"理""势"于编排间,即使正文处有所避忌,便于解说考订处明示是非立意。"郭嵩焘先生正谱及其补遗"是郭嵩焘研究必备的参考文献。

20世纪80年代始,改革开放打开了中国与世界经济贸易互通的大门,也打开了海峡两岸学者对"洋务"问题研究的兴趣之门,郭嵩焘研究随之炙手可热,三十余年间专著性传记出版6种有余。《中国清代第一位驻外公使——郭嵩焘大传》(曾永玲,1989)一书,是国内出版

---

① 郭嵩焘:《郭嵩焘全集》第十三册,梁小进主编,岳麓书社2012年版,第475页。

的第一本研究郭嵩焘的学术著作，全传贯穿郭氏所在的时代背景，详尽描绘了郭氏生平，着重分析郭氏的政治、外交、洋务思想，对郭氏的主要功过评价观点鲜明。《走向世界的挫折——郭嵩焘与道咸同光时代》（汪荣祖，1993）一书，借意郭氏的多舛命途象征中国走向世界的挫折，"再挫折、再艰难，中国还是走向了世界，只是必须付出较高的代价而已"。从整体来看，此传史论结合、夹叙夹议，引入郭氏诗词，塑造了一个富于情感思想的生动人物。《郭嵩焘评传》（王兴国，1998）一书，是目前国内研究郭嵩焘思想最全面的学术著作。该书分别研究了郭氏的政治、洋务、外交、军事、经济、哲学、经学考据、伦理、教育科技、文学艺术等思想方面，着力揭示郭氏思想发展的逻辑进程，并纠正前人关于郭氏的生平误记，系统考述郭氏著作的出版、保存情况。相比之下，《孤独前驱——郭嵩焘别传》（范继忠，2002）、《洋务先知——郭嵩焘》（孟泽，2009）、《郭嵩焘》（州长治，2010）更富文学性，以诗意化的语言寻证郭氏的一生。郭嵩焘因其个性的丰博与思想的超前而备受今人褒奖，纷纷冠以"前驱""超越者""先知""第一个""先行者"的膜拜式定性词语，范继忠认为"在民族心灵史中，这是一个注定独嚼大'爱'与大'痛'的孤独者，也是一个无法归类的精神漂泊者"；孟泽的郭嵩焘叙事带我们领略了中国近代史中"与我们自身的作为并非无关的屈辱和悲哀，先知先觉者的苦闷与激愤，一个芬芳悱恻的性灵"。

郭嵩焘生平传记研究，征引第一手材料，运用写史与时代沟通的方法去探讨人物思想，进而为中国的现代转型汲取历史启示。随着郭嵩焘的研究深入，学者逐渐开始关注郭氏的"感情世界"，挖掘郭氏的诗文词赋，寓郭氏独特的个性于其中，但诸家都先入为主地把郭氏看作是旧时代新思潮的弄潮儿、先行者，这就不免把郭氏视为先知而展开论述。此外，郭嵩焘的舞台不仅仅局限于政治领域，相比对他外交洋务言行的关注，诸家对他于西方科学的考察似乎吝惜笔墨，解读不足。

关于郭嵩焘思想的研究，大部分为论文成果。诚如上文所言，前期集中于政治、洋务、外交等领域，近年来有向交叉学科拓展的趋势，对郭氏的研究面非常广泛。郭嵩焘思想研究与其生平传记研究无法割裂，上述研究成果综述中已涉及过的下文不再赘述。

郭嵩焘思想研究中主要专著成果为《郭嵩焘思想文化研究》(张静,2001)、《海客述奇——中国人眼中的维多利亚科学》(吴以义,2004)。《郭嵩焘思想文化研究》一书,开宗明义以马克思主义为指导,以社会结构的意识形态与上层建筑之间的辩证关系作为理论支撑,先行论证了郭嵩焘的思想来源是有别于程朱理学的王船山哲学,确立了湘军集团的思想与政治背景是郭氏思想的文化载体,由此从文化视角对郭嵩焘思想展开研究,包括其思想来源、湘军事业、涉外思想,指出郭氏思想具有理想主义的成分和现实主义走向,认为对其思想的研究在改革开放、对外交流的今天具有现实意义。科学史学家吴以义所著的《海客述奇——中国人眼中的维多利亚》是科学史领域对清末驻外公使研究的唯一一部专著,其对郭嵩焘科学思想的论述将在后文中专门介绍。

当代史学界掀起的"郭嵩焘研究热",不仅出版了上述研究专著,更有三百余篇研究郭嵩焘政治、法律、军事、经济、洋务、外交、文化、教育、经学、哲学、史学等思想的论文发表。其洋务思想于今日全球一体化的大背景下备受学者推崇。以"郭嵩焘研究"为主题的综述性著作,王兴国的《郭嵩焘研究著作述要》(2009),概述了郭嵩焘研究中的争议:第一,关于郭嵩焘历史地位的三种评价,其一认为郭嵩焘是洋务运动中最勇于发表言论而且是重要的思想者;其二认为郭氏是中国封建士大夫阶层首先向西方寻找真理的先行者;其三认为郭氏是资产阶级改革派的先驱。第二,关于郭嵩焘向西方学习的"三个为本"("以通商为本""以政教为本""以人心风俗为本")的两种不同评价,其一认为郭氏虽然处在中国向西方学习的器物阶段,但突破了洋务派的"中体西用"观,强调从制度、思想意识层面向西方学习,其认识卓有深刻性;其二认为郭氏的"三个为本"思想不能代表他在认识本质上的不同,指出该思想是针对不同情况提出的,无阶段划分,"人心风俗"从属于好的政教制度,具体建设措施未见学习西方痕迹,故"三个为本"思想实是他对洋务思想的反动,反映了他的历史的和阶级的局限性。第三,关于郭嵩焘的外交思想的两种评价,其一认为郭氏为李鸿章妥协投降的外交政策提供了理论依据；其二持论者从改革开放的角度认为郭氏的外交政策是"因时度势，存乎当国者之运量而已"，他的探讨正因为善于从实际出发而卓有成效。第四，关于郭嵩焘与桐城派的关系有两种不同意见，其一认为郭氏古文思想与桐城派没有关系，独自成家；其二认为郭氏受到桐城派影响，既有继承又有创新与发展。

此外，有学者认为在郭嵩焘研究中存在着局限于史学领域研究的瓶颈，特别是绝大部分文章都是站在洋务外交的现代性情境上展开的，缺乏对思维意识，即中国传统学术思想和近代文明如何对话的解析。如黄林认为在郭嵩焘研究中，不可持"辩护论倾向"，要打破以往历史研究中划分派性归属的旧框框，尤其要重视新史料的挖掘。① 台湾学者车行健认为郭嵩焘研究偏重历史学领域，在他经学、理学等传统学术思想方面的研究呈现偏枯状况，其学术思想中的传统成分与现代（以西洋为主）成分之关系、交涉与相互影响值得进一步深入研究。②

综上所述，郭嵩焘研究中存在以下三点问题：第一，郭嵩焘研究集中于历史学研究领域，如对郭嵩焘生平事迹、洋务思想、外交思想的研究。第二，郭嵩焘研究中不免会带有个人情感，评述郭嵩焘的历史地位时进行阶级划分、派别定位，论述言语过正，多数情况下表现为把郭嵩焘"超人"化。第三，由于郭嵩焘日记、诗文、奏稿、自述的注释出版，加之近代史、思想史研究成果丰富，可以说郭嵩焘研究居于一个很高的起点。时过境迁，2006 年前后，学界对郭嵩焘的研究急剧减少。但随着 2008 年《走向世界丛书》的修订再版，2012 年皇皇百余万言《郭嵩焘全集》的付梓面世，2013 年郭嵩焘墓冢的修缮完工，2017 年《走向世界丛书》百种完璧，近年来学界对郭嵩焘的研究热度又渐次回升，尝试使用新材料、新视角，对晚清驻外使臣及其考察活动展开更全面的研究。

---

① 黄林：《百余年来郭嵩焘研究之回顾》，《湖南师范大学社会科学学报》1999 年第 6 期，第 48-51 页。

② 车行健：《台湾学界对郭嵩焘研究之重要成果简述》，载朱汉民编：《清代湘学研究》，湖南大学出版社 2005 年版，第 554 页。

（二）有关郭嵩焘研究的英文文献

　　郭嵩焘作为晚清中国第一位驻英公使备受中外学者关注，百余年来关于郭嵩焘研究的英文研究成果，尽管数量屈指可数，但在这一领域中颇有贡献。关于郭嵩焘研究的英文文献主要以两部专著为主：一部是由牛津大学出版社于 1974 年出版的澳大利亚学者傅乐山（John D. Frodsham）所著《中国第一批外交官：郭嵩焘等人的西方之行》（*The First Chinese Embassy to the West: the Journals of Kuo Sung-tao, Liu Hsihung and Chang Te-yi*）一书，其中大半篇幅完整翻译了郭嵩焘日记《使西纪程》，还引述了郭氏与李鸿章的书信、当时中国的反应、外交信函和刘锡鸿、张德彝、马格里（Halliday MaCartney，1833~1906）的日记。作者对郭嵩焘思想和他在自强时期人文学士中的定位给予总结，称郭氏趋向于西方和现代化的绥靖主张和西化观点使他成了清流斗争的目标；他被今人称颂为走得更远的人不仅仅是由于他对西方科技成就表现出的钦佩，而且他有着一种能够承受与中国自身进行比较的文化内涵。另一部是香港中华书局于 1987 年出版的欧文·黄（Owen HongHin Wong）著的《中国首任驻英公使——郭嵩焘》（*A New Profile in Sino-western Diplomacy: The First Chinese Minister to Great Britain*）。书中分析了中国驻外使馆思想的来源和发展、马嘉理事件为派遣国使驻英提供机会、对于郭嵩焘作为首位公使出使英国的中英双方态度、郭嵩焘作为中国外交先行者的角色和善意、中国新对外政策和郭嵩焘出使英国的影响，最后作者认为郭氏言行被他的时代所拒绝反映了中国仍然没有向世界敞开大门，还将会有长期的、猛烈的冲突。除此之外，还有几篇论文研究，如：德国海德堡大学资深汉学教授鲁道夫·瓦格纳（Rudolf G. Wagner）的《危机中的〈申报〉：郭嵩焘与〈申报〉间的冲突及其国际背景》，美国学者易劳逸（Lloyd E. Eastman）的《19 世纪清议派和中国政策的形成》（*Ch'ing-i and Chinese Policy Formation during the Nineteenth Century*）。后者指出，郭嵩焘的困境阐明了清政府压迫自由表达和迫害一个思想先进的外交官的能力，从郭嵩焘与清议的角度分析了他受到舆论压力和迫害的大时代背景和社会原因。

这些从西方思想文化视角出发的郭嵩焘研究的英文文献，有助于本书基于中西方不同的视角，对郭嵩焘本人、郭嵩焘思想及郭嵩焘使西，形成总貌的认识。同时，也为本书挖掘相关英文原始资料提供了一定的线索。

（三）科技史视域下的郭嵩焘研究

对于郭嵩焘这样一位时代的先觉者、向西方学习的鼓吹者，一个世纪以来国内外的研究基本上都集中在其政治、经济、文化、外交与军事等方面，而对于其科技方面的探讨可谓寥寥，仍有待挖掘。[①] 以科学史为视角的郭嵩焘研究有如下篇目：

科学史学家吴以义所著的《海客述奇——中国人眼中的维多利亚科学》是科学史领域研究清末驻外公使少有的专著。此书虽然出自专业研究者的手笔和视角，但却是一部知识科普性著作。吴以义所做的尝试和给予后学开拓的新视野比其书本身所承载的内容更为丰富重要。作者试图透过晚清七八个中国知识分子（斌椿、张德彝、志刚、王韬、郭嵩焘等）的日记看英国科学及与之相联系的观念，看"这些科学观念从一个文化进入另一个认知结构完全不同的文化时最初的情形"[②]。其核心人物是郭嵩焘，分别涉猎了郭氏居英期间到访过的动物园、天文台、皇家学会、科学家雅集、邮电局、大英博物馆，作者以他丰富的西洋科学史知识为读者分析郭氏等人的见闻、评论、感触，反复论证接受科学所提示的若干事实，采纳个别结论，和完整地理解科学，特别是科学精神，实在是两回事。该书在郭嵩焘研究中的确是独具匠心的，作者由一个在今人看来不证自明的定义出发，即科学精神是西方哲学、宗教、人文、历史的共同基础，以中国古籍、明清游记、早期西方科学译著及西方相关研究文献为佐证，用简单直接的语言、缜密的归纳演绎逻辑展开论证。

---

① 杨小明、甄跃辉：《郭嵩焘科技观初探》，《科学技术与辩证法》2009 年第 4 期，第 75 页。

② 吴以义：《海客述奇》，上海科学普及出版社 2004 年版，自序。

从体例上看，书中注释甚少，据刘钝从作者处了解，这实是出于商业考虑所行，他又以《当"焘大使"遭遇"福先生"——评吴以义〈海客述奇〉》一文商榷书中若干问题，指出书中个别的史实疏漏或表述不够严谨的地方，有人物事迹因袭成说而失于细考，材料征引误植，人物译名背景含混等美中不足之处。诚如评论所言在几处史料和解读方面还有舛误，但瑕不掩瑜：首先，这部书是在科技史领域中研究郭嵩焘的首次尝试，理论新颖，关于两种异质文明间的冲突与交流是科技史研究领域中的应有之题。第二，作者使用材料，多选自当时出版的中、西画报，一方面为读者提供了生动的视觉形象，另一方面重新搭建起时过境迁的文化史景。后刘钝又作《中国首批驻外使节眼中的科学实验》，以当事人记录展现英国社会生活新气象，并基于郭嵩焘、刘锡鸿各自的文化修养和知识品位解读他们对科学实验的不同态度。

　　郭嵩焘教育科技思想的研究主要集中于郭氏对西方教育的考察。郭氏认为兴学是"当今之要务"，既与早期维新思想家不谋而合，又是不可比拟的。（贺金林，《郭嵩焘对西方教育的考察》）郭氏不仅批判旧学、主张实学，倡设外国语学堂，还提出了全面学习西方之所长的留学观。（夏泉，《开眼看世界与郭嵩焘的教育思想》）郭氏一生的教育活动以早年供职教馆、主讲城南书院、晚年创立并主讲思贤讲舍为主，有学者认为其教育思想有传统思想与近代西方思想交织、理论与实践脱节的特点。（彭平一，《郭嵩焘的教育活动和教育理论》）学界一致认可郭氏为推动中国近代教育事业发展所作出的贡献。但学界对于郭嵩焘科技方面包括科技观的研究寥寥可数：其一，许康的《郭嵩焘与中国近代科学技术》，指出郭氏极力提倡战船、火炮、火车、电报技术；他对西方近代科学先进性的看法建立在他对数学一般规律这样的基础科学知识的了解上；他与"长沙数学学派"来往密切，资助研究，请殷家俊于思贤讲舍讲授数学；他与彼时国内具科学精神人物素有来往，对地理学颇有研究；作者认为郭氏的科学技术思想已经达到近代化的程度。其二，杨小明的《郭嵩焘科技观初探》，分析了郭嵩焘科技观形成的士怀、洋务、时代、卓识四大背景，并从中外联属借法自强的科技开放观、强国富民利在千秋的科技功能观、推崇西学标新立异的科技本末观、知行合一经世致用的科技实践观四个方面对其科技观进行阐释；认为郭嵩焘超越了他所处的时代，其"体用不二"之论已然直指着当时清王朝的"朝廷政教"[1]，认识到科技发展之"本"是社会制度、是精神气质，其认识升华到了制度和精神层面。其三，胡宗刚的《清朝末出使大臣郭嵩焘游邱园——兼述中文"植物园"一词之来源》，根据郭嵩焘日记，对其游览世界著名皇家植物园邱园及其他植物园之事，予以钩稽，并考证出中文"植物园"一词之由来；认为时人有此开放思想，殆极鲜见。其四，夏维奇的《郭嵩焘与西方电报文明》一文中，赞扬郭嵩焘是晚清电报建设史上的一位重要人物，指出他利用亲临西土之便，广泛考察西方电报文明，并在积极予以介绍的同时，强烈呼请清政府引进这项技术，进而同守旧力量展开论争，成为晚清电报建设的重要舆论制造者及趋新力量的中坚。

关于科技史角度的郭嵩焘研究成果虽然仅有如上数篇，《海客述奇》可以说是晚清西游研究在科技史领域中的发起之作，但还有许多散落的有形记忆有待挖掘，这些史实向人们揭示知识特别是科学知识，在对流过程中的复杂特点和圆融方式。本书亦是站在这种立论思路上展开的。

（四）清末民初的海外日记游记研究

1840年鸦片战争后，中西文化知识交流随着清廷闭关自守政策的结束而逐渐频繁，较多传统知识分子走出国门，接触西方，与西方异文化世界比较之下，他们开始意识到自我与他者的差异，由此他们在日记游记中记录下自己复杂的民族感情和自我体认的过程，郭嵩焘即是其中之一。集合清末民初的海外游记的丛书有清人王锡祺主编的《小方壶斋舆地丛钞》以及当代学者钟叔河主编的《走向世界丛书》。本书在探讨郭嵩焘的西方科学文化思想观点时，结合了他同时代的出游国人，如斌椿、志刚、张德彝等人的相关记述，作比较分析。以往的日记游记研究

---

① 　杨小明、甄跃辉：《郭嵩焘科技观初探》，《科学技术与辩证法》2009年第4期，第79页。

多是以"现代性"作为主题讨论，围绕近代出洋知识分子如何体验西方现代化科技展开的；本书则要在思想比较中探究他们思维异动的过程。

刘晓莉的《晚清早期驻英公使研究（1894年前）》（2008）一书以晚清驻外公使人物群体作为研究对象，评析他们出使英国期间所见与中国迥异的英国社会不同领域的具体情形以及这种情形带给他们思想的震动与变化，还有他们对本国相应领域的建设性主张；考察他们出使期间对维护国家权益的外交事务的态度及交涉活动。台湾学者陈室如的《近代域外游记研究（1840~1945）》（2008）一书，剖析了懵懂旅人们寰宇遨游时所体验截然不同的冲击与生命情景。尹德翔的《东海西海之间——晚清使西日记中的文化观察、认证与选择》（2009）一书以三十余部使西日记为研究对象，从使臣对西方的叙述中，考察国人对东西方文化问题的看法，分析晚清使臣对西方文化不同的接受姿态，对母土文化不同的守护立场，以及不同风格和内容的西方记述，在当代视野下，对晚清使西日记中的文化意识做出了重新理解，同时对晚清使臣的西方体验和表现也做出了更高评价。[①]

还有硕士论文数篇，如胥明义的《晚清欧美游记研究》（2004），尤静娴的《帝国之眼：晚清旅美游记研究》（2006），均以晚清域外游记的旅行目的地为主题，剖析国人所著欧美游记中呈现的思想转变与作品特色；董玮的《近代女子海外游研究》（2005）则从近代女性的独特视角，探讨她们从依附到独立的思想、自身状况的发展过程。

以上各家对晚清出洋群体的深入探讨为本书提供了完整的宏观视野和宝贵的研究资料。

（五）有关近代西方天文学的研究资料

鸦片战争后，为了谋求国家的富强，中国大地上出现了一股向西方学习科学技术的潮流，随之中国传统天文学向近代天文学转变过渡。西方近代天文学知识开始全面传入中国，传统天文学逐渐遭到淘汰，而为

---

① 周凌枫：《中西文化之争与传统之重——评〈东海西海之间：晚清使西日记中的文化观察、认证与选择〉》，《学术交流》2011年第6期，封二。

近代天文学所取代，清末的一些学校中出现了天文学教育。中国少数先进知识分子与热心介绍西方科技知识的西洋传教士一起合作译著、发表、出版有关近代天文学的文章书籍。如英国传教士合信（Benjamin Hobson，1816~1873）编译的《天文略论》（1849）；艾约瑟与王韬合译的《格致新学提纲》正续二篇（1853，1858）[①]；李善兰与伟烈亚力合译的《谈天》（1859），以及徐建寅与伟烈亚力又根据《天文学纲要》增补再版的《谈天》（1874）；美国传教士林乐知（Young John Allen，1836~1907）与郑昌棪合译的英国天文学家洛克耶（Joseph Norman Lockyer，1836~1920）的《格致启蒙·天文》（1879）。此外，《六合丛谈》《万国公报》《申报》《中西闻见录》《瀛寰琐记》《点石斋画报》等报刊中也以一定篇幅介绍西方近代天文学知识。这些传播介绍近代西方天文学的典籍报刊，以及当代科技史学者以此为史料基础做出的关于传教士与中西文化交流的研究成果，为本书勾勒出了彼时近代西方天文学在中国的传播状况。本书还引用了一些19世纪出版的包括乔治·比德尔·艾里（George Biddell Airy，1801~1892）、洛克耶、西蒙·纽科姆（Simon Newcomb，1835~1909）在内科学家的日记、著作、研究性论文，《伦敦皇家学会会议录》（Proceedings of the Royal Society of London）《自然》（Nature）等学术刊物、《泰晤士报》《每日新闻》（Daily News）等大众报纸中的科学事件报道。

这些科学界真实声音的记载，是本书的基础，使本书得以剖析郭嵩焘及其他出洋知识分子论述中的错误，从而对近代出洋知识分子思想变迁做丰富的论述，补足以往被忽略的留白之处。

从以上文献探讨分析发现，郭嵩焘研究看似系统完整，但仍有未尽之处。第一，百余年来各界学者讨论的问题一言以蔽之——郭嵩焘究系何类历史人物？仁者见仁，智者见智。第二，郭嵩焘研究集中于历史学领域，于思想史、外交史、政治史、洋务史在内的各个史学分支全面深

---

① 邓亮、韩琦：《新学传播的序曲：艾约瑟、王韬翻译〈格致新学提纲〉的内容、意义及其影响》，《自然科学史研究》2012年第2期，第136-151页。

入，就科技史领域内郭氏对西方理学成就考察研究薄弱。第三，对郭嵩焘个性思想来源、生平大事挖掘广泛，但多数是以刻板印象附会郭氏言行，少见郭氏性格、心理挣扎变化的文化学分析，郭氏思想与他一生躬行经世之学有莫大关系。第四，郭氏研究中最主要的材料乃郭氏日记、信札、奏稿、诗文，而与之相关的彼时之中外书报、郭氏观览的英法科技成就往往不被或少被引用。

综上所述，本书从既往郭嵩焘研究的薄弱之处入手，就以下四个方面展开研究：

第一，通过调研，查阅大量一手文献，整理郭嵩焘出国前后国内书报刊中的有关材料，搜集从科学文化到各国通使的交流情况，力求再现晚清中西文化交流的真实社会情境。通过英国国家图书馆数字报刊库（The British Newspapers 1800~1900），查找郭嵩焘出访期间的报纸，其中有关于晚清驻英公使的新闻，亦有郭氏日记中记载之新闻，并在国内首次引用。查阅中国第一历史档案馆所藏相关档案、国家图书馆古籍馆所藏郭嵩焘未刊著作《剑闲斋师门答问》，揭示郭嵩焘对洋务及西学的思想认识。利用西文过刊数据库查找 19 世纪末科技发展动态、学术成果介绍等相关材料，尽可能地呈现出一些涉及彼时西方科技发展的史境。

第二，科学史学界一般认为郭嵩焘既没有接受过系统的科学训练，也不是近代西学的精通者、研究者；旅西日记在其生前也从未出版，面于世人，直至 20 世纪 80 年代《郭嵩焘日记》出版，那么从何而谈他在西学东渐中的影响。本书开篇试图给出郭嵩焘使欧之时的时代背景，并以此为基础对郭嵩焘思维活动过程展开深入理解，对科学知识在不同文化语境中发生、发展、传播、吸收的复杂过程进行定性分析，最后明确指出郭嵩焘在首开中国天文算学教育上所做的先驱贡献，以及以他为代表对近代国人自然观念发生转变所起的铺垫作用。

第三，对郭嵩焘日记中天文学相关部分的科技记载进行考析，使本书有了扎实的基础，进而归纳、分析和整理出郭嵩焘对科学的认知过程，系统地反映出郭嵩焘思想变化、自我体认的过程。从新的角度蠡测郭嵩焘思想，脱离原有大部分相关研究中的高、大、全的评价模式，避免陷入现代性论述的偏激。

四、相关理论与研究方法

（一）史学理论

在当今西方史坛，法国年鉴学派、美国社会科学史学派、英国马克思主义史学派并称三大流派。上文研究目的中从史学研究的角度出发，以法国年鉴学派新史学倾心的"普通人"观点，选择了本书的研究对象。法国年鉴学派追求总体史的倾向，在不断拓展的研究对象中同样涉足科学史领域，相较科学史更关心科技进步对社会秩序的瓦解、重建所产生的重大作用。可以看到，20世纪末历史学"自下而上看历史"的转向，法国年鉴学派的"普通人"观点，与科学史的社会学视角正在开拓的领域不谋而合。本书从史学研究角度出发选择"普通人"作为研究对象，也正是出于对科学史理论的遵循。

科学知识越来越多地由精英发现或发明，并不意味着这种社会活动就与精英阶层具有天然联系，人类的历史是劳动人民发现自然规律、制造劳动工具的历史，瓦特、法拉第、爱迪生等科学家也有从普通民众蜕变为知识精英的生平经历，作为精英阶层科学家的首要属性是一个社会人，科学共同体活动的首要属性是一种社会属性，即使不是从科学知识社会学所坚持的社会建构论出发，也应将科学发展的历史作为一部社会史去研究。只有被大众掌握的科学知识才是能够撬动历史进程、推动社会进步的力量，如果科学史是置于各种社会运行之外的精英的历史，我们又何须大倡公众理解科学呢？科学史的社会学视角除了在一定程度上弥合了过去内史与外史研究之分，为内史与外史相统一、日常生活的历史与科学发现真理的历史相结合开辟了更广阔的前景外，更有助于探讨文明的演进、科学的历史以及科研学术的标准，建立起了科学史与日常生活、普通民众之间的天然联系。

当科学活动与社会变迁相连，置身于整个社会历史进程中理解科学活动时，史学研究就要从过去民众的集体意识或集体精神入手，去揭示人类生活中潜意识"心态"，关注个别人物的心理和动机也同样重要。从 19 世纪末直至 20 世纪上半叶，强烈的信仰危机和对于民族认同的怀疑镌刻在近代中国西学东渐的历史上，不言而喻，对于民族精神、知识分子心态的分析必然是研究西方科学在近代中国建制及影响社会变迁的重要部分。

历史学与科学史研究视角的相互交叉，从科学文化传播活动延伸出与社会学、心理学、政治学等学科的交叉关系，也为本书提供了更多元的理论思考空间。

（二）镜像理论

对踏出国门的晚清知识分子来说，陌生的异域仿佛是映照自我的镜像。他乡是一面负向的镜子。旅人认出那微小的部分是属于他的，却发现那庞大的部分是他未曾拥有的，也永远不会拥有的。[①] 他者的反应恰是观者自我形象的映射，观者得以借此反思自我、认识自我，进而建构完整的自我主体性。

拉康（J. Lacan）用镜子的象征说法指出，他人具有镜子的功能，每个人借由他人来认识自己。[②] 拉康认为人的主体在形成的过程中必须经历镜像这个最基本的阶段。这个时期出现在婴儿 6~18 个月，主体通过自己在镜子中的影子作出不同的认识，并逐渐摆脱原先对自己"支离破碎的身体"的认识，进而确认自己身体的同一性。这里镜子只是一个比喻的说法，实际上是认识阶段中对自我的一种想象，通过一个潜在的东西认识自己的统一性。在拉康的扩展下，主体也不仅仅局限于儿童，而是在表明，自我身份的形成必须仰赖于对他者的参照，只有以他者形象作为媒介，或者说必须有一个由外界提供的先在模式，主动的自我形

① ［意］伊塔洛·卡尔维诺：《看不见的城市》，王志弘译，台湾时报出版公司 1993 年版，第 42 页。
② 王国芳、郭本禹：《拉冈》，生智文化事业有限公司 1999 年版，第 143 页。

象建构才可完成。①

　　拉康提出的镜像理论，为本书提供了不同的思考角度，由近代科学文明缔造的西方世界的反应，对晚清出洋的知识分子来说是一面观看自我的镜子，他们通过在西土的社会活动，而完成建构自我的历程，又如何将自我体认书写在日记中，也就成为本书所欲深入挖掘的部分。

　　与此相对，西人也同样是主体观者，出洋的晚清知识分子亦是他者。这就是笔者一再提及的主体间的双向互动关系，西学东渐的历史，不仅是中国人笔下卷宗中的记录，西人观看下的记述也同样是一种客观存在。正如拉康再三提醒的：我必须，首先申明，观视是外于视觉欲望的，我被观看，换言之，我即是景观。

　　拉康意在重新定位主客体关系，主体观者同时也是作为客体的存在：这种观视的结构，使其不得归属为主体的所有物，使其外于主体的掌控。出洋者观看西洋，也成为西洋观看的对象，以及被观看景观中的一部分，在观看与被观看中，呈现出耐人寻味的关系。当19世纪中西交通尚未发达之际，踏上异域的晚清知识分子对种种陌生事物充满好奇，兴致勃勃地观览；对西洋而言，他们本身所代表的东方形象未尝不是另一种值得关注的对象。在书写者观看与被观看的文字记录中，在自我与他者的相互评价的关系中，近代走向世界所留下的"星轺日记"充满了更多的解读空间和切入角度，有利于深入挖掘中西两种文化间可能的对话方式。

（三）文化产品的生成过程

　　理查德·约翰逊（Richard Johnson）在《究竟什么是文化研究》（*What is Cultural Studies Anyway*）一文中使用图解说明的方式解释了一种文化产品的生产过程（图0.1），并将其解释为一种比较复杂的具有丰富中介范畴的模式，它应比现存的一般理论含有更多层次。

─────────

① 王茜：《拉康：镜像、语符与自我身份认同》，《河北学刊》2003年第6期，第131页。

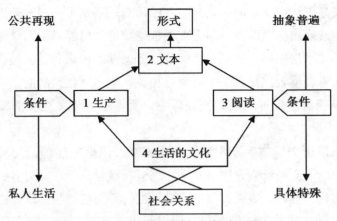

图 0.1　文化产品的生产过程图

资料来源：罗钢、刘象愚主编：《文化研究读本》，中国社会科学出版社 2000 年版，第 13~15 页。

　　图中每一方框代表过程的一个时刻。每一时刻或方面都取决于其他方面或时刻，对于整体都是不可或缺的。然而，每一方面都是独特的，涉及形式的特殊变化。我们必须了解消费或阅读的特殊条件，这包括资源与动力、物质与文化的不对称。它们也包括在特殊社会环境中已经活跃的现存文化因素的综合，以及这些综合赖以存在的社会关系。话语和意义的储存反过来又成为新的文化生成的原材料。事实上，它们是特定文化生产的条件。[①]

　　该图所表现的文化产品的生成过程，衍生出许多与本书的文本材料郭嵩焘日记和 19 世纪中西文报刊相关的问题意识。就书写与出版的关系来看，郭嵩焘的日记在其生前从未出版也没有出版的打算，所以其中内容真实、耿直，更是忠于书写者郭嵩焘的内心，郭嵩焘是如何突破夷夏之防、西方无"道"的认知视角的？郭嵩焘每日阅读西方报纸，每日奔走于各种宴会邀请间，在这种疲于应付的过程中，他认识到了哪些知识？西文报刊中的科学报道，给不同学识基底的读者带来了怎样有别的

_____

① 罗钢、刘象愚主编：《文化研究读本》，中国社会科学出版社 2000 年版，第 13-15 页。

感受，又是怎样把不在同一物理空间的民众联系到了一起？郭嵩焘出洋期间日记透露出他对西方治学态度的推崇，他如何能借由西学报国呢？西方科学技术昌明猛进的同时，又隐含着怎样的国家利益、经济利益关系呢？文本、读者、社会关系等息息相关，作为文化产品的文本在生产过程中，涵盖了各种因素的交互影响，为本书提供了更多需要探讨的问题。

本书以历史学的实证考察为基本方法，依据上述理论与实证相结合，采用以下三种研究方法：一是文献资料综合分析法。对有关郭嵩焘平生、信札、奏稿、诗文等第一手资料进行系统挖掘与整理，避主观而重客观，配合这些第一手资料，援引相关英文报刊、档案文献考证核对、补充郭氏记录的行程史实，从中寻找和发掘郭嵩焘的科学文化认识过程和思想内涵。就典型案例，使用文化学、心理学的观点去分析郭嵩焘在理解西方科学技术时的思想变化，发掘科学技术史内涵之外的文化对话的可能方式。二是不同人物案例的比较研究。凸显郭氏思想的独立性，消解历史学研究中"归入哪个历史派别"的人为困境。三是计量分析法。运用科学计量学和文献计量学的一些方法，对19世纪报刊文献报道的主题内容进行计量研究。总之，结合历史学，又利用西方近代天文学、自然科学知识，从科学文化传播角度，在近代西方科学技术发展的大背景下，深刻探讨晚清普通知识分子郭嵩焘面对文化冲突时的心理变化，以科学文化传播中具体而微的历史例证，呈现出中国知识分子吸纳及转化西方科学文化的一种可能与方式。

第一章　郭嵩焘使欧之时的时代背景

　　作为一个历史人物，郭嵩焘必然受到历史空间和时间对他的制约，他的思想活动无法摆脱他所生活的特定时代和文化环境的影响。时间和空间对于个人不易察觉的影响，有时具有决定性，往往时过境迁，才会发现每一事件、每一人物都并非偶然，而是他们背后特定的历史和环境相互作用产生的结果。那么，关于郭嵩焘与西方天文学的科学文化研究，就必须考察他之前的西学东渐史和他生活出使时的文化环境，由此确定郭嵩焘出使西欧时的时代背景。

　　这一部分主要探讨的是郭嵩焘出使前西学东渐的历史，表面上是一段与郭嵩焘无关的历史，实际上试图通过分析西学东渐史中的一些重要事件、重要人物身上所带有的属性，廓清中西文化关系的格局，凸显郭嵩焘在西学东渐大潮流中的历史角色。

第一节　从中西方互通走向文化冲突

　　"西学东渐"一词最初见于容闳1915年（民国四年）出版的英文传记中译本《西学东渐记》（*My Life in China and America*），后被用来泛指晚清以来现代西方文化思想在中国传播盛行的历史过程，作为史学术语。"西方"是一个建立在中国人地理版图认识的相对概念，西方文化既可以是欧洲文化，也可能是印度文化或阿拉伯文化。这里以现今约定俗成的"欧亚交通史"①定义，中西关系史实际上是中国与欧洲的交往史，西学东渐是指在明末清初以及晚清民初两个时期之中，欧洲及美国等地的自然科学和社会科学学术思想的传入。②本书则偏重于这一时期欧美等地自然科学及其思想向中国的传入。

欧洲文化孕育下的近代科学，随着地理大发现的完成以及欧洲征服世界的殖民活动，逐渐向世界各地传播。中西交通的日益便利发达，本应直接促进各民族地域的文化交流，但由于近代科学在物质文明上远远优于其他区域文明，科学知识迅速在世界范围内得到传播应用的趋势，变成了科学文化对人类其他区域文明的单向度征服。

西班牙在 1575 年、荷兰在 1604 年、英国在 1637 年，纷纷来华经商传教，闭关多年的中国大门从此敞开。首先进入东方世界的是商人和传教士，最初的目的只是开拓市场和传播宗教。1582 年（明万历十年），耶稣会士利玛窦（Matteo Ricci，1552~1610）来华，1601 年抵京向万历皇帝进献贡品，并获准在京久居，他据自身学识向中国儒士介绍西方学问，如亚里士多德和托勒密的宇宙论、世界地图、笔算法、几何学等，印制第一张中文世界地图，他刊印的《几何原本》成为近代西学在中国传入的起点。西方的天文、历算和数学输入中国，激起了一些士大夫和统治者的研究兴趣；西方地理学改变了少数中国士大夫的天下观念；医学、农学以及军事技术等实用知识在中国得到了一定程度的运用。入清后，康雍乾三朝对西学"节取其技能，而禁传其学术"的态

---

① 参见方豪：《中西交通史》，上海人民出版社 2008 年版，第 1-2 页。
② ［日］石田干之助：《中西文化之交流》，张宏英译，商务印书馆 1941 年版，绪言。

度，①使得西方传教的副产品——知识技艺在中国士大夫的精神上产生无尽的回响。

传教士将欧洲科学中的天文学、生理学、地理学、水利学、几何学、数学等学科的先进成果传入中国，对中国近代科学的发展和社会变革产生了巨大影响。尽管早期传教士带入的西学知识并不多么精深，在介绍普及过程中也难免失之偏颇，但他们在传播知识、培养中国通晓近代西学者方面的贡献是难以否认的。

与此同时，随着明朝社会经济和宋明理学的发展，一种批判改造理学的"实学思潮"开始兴起，以明代中后期学者王廷相、方以智、黄宗羲、顾炎武、王夫之等为代表，反对空谈心性，讲求"实功""实政""实理"。可以说这种思潮，是近代自然科学得以传播的内部条件。一些传统知识分子上山采药、考察工矿、万里遐征、田间问知、潜心术数天文。还有一些人在与传教士的接触中，叹服西方器械的奇巧，羡慕西方知识的精确严密，致力于宣传西方知识和技术，代表人物有徐光启、李之藻、王征等。他们同传教士们保持了私人友谊，虚心学习传教士讲授的知识，使得大量西方知识和技术成果传入了中国。由于明末清初的西学东渐，中国的科学便和全世界的科学汇成一体了……中国已和所有其他国家一样，作为全世界科学大家庭的一员而占有它自己的位置了。②这是中国接触西方近代自然科学的起点。

16 世纪后的海路大通，活跃了东西方物质文化交流，至 18 世纪中

---

① "节取其技能"，发端于康熙"用其技艺"的言论。1706 年康熙与李光地、熊赐履谈特使多罗禁止中国教徒祭孔祭祖一事，云好待耶稣会士，是为"用其技艺"。乾隆年间成书的《四库全书总目提要》卷一二五《寰有诠》（1628）条后案中，又以"节取其技能，而禁传其学术"取舍评价传教士所译西书。"用其技艺"作为清廷国策一直延续到道光六年（1826 年），随传教士退出钦天监而告终。有关康雍乾三朝科学与宗教策略的延续参见韩琦：《通天之学：耶稣会士和天文学在中国的传播》，生活·读书·新知三联书店 2018 年版，第 177-181 页。韩琦：《傅汎际、李之藻译〈寰有诠〉及其相关问题》，载中山大学西学东渐文献馆主编：《西学东渐研究 第 5 辑》，商务印书馆 2015 年版，第 224-234 页。

② ［英］李约瑟：《中国科学技术史》第 1 卷，陆学善等译，中华书局 1975 年版，第 318 页。

国思想文化的西传对欧洲也产生了深层次的影响。在华的耶稣会传教士对中国学问也有较深的研究，为了传播"福音"，网罗信徒，他们通晓中国典籍，常在传教中引据四书五经，附会天主教教义。利玛窦的《天主实义》便是博引六经，来论证中国经典与"圣经"的一致性。欧洲大陆正处于绝对君主专制时期时，中国思想文化给欧洲思想文化界"反神学""反宗教"的"启蒙运动"的开启带去了积极影响，西方的"哲学家则在那里（东方）发现了一个新的道德与物质的世界"[①]。法国学者维吉尔·毕诺（Virgile Pinot）在其名著《中国对法国哲学思想形成的影响1640~1740》（ *La Chine et la Formation de L'esprit Philosophique en France 1640~1740* ）中写道："在 1740 年左右，《圣经》的普遍性到了寿终正寝的地步，中国的无神论便是它的致命伤"[②]。法国启蒙运动温和派人物伏尔泰（Voltaire，1694~1778）曾受教于耶稣会学院，是欧洲最著名的中国赞美者，他认为儒教是最合人类理性的哲学。虽然，基督教禁恶，孔子劝善，二者近似，但是，孔子的"己所不欲，勿施于人"和"以直报怨，以德报德"的格言是"西方民族无论何种格言，如何教理，无可与此纯粹道德相比拟者"[③]。1697 年（康熙三十六年），莱布尼茨（Gottfried W. Leibnitz）的《中国近事》（ *Novissima Sinica* ）出版[④]，卷首语中写道："人类最伟大的文明与最高雅的文化今天终于汇集在了我们大陆的两端，即欧洲和位于地球另一端的——如同'东方欧洲'的 Tschina（这是

---

① Adolf Reichwein, *China and Europe*: *Intellectual and Artistic Contacts in the Eighteenth Century*, London: Kegan Paul & Co., 1925, p. 89.

② 朱谦之：《中国哲学对于欧洲的影响》，福建人民出版社 1985 年版，第 267 页。

③ 朱谦之：《中国哲学对于欧洲的影响》，福建人民出版社 1985 年版，第 292 页。

④ 1697 年 4 月底，莱布尼茨所编《中国近事》一书在欧洲问世。此书署莱布尼茨拉丁文名缩写 G. G. L，利用他所收集的传教士们的书信和报告编写而成，副标题概其主要内容，"发表中国近事是为了照亮我们这个时代的历史。书中收集了许多至今鲜为人知的消息：一份传到欧洲的中国官方首次允许基督教传播的文件，另外一份叙述欧洲科学在中国的声望及对汉民族的风俗习惯的看法，特别是对当朝皇上的赞扬，最后还有中国人和俄国人之间的战争以及他们所达成的协议"。

'中国'两字的读音）。"[1]他还提出了建立研究中国和推进中国与欧洲文化交流的学术机构和计划，他所倡导的一种近似于儒家德行的人的精神和自然道德和谐的哲学观，直接影响了德国哲学革命的发起者康德，康德又被尼采挖苦为"孔尼斯堡的伟大的中国人"[2]。基于此，黑格尔（G. W. F. Hegel，1770~1831）认为欧洲18世纪的哲学上的理性观念来自东方，"理性之变化范畴"，"是东方人所抱的一种思想，或许就是他们最伟大的思想，他们形而上学之最高的理想"[3]。可见，与西方科学对中国学术的影响相同，中国哲学思想也在16~18世纪对欧洲产生了深层次的影响。

19世纪"数千年未有之变局"后，中西文化交往的局面也不再呈现出双向性。彼此既向对方输出、也从对方输入文化产品，没有单纯的输出者或输入者——这种局面到了郭嵩焘的世纪发生了根本的逆转。

自中西往来，中国知识分子从欧洲得到了奇珍异宝和少许的科学文化知识，欧洲则充分利用中国文化中积极的元素，连同传入西方的火药、指南针与印刷术，改善了自身的思想价值观，积聚了西方近代文明的发展动力。郭嵩焘出使之前，至少两千年的时间，西方思想家脑海中的东方形象是："作为一个哲学家，要知道世界上发生之事，就必须首先注视东方（主要指中国），东方是一切学术的摇篮，西方的一切都由此而产生"[4]，思想界、哲学家带领着欧洲以一种较为主动积极的态度服膺东方思想之师；大相径庭的是，中国蒙蔽在自己的传统思想中，也自认为自己是世界的中心，在明清两朝实行"海禁"政策，傲视其他地域文明。

千年来随着西学东渐的脚步，中西方从深入接触到相互借鉴，但由

---

① ［德］G. G. 莱布尼茨：《中国近事》，［法］梅谦立等译，大象出版社2005年版，"莱布尼茨致读者"第1页。

② 杜维明：《杜维明文集》第4卷，郭齐勇、郑文龙编，武汉出版社2002年版，第363页。

③ 朱谦之：《中国哲学对于欧洲的影响》，福建人民出版社1985年版，第187页。

④ ［德］利奇温：《十八世纪中国与欧洲文化的接触》，朱杰勤译，商务印书馆1962年版，第81页。

于双方对于文化知识如何为己所用的认识态度不同，19世纪西学东渐中双方的较力不再平衡，郭嵩焘所处的时代，中西互通的交流关系进入了以文化冲突为特征的新时期。

第二节　马戛尔尼使华团的科学任务

1877年（光绪三年），清廷旨派郭嵩焘为钦差大臣出使英国，后定为常驻英国公使，次年在英都伦敦建立起中国近代在外国的第一个常驻使馆。1792年（乾隆五十七年），也就是距郭嵩焘出使的85年前，英使马戛尔尼（George MaCartney，1737~1806）来华，要求中英互派常驻使节，却当即遭到乾隆皇帝的拒绝。马戛尔尼使团来华，是中英关系史上政府间第一次接触的重大政治事件。

清朝对外施行严格贸易限制政策，加之英国商品在华严重滞销，于是英国政府企图通过官方外交打开中国的大门，在中国建立起庞大的商品市场和原料基地。根据东印度公司的建议，英国政府决定派遣正式使团访华。1787年（乾隆五十二年），英国政府派遣喀塞卡特（Charles Cathcart，1759~1788）为首任来华使节，要求他在辽阔的中华帝国为印度的土产和制造品找到一条出路。喀塞卡特途中病逝，未能到达中国。1792年，英国政府又派遣以马戛尔尼为特使的使团前来中国，并给使团下达两个任务：一是通过与清王朝最高当局的谈判，获得以往各国用计谋或武力都未能获得的商务利益与外交权利；二是利用访华的机会，探测中国的虚实，广泛搜集中国的有关情报，为下一步行动提供依据。

关于"马戛尔尼使华团"的研究往往从中西礼仪冲突、经济贸易、文化差异等视角出发提出新的观点和见解，台湾科学史学家黄一农则从科技史的角度，指出"马戛尔尼的使团，除可探讨中西科技交流的历史外，亦可比较中西科技文明发展的背景与模式，甚至追索近代世界为何是由欧西文明所主导等重要课题，并可将中国科技史的触角延伸至探险史、世界史和图像史等范畴。"① 在此种意义上，马戛尔尼使团的来华目的除交好通商外，还被赋予了一种展示西方文明和对华进行知识调查的科学任务。

值得注意的是，使团中有一批人对科学有一定的造诣，不仅有外科医生、医生（亦称"自然哲学家"）、冶金学家、园艺和植物学家，还有机械师、钟表师、数学仪器制造师和画师。如：使团秘书（副使）、出使日记的编写者斯当东（George Leonard Staunton，1737~1801），他是皇家学会和林奈学会（Linnean Society）的会员；使团的医生 Hugh Gillan（？~1798），出使后他撰写了有关中国医学、外科术和化学的许多评论，后成为皇家学会会员；还有"天文生"登维德（James Dinwiddie，1746~1815），数学家吧龙（John Barrow，1764~1848）。② 马戛尔尼曾被国务大臣亨利·邓达斯（Henry Dundas，1742~1811）调侃："他不是在率领皇家学会的代表团。"③

马戛尔尼使团对馈赠礼品的选择突显西方的先进科技，以彰显文明优越性：

> 对一位上了年纪的君主来说，能发挥实际耐久作用的现代科学和技术方面的东西应该可以使他更感兴趣。天文学素为中国所尊崇的一门学问，中国政府十分重视。最近改良的天文仪器及最好的天体循环模型标本等物应当是中国人欢迎的礼物。英国名厂制造的增进人类生活方便和舒适的最新产品也是一种很好的礼物。不但满足被赠送者在这方面的需要，还可引起他们购买类似物品的要求。④

---

① 黄一农：《龙与狮对望的世界：以马戛尔尼使团访华后的出版物为例》，《故宫学术季刊》2003 年第 2 期，第 269 页。
② 韩琦：《礼物、仪器与皇帝马戛尔尼使团来华的科学使命及其失败》，《科学文化评论》2005 年第 5 期，第 12 页。
③ Alain Peyrefitte, *The Immobile Empire*, New York: Knopf, 1992, p. 7.
④ George Leonard Staunton, *An Authentic Account from the King of Great Britain to the Emperor of China*, London: W. Bulmer & Co., 1797, pp. 42-43.

由上可知，这些馈赠礼品大致可分三类：一是由英国新兴工业家们所提供的英国工业制品；二是受耶稣会士著作影响，为迎合中国宫廷的天文需求与艺术品位而购置的科学仪器；三是当时欧洲最新奇的科技发明。

而相较于中国对西方知识的冷漠，使团则调查了当时中国社会的许多重要文化领域，以马戛尔尼的观察报告为例，其调查项目包括风俗习惯、宗教、政府、法律、财产、人口、收入、官僚体制、贸易、工艺与科学、水利学、航海与中国语言等，无疑是对当时整个中国社会精辟且详细的宏观调查，[①] 此外使团一行人对中国原产植物的采集也为西方植物学填补了相关知识空白，特别是茶叶的采集，更是为加尔各答植物园提供了优质树种，因而成为 19 世纪英属印度茶叶种植的滥觞。[②] 黄一农研究指出，这些知识透过文本形式在西方大量传播，其对于整个西方社会以及知识界的巨大影响可想而知。[③]

英国国务大臣亨利·邓达斯曾在 1792 年给马戛尔尼的训令中，直接指明了英国试图基于国家利益，以知识、科学的外交方法打开中国的贸易大门，同时使英国的知识界对中国有一个完整清醒的认识：

> 除了对你的协商有直接帮助之随行人员外，还准许你带一些精通科学与技艺的人员，这些人在中国是受到尊重的，如此便可以增加对遣使国家的尊敬，同时也供应材料与仪器，以便举行最新奇的实验，特别是那些连在中国的传教士也从未展示过的新事物，或者最低限度不曾这样大规模展示过。最新发明的模型应该会让这个好

---

① J. L. Cranmer-Byng (ed.), *An Embassy to China, Being the Journal Kept by Lord Macartney during His Embassy to the Emperor Ch'ien-lung 1793~1794*, London: Longmans, 1962, pp. 221-278.

② J. L. Cranmer-Byng (ed.), *An Embassy to China, Being the Journal Kept by Lord Macartney during His Embassy to the Emperor Ch'ien-lung 1793~1794*, London: Longmans, 1962, pp. 374-375.

③ 黄一农：《龙与狮对望的世界：以马戛尔尼使团访华后的出版物为例》，《故宫学术季刊》2003 年第 2 期，第 265-297 页。

奇和聪敏的民族满意的，而这样大方的举动可能会得到一种自由检示的机会作为回馈，包括他们发明的各种模型，以及关于他们最有价值的技术与制品的叙述与说明，和他们最有用途的产品的样本。[1]

与日后郭嵩焘带领的中国使团一样，马戛尔尼使节团也被要求形成缴送官方的文本，使团回国后，其成员出版的日记、回忆录、旅行报告等，为西方人的东方态度和东方学研究提供了根据和大量史料。

虽然西人在评价中国文明上一直存在着南辕北辙的分歧，不过整体来说，西人对华的评价确乎是以18世纪90年代为分水岭，此前评华以褒为主，此后则以贬为主，应可视为定论。[2] 由此看来，1793年马戛尔尼对中国所做的有组织性的科学调查，成为西人对东方认识的转折关键。

1840年的鸦片战争并不是如中国人所惊诧万分的偶然事件，19世纪30年代起由于中英政治、经济关系的变故也不能完整解释这场变局的成因，而是像美国汉学家何伟亚（James L. Hevia）所言：“在第一把英国枪瞄准中国人之前，中国就已经在著作中被摧毁”[3]。马戛尔尼在报告中坦承：

在早期旅行者和后来的传教士们的见闻基础上所形成的对于中国与中国人的看法，其实并不充分也不公正，虽然这些作者并非有意虚构，但他们并没有说出完整的真相，这种叙述模式几乎就和虚假的论述一般导致错误。[4]

---

[1] 转引自常修铭：《马戛尔尼使节团的科学任务——以礼品展示与科学调查为中心》，硕士学位论文，台湾“国立”清华大学历史研究所，2006年，第24页。

[2] 张顺洪：《乾嘉之际英人评华分歧的原因》，《世界历史》1991年第4期，第84页。

[3] James L. Hevia, *Cherishing Men from Afar, Qing Guest Ritual and the MaCartney Embassy of 1793*, Durham: Duke University Press, 1995, p. 73.

[4] J. L. Cranmer-Byng (ed.), *An Embassy to China, Being the Journal Kept by Lord MaCartney during His Embassy to the Emperor Ch'ien-lung 1793~1794*, London: Longmans, 1962, p. 222.

　　马戛尔尼使华团不但具有官方派遣的政治性质，系统性的知识成员构成和严谨的科学调查任务为其构建起了科学般精准的新的中国观。如果说中国真的输了的话，绝非单纯只是败于战场上的厮杀，而是败给了西方的知识，当时的中国与所有非西方文明所面对的是一个前所未有的，一个懂得透过精细观察、调查、收集、建构各种知识进而支配被观察对象的文明，中国其实是输给了一种他从来没想到过，也无法理解的新思维方式，一种新的"知识型"。可以说如果不了解这点，就很难理解为何今日世界是一个以西方文明为主导的世界。①

　　马戛尔尼使华团向清廷展示科技礼品的目的在于向中国展现英国是一个文明国家，而科学调查的结果则决定了中国在当时英国人心中文明发展程度的高低。西方使团出访的行程任务设立在科学方法的控制之内，一种运用于达到政治经济社会任务的科学思维和方法的过程，所派遣的随使人员多数是近代社会科学、自然科学学科分类下的某一领域的专家，"中国"即是这些专家建立在同一的科学方法下要从各个角度进行田野调查的巨大的研究对象。

　　中西本就归属于两种文明体系，以郭嵩焘为公使的驻英使团非但不可能开展科学调查，清廷外派公使之职责是："欲得知其事势情形而预为之备耳……如是则彼有举动，我悉周知，可以预为防"②，比起经济科技和社会发展，清廷的出使目的更关涉于政治军事和国家安全。使臣呈报公署"日记并无一定体裁"③，他们考察、参与以及感受到的英国社会政情、经济、科技、民俗等书面记述不仅建立在个人的价值体系之上，而且其中还交织了清廷内部的权力派系之争与政见异同。郭嵩焘与副使刘锡鸿之间的纷争，可说是当时中国社会革新与守旧两种势力激烈争斗

---

① 常修铭：《马戛尔尼使节团的科学任务——以礼品展示与科学调查为中心》，硕士学位论文，台湾"国立"清华大学历史研究所，2006年，第18-19页。

② 蔡钧：《出使须知 七》，载王锡祺辑：《小方壶斋舆地丛钞》第11帙，杭州古籍书店1985年版。

③ 邵之棠辑：《皇朝经世文统编（外交部三 遣使）》卷48，台北文海出版社1980年版，第3页。

的典型表现。[①] 刘锡鸿替保守势力牵制郭嵩焘，便编造日记寄回国内诬陷郭嵩焘，如李湘甫言："刘云生编造日记，十日一寄沈经相、毛煦初尚书。"[②] 由此可见，清末出洋使团更多肩负的是为了国家间、政派间的角力转化而成的政治任务，考察记录上无统一的逻辑方法，受个人熟悉的知识体系、文化素养以及其他力量牵扯共同决定。

马戛尔尼来华展示英国、认识中国的目的，是欲证明自己与中国是同等文明的国家，实际上，半个多世纪后的郭嵩焘使团赴英的活动仍被英方以展示文明成就为目的加以刻意安排，启程由法国轮船转搭英国轮船，沿途停靠英国殖民地，使人对大英帝国无远弗届的国力感到印象深刻，至英安排到学校、工厂、研究机构、文化设施等处参观，所有用意就是要让中国大使见识英国之国力强盛，文明昭然于世。而中国从乾隆年间清廷主流势力到清末保守势力则无法在"文明"定义的观念认识上与西方达到同一个层面，考察、出使西方的见识不但没有用来推动进步，反而用来反对进步、维护落后，可说是出使者的悲哀。然而，比起保守派而言，郭嵩焘已不再坚守原有的文化认识，选择以更宽广的态度看待陌生的西方文化，跳脱本位主义的思考，认识到近代西方的文明观。

第三节　岩仓使节团与华人乘槎海外

日本明治初年，百废待兴，但日本人对自己国家的改革目标并不明确，因此在 1871~1873 年[③] 明治政府首次派出使节团，借呈递国书、修约谈判之际，全面考察欧美各国的制度和文化。

派遣岩仓使节团的主要原因，正如伊藤博文所说："为使我帝国进

---

① 熊月之：《论郭嵩焘与刘锡鸿的纷争》，《华东师范大学学报》1983 年第 6 期，第 81 页。熊月之认为，"郭嵩焘、刘锡鸿的矛盾冲突不是个人意气之争，而是当时中国社会革新与守旧势力激烈争斗的典型表现，是他们思想分歧的必然结果。"
② 郭嵩焘：《郭嵩焘全集》第十册，梁小进主编，岳麓书社 2012 年版，第 258 页。
③ 此时为中国同治十年至同治十二年。

入开明各国之社会……内政应如何改革，外交应以何为准则，以及应如何交际……都是需要咨询研究的。"① 显然派遣使节团是与日本前途命运攸关的重大行动，岩仓使节团肩负着探寻救亡图强之路、求索治国之真理的历史使命。明治政府在《派遣特命全权大使事由书》中，明确规定了岩仓使节团的出访任务，一是"借政体更新"，向各国政府"修聘问之礼"；二是为修改条约，"向各国政府阐明并洽商我国政府之目的与希望"，以便"依据万国公法"，"修改过去条约，制定独立不羁之体制"；三是"视察欧亚各洲最开化昌盛之国体与各种法律规章等是否合于实际事务之处理，探求公法中适应之良法、调查施之于我国国民之方略"。并特别强调："内政外交，其成其否，实在此举"。②

旅欧美期间，岩仓使节团"冒寒暑，究远迩，跋涉于穷乡僻壤，采访于田野农牧，观览城市工艺，了解市场贸易……"③，亲眼所见西方的物质文明，正视了日本与西方国家间的巨大悬隔。岩仓在访问罗马时承认，"至此所视察之各国状况，似英、美、德、法这样的强国自不必说，虽二三流之诸国，其文化之繁盛，亦为我国殊不可比"。④ 大久保也说："到西洋这么一看，我们不适应这个世界"。⑤

岩仓使节团归国后，明治政府在政治、经济、文化教育等各方面，根据国内自身发展情况与文化传统，调整了治国方略：政治上，强化中央集权，撤销左院和右院，加强内阁的权力；经济上，采取一系列自上而下地发展资本主义经济的措施，承认土地的私人所有权，采用国家征

① ［日］大久保利谦：《岩仓使节之研究》，崇高书房 1976 年版，第 188 页，载安宝：《清末五大臣与岩仓使节团出访的比较研究》，硕士学位论文，东北师范大学，2007年，第 32 页。

② ［日］大久保利谦：《岩仓使节之研究》，崇高书房 1976 年版，第 184 页，载杨栋梁：《试论岩仓使节团与日本的近代化》，《南开史学》1982 年第 2 期，第 209 页。

③ ［日］久米邦武：《美欧回览实记》，岩波书店 1978 年版，第 11 页，载杨栋梁：《试论岩仓使节团与日本的近代化》，《南开史学》1982 年第 2 期，第 210 页。

④ ［日］春亩公追颂会编：《伊藤博文传》，统正社 1944 年版，第 724 页，载杨栋梁：《试论岩仓使节团与日本的近代化》，《南开史学》1982 年第 2 期，第 214 页。

⑤ ［日］芳贺彻：《明治维新与日本人》，讲谈社学术文库 1980 年版，第 226 页，载杨栋梁：《试论岩仓使节团与日本的近代化》，《南开史学》1982 年第 2 期，第 214 页。

收地税的新形式，基本形成了近代土地所有制关系；工业上，推举兴办各种"模范工厂"，大量引进外国技术和设备，不惜重金聘用外籍专家，以此向民间"示以实利，以诱导人民"[①]；文化教育上，颁布新学制，制定全民教育规划，要求"邑无不学之户，家无不学之人"[②]，发展高等教育，聘请外籍教师，派遣留学生出国学习等。经过上述改革，日本初步完成了国家近代化的改造，走上了资本主义的道路。1889年，日本帝国宪法的公布，最后确立了日本的国家体制。[③]明治初年日本政府派遣的岩仓使节团之意义以及日后所取得的显著成效，正如日本历史学家井上清评价："古今历史中无与伦比的文化大事业"。[④]

日本岩仓使节团身携高度的危机意识出访欧美，明治政府抛弃华夷秩序，吸收和移植西方近代文明，完成政治变革，推动日本近代化的起步。可以说，日本从体制化政治思想上是完全信服和高度容纳[⑤]西方近代文明的。而华夷之辨的主论者中国，君主虚骄夸诞，自清王朝闭关自守、夜郎自大，乾隆御笔驳回英国马戛尔尼使华团扩大通商之请求，所谓"天朝物产丰盈，无所不有，原不藉外夷货物以通有无"[⑥]，这种局面直到鸦片战争的残酷，才震醒天朝迷梦中的国人。"过去那种地方的民族的自给自足和闭关自守状态，被各民族的各方面的互相往来和各方面的互相依赖所代替了"[⑦]，才有极少数先觉者冲破樊篱，怀忧思而察世

---

① ［日］守屋典郎：《日本经济史》，周锡卿译，生活·读书·新知三联书店1963年版，第64页。

② ［日］大隈重信：《开国五十年》，星野锡1909年版，第512页，载杨栋梁：《试论岩仓使节团与日本的近代化》，《南开史学》1982年第2期，第219页。

③ 杨栋梁：《试论岩仓使节团与日本的近代化》，《南开史学》1982年第2期，第207-227页。

④ ［日］井上清：《日本历史》中卷，天津人民出版社1975年版，第523页。

⑤ 罗荣渠认为，日本是一个单一民族，有单一的文化传统，内聚力强，危机意识高。日本又受中国文化的辐射和影响，"使它对外来事物具有较高的容纳能力。"（罗荣渠：《中国早期现代化的延误——一项比较现代研究》，《近代史研究》1991年第1期，第32页。）

⑥ 王先谦：《九朝东华录（乾隆朝）》卷47，光绪年间版，第16页。

⑦ ［德］马克思、［德］恩格斯：《马克思恩格斯选集》第1卷，人民出版社1995年版，第276页。

界，通过编纂书籍介绍西方形象——"有明礼行义，上通天象，下察地理，旁彻物情，贯串今古者，是瀛寰奇士、域外之良友"①。

　　鸦片战争前，国人游历泰西，仅仅是机缘巧合，况且寥若晨星，与日本官方外交、考察学习的出使意识有着天壤之别。乾隆三十七年（1772 年），广东嘉应青年谢清高（1765~1821），船覆遇险，被外国商船所救，遂留船役使。他遍历海中诸国，所到之处辄习其语言，记其岛屿厄塞、风俗物产，回国后辑《海录》，介绍葡萄牙、英国、美国等 95 国和地区的见闻②，这是走出国门者对域外世界实地观察的最初记录。由此对世界的最初记录，到同治七年（1868 年）清政府派出第一个外交使团，到光绪三年（1877 年）首任驻英公使郭嵩焘赴英呈递国书③，中国勉强从政治上接纳世界形势、开展官方外交，足足曲折辗转地经历了近一个世纪。中国的官方出使，探求西方近代文明立国之路，比日本又晚了许多年。

　　鸦片战争之后，道光二十七年（1847 年），林针受花旗聘赴美国任口译，此行实录撰为《西海纪游草》。二十几岁的青年不说能够深切认识西方社会，但他给国人介绍了一个"统领为尊，四年更代"，"士官众选贤良，多签获荐"④的美国。同年，容闳受美国传教士资助赴美留学，偶然间成为中国第一位留学生，系统地接受西方教育。这段经历让他立志要"以西方之学术，灌输于中国，使中国日趋于文明富强之境"⑤。清王朝首次派员出国考察，是以斌椿率同文馆学生赴欧为开端。同治五年（1866 年），斌椿一行先后游历法国、英国、比利时、荷兰、丹

① 魏源：《海国图志》第 4 卷 62~100，岳麓书社 2011 年版，第 1889 页。
② 在述及英国的情形时说，其国"人民稀少，而多豪富。房屋皆重楼叠阁。急功尚利，以海舶商贾为生涯"。"贸易者遍海内"，"国虽小而强，兵十余万，海外诸国多惧之"。（斌椿、谢清高：《乘槎笔记 / 海录》，湖南人民出版社 1981 年版，第 40-41 页。）
③ 光绪三年六月二十五日（1877 年 8 月 4 日），诏授郭嵩焘驻扎英国钦差大臣，并颁敕书。十一月初八日（12 月 12 日），郭嵩焘向女王补递了国书。
④ 林针：《西海纪游草》，钟叔河主编，岳麓书社 1985 年版，第 18 页。
⑤ 斌椿、谢清高：《乘槎笔记 / 海录》，湖南人民出版社 1981 年版，第 40-41 页。

麦、瑞典、芬兰、俄国、普鲁士等国，对"所经各国山川险塞，与夫建国疆域、治乱兴衰，详加采访"[1]，记于《乘槎笔记》中。其中随行者，便有郭嵩焘使英翻译张德彝，他将异邦见闻编成《航海述奇》，把自己对西方国家和现代文明的复杂心态尽数其中。同治六年（1867年），流亡香港的王韬，受英华书院院长理雅各（James Legge，1815~1897）邀请，首次以自由身份赴欧考察，他"观典籍于太学，品瑰奇于各院，审察火机之妙用，推求格致之精微"；发现国家制度"迥异中土"，其国会"有集议院，垣墙高峻，栋宇宽宏……国中遇有大政重务，宰辅公侯、荐绅士庶，群集而建议于斯，参酌可否，剖析是非，实重地也"等等。[2]

　　谋生、留学、流亡、文化交流、观光访问……鸦片战争之后的几十年，中国人以各种不同的动机出洋测海窥蠡。严格说来，斌椿一行也只是观光性质的参观访问团，不能算是正式的外交使节。国人在体验西方科技文明震撼新奇之时，仍不免以卫护"圣道"自命，用固有传统之型模，比照西方现代之物。与日本岩仓使节团相比，中国出洋访问尚属私人游历，其游记大量篇幅还停留在器物描写层面，制度层面的省思甚少。新事物所带来的冲击与本身的传统认识，新观念的调整与原有的文化固守，进与退，不停地在观察与体验间摆荡，即使是私人的旅行访问，文化态度中强调抗拒的声明依旧不时出现，他们对西方文明的接受与赞许中，也不可避免地要用固有的"文化拐杖"处理自己所遭遇的文化间距[3]。个人的文化价值认同尚且缓慢地前行，官方政府将异域文明知识作为国家利益被吸收，这层意义在中国还处在长期凝滞的阶段。

　　光绪元年（1875年），清廷正式决定派任常驻公使之前，有两次遣使出洋的记录。同治七年（1868年），因天津条约修约问题，清政府派出了第一个外交使团，由卸任美国驻华公使蒲安臣（A. Burlingame）、记名道员志刚、礼部郎中孙家谷组成，冠以"办理中外交涉事务大臣"

---

① 斌椿、谢清高：《乘槎笔记／海录》，湖南人民出版社1981年版，第56页。
② 王韬：《漫游随录》，钟叔河主编，岳麓书社1985年版，第96、111页。
③ Harvey Levenstein, *Seductive Journey, American Tourists in France from Jefferson to the Jazz Age*, Chicago: University of Chicago Press, p. 1998.

头衔，^① 历时两年先后出访美、英、法、俄及其他欧洲国家。同治九年（1870 年）天津教案发生后，清廷派兵部侍郎崇厚为特使赴法道歉。

　　私人出游者，就其身份地位来看，多半不高，出洋为求糊口生计；派遣出外的翻译随从人员对自己出身也怀抱着强烈的自卑感，张德彝因不能列入正途而深以为憾^②；出使欧美官员的任务，非战败修约即亲赴道歉，虽被国人认为是"有辱名节"，但又必须完成。日本岩仓使节团则集中了明治政府的权贵和要员，特命全权大使是明治政府首脑之一的右大臣岩仓具视，副使则是明治政府实权人物木户孝允、大久保利通、伊藤博文等高官，此外还有一批藩主、随员和留学生等精英人物。使节团包括了当时日本新政权的主要成员和掌管具体实务的新政府骨干，相当于日本行政部门的全体出动。^③

　　同是 19 世纪六七十年代，同是东方文明孕育下的国家，中国和日本的国际外交和文化交流的历史，却有着天壤之别。日本政府为了修改不平等条约、"求知识于世界"，派岩仓使节团访问欧美 12 国。日本以一种主动的姿态、以官方意志为支持、集合全国各界精英走向世界，努力吸纳有益于国家发展的近代西方文明。相比之下，中国则迫于某些压力纷纷以个人行为或游历观光的名义走向世界。郭嵩焘使团赴英，亦是受马嘉理案胁迫"通好谢罪"，公使虽有开明进步的思想，但不想尚未归来，就遭到国内保守派的猛烈攻讦。尽管就郭嵩焘个人而言是去主动发现西洋文明；而就其个人能力可以掌握的官方立场而言，1877 年的

---

① 复旦大学历史系中国近代史教研组编：《中国近代对外关系史资料选辑（1840~1949）》上卷第一分册，上海人民出版社 1977 年版，第 243-244 页。

② 张德彝，1847~1918，字在初。他除以翻译人员身份随志刚、崇厚、郭嵩焘等官员出洋外，1890 年回国后已任总署英文正翻译官，1891 年成为光绪皇帝的英文老师，1896 年任伦敦使馆参赞，1901~1906 年间任出使英、意、比国等大臣，登上仕途外交官的晋升顶点。由于长期受上国心态作祟，早期传统士大夫子弟绝不肯学习洋语，张德彝是因家贫而不得已考入同文馆，领取奖学金补贴家用，但却仍以自己无法走向所谓的"正途"为憾。潘士魁为张德彝作的墓志铭写道："君虽习海外文字，或有咨询，每笑而不答，意非所专好也。"可见张德彝并不以熟知洋情为荣。（钟叔河：《走向世界——近代知识分子考察西方历史》，中华书局 2000 年版，第 91 页。）

③ 米庆余：《明治维新》，求实出版社 1988 年版，第 64-65 页。

出使在某种程度上仍然是被动的接触世界，"仅取西方知识之皮毛，掉市井之油腔滑调"①。

第四节　同是观者的马嘉理与郭嵩焘

1875年初（光绪元年），英国驻华外交官马嘉理从上海出发沿长江而上，辗转陆路抵达中缅边境，在那里接应由缅甸进入中国的英国探险队。随后马嘉理又作为探险队的先遣官违约进入云南开路，途中他及几名随员被中缅边界的景颇族边民杀害，探险队遇阻返回缅甸。此案轰动一时，称为"马嘉理案"，亦称"滇案"，英国要求清政府惩凶、赔偿，并最终签订《烟台条约》。中国近现代史研究领域对滇案的公断是：马嘉理带领的"探险队"强行进入中缅边境的真实意图，是为探寻由缅甸通往云南的商路，开辟中国西南地区的新市场。

这个名叫马嘉理的英国青年，他同时是那个时代的汉学家、植物学家，在长江航行中他幸免于牙痛、风湿、胸膜炎和痢疾等各种病痛，却为完成使命到达八莫后遇害②。从客观的历史态度来看，中国的西南边疆因与英法殖民地缅甸、越南相邻，出于各种与政治性和商业性相关之目的，吸引了西方各领域中的个人或团体来此调研。他们之中有记者、工程师、社会活动家，甚至专门从事探险的地理爱好者，他们是马戛尔尼使华团的后继者，用科学的方法探求中国西南边疆拥有的动植物资源和民族人文资源，不得不说他们的造访在一定程度上推动了中国西南边疆的近代化，并留下许多具有学科针对性和科学家视角，能够反映当时社会自然情况的调研资料。1876年（光绪二年），英国出版《马嘉理行纪》（*The Journey of Augustus Raymond Margary*）一书，其中收录有马嘉理"游历"中国时的大量信件和日记，彼时英国驻华公使的阿礼国

① 王尔敏：《晚清外交思想的形成》，《"中央研究院"近代史研究所集刊》1969年第8期，第24页。
② Susan Orlean, *The Orchid Thief*, Wheeler Publishing, 1999, p. 55.

（Rutherford Alcock，1809~1897）说：

> 他的日记和信件都带着一种乐观精神，在乐观当中也有一种自
> 信，一种忘我，一种无私，正是这些使他克服旅途上的种种困难。
> 他高兴地上路，用他的叙述也带着我们上路，这些日记和书信是最
> 好的读物。他克服了很多疾病：胸膜炎、风湿、消化不良、神经痛
> 和牙痛，在 96 华氏度〔35.56 摄氏度〕的高温下，周围 1000 英里
> 〔1609.34 公里〕以内没有一个英国人。他在病痛的间歇期间居然还
> 欣赏着美丽的风景。①

书中展现出一个热爱汉学者，从植物学和地质学两个研究视角，探
索中国西南的历程。而在中国近代史中往往这样刻画："马嘉理蛮横地
开枪行凶。"②无论是西人自己还是观看西人的中国人，都无意中从"观
看"的动作中找到了观者自己在周围世界的位置。同时，我们观看事物
的方式，深受着知识与信仰的影响。③马嘉理用植物学、地质学的科学
方法，和这两门学科所要求必有的包括毅力、细心在内的科学精神，以
及上帝佑护的宗教信仰，保有极度乐观的态度，并战胜了各种困难前往
目的地。他在给母亲的信中写道：

> 这将是一次漫长甚至有些危险的旅程。我不能隐瞒这样一个
> 事实，在未来的三个月中，我将与世隔绝，任何人也得不到我的消
> 息。不过，妈妈您可以想象，我在不同的城市之间跋涉，很多留着
> 辫子的中国人好奇地盯着我看。有时候我坐在总督和巡抚之间，行

---

① Augustus Raymond Margary, *The Journey of Augustus Raymond Margary*, London:
Macmillan and Co., 1876, p. xvi.《马嘉理日记》，2012 年 6 月 30 日，见 http://blog.
sina.com.cn/s/blog_441753a801014v24.html.

② 陈旭麓主编：《近代中国八十年》，上海人民出版社 1983 年版，第 215 页。

③ ［英］约翰·伯格：《观看之道》，戴行钺译，广西师范大学出版社 2005 年版，第
1-2 页。

着东方礼节。最后，您可以看看地图，想象着您看到孤零零的一个欧洲人，站在边界最后一个关隘上，用望远镜急切地搜寻着从西边来的那些戴着印度帽的人。您知道，信仰上帝使我毫无惧怕，我希望在深山丛林里得到锻炼。……也许整个行程中您都得不到一点关于我的消息，也许关于我安全的各种传言到处流行。我请您不要相信其中的任何一个，请放心，有上帝的帮助，我一定会回来。①

中国和西方，在评价马嘉理为人上截然相反，中国普通百姓看待西人以及他们在中国的科学活动，和西人自己持有的目的态度也不尽相同。植物学和地质学本来在西方是两门平等的科学，在中国人眼中却有极大的差别：

> 很奇怪，中国人对于地质学家不知道有多嫉妒和怀疑。如果一个地质学家拿着锤子在岩石间转来转去，一定有人监视他生怕他发现了金子。中国人相信外国人能够看到地下三尺。相反，如果你采集植物或者叶子，你会得到中国人的尊重，因为你看起来可能在寻找草药，在他们眼里所有的外国人都是医生，传教士医生尤其获得了成功。我开始从事植物学和地质学的研究，我发现在前者领域取得进步要容易得多。②

此种情况的出现反映了当时中国人对西方人的印象与评价。马嘉理很敏锐地发现这一文化特点。在看与被看中，他人的视线与我们的结

---

① Augustus Raymond Margary, *The Journey of Augustus Raymond Margary*, London: Macmillan and Co., 1876, p. xix-xx.《马嘉理日记》，2012 年 6 月 30 日，见 http://blog. sina.com.cn/s/blog_441753a801014v24.html。
② Augustus Raymond Margary, *The Journey of Augustus Raymond Margary*, London: Macmillan and Co., 1876, p. 20.《马嘉理日记》，2012 年 6 月 30 日，见 http://blog. sina.com.cn/s/blog_441753a801014v24.html。

合，使我们能够确信自己置身于这可观看的世界之中。①在看与被看位置和权力的互换后，那些能够反思自我、审视自我的观者会重新认识另一个自我形象。这也是西人急于向中国展示西方科学及其衍生出的物质文明的原因之一，欲求站在同一"文明观"下较量中西国力，窃取更大的国家利益。从西方近代文明碰撞其他民族文化角度看，马嘉理是一个接受过系统科学教育的普通"游历"者；然而从中华文明遭遇近代科学角度看，中国人则是被西方催促着、被动而艰难地走向世界的。郭嵩焘以及他带领的清政府使团是马嘉理案的重要后果之一。

马嘉理案在云南发生后，光绪元年七月廿八日（1875年8月28日）英国要求清廷派出使臣谢罪。上谕命郭嵩焘任驻英公使，在此案未决、国内仇外气氛强烈弥漫的情形下，此举实为晚清对外关系史上的一大突破。外交官走向世界的过程，不但体现了晚清外交的新格局，也是中国逐步接纳近代化社会的一段缩影。

清廷内外对这种"以夏委夷"的举动一片哗然，首任公使郭嵩焘更是承受了极大的压力。在寻求出使人选时，李鸿章已发现重重困难：

> 使才本难其选，欲稍有资望者更难，总署再四催索，敝处亦无以应，人莫不求官，而不求出使，其愿使者又恐不甚可靠也。②

好友王闿运在得知郭嵩焘使英时，一面祝贺他"万里宣命，专行己志，未始非近局一大转关也"，一方面却也说他"以生平之学行，为江海之乘雁，又可惜矣"。③李慈铭亦云："郭侍郎文章学问，世之凤麟。此次出使，真为可惜，行百里者半九十，不能不为之叹息也。"认为他此次出国是："行同寄生，情类质子，供其驱策，随其嘲笑，徒重辱国

---

① ［英］约翰·伯格：《观看之道》，戴行钺译，广西师范大学出版社2005年版，第1-2页。
② 雷禄庆：《李鸿章年谱》，台湾商务印书馆1977年版，第99页。
③ 王闿运：《湘绮楼书牍》，上海古籍出版社1995年版，第40页。王闿运，1833~1916，字壬秋、壬父、号湘绮，室名湘绮楼。晚清经学家、文学家。

而已。"① 甚至还有民众以联语嘲讽："出乎其类，拔乎其萃，不容于尧舜之世；未能事人，焉能事鬼，何必去父母之邦。"② 湖南长沙赴乡试的士子们更为激动，不但烧毁郭嵩焘所修复的上林寺，还扬言要捣毁他的住宅。面对铺天盖地的辱骂和各方社会压力，郭嵩焘对出使心生犹豫，一再向朝廷祈请病假③。

光绪三年正月初七日（1877 年 2 月 19 日），郭嵩焘夜梦返回湘阴城西老屋，梦中诵示曾国藩挽联，醒记二语曰："同生世上徒苦悲""独立天涯谁与偶"。梦中还有一细节更表现出郭嵩焘直至登上英土也忧虑未消，颇似廷臣皆视出使为畏途的愁思：

> 予因展被卧诵曾文正挽联，瞥见床端置一灯，乃起置案上。问置灯者谁也，梁氏旁立自承。予怒曰：假一翻身，即油污被褥矣。答曰：我虑君不复翻身。予怒唾之曰：相从十余年，竟夕展转，尚不知耶？一怒而醒。④

郭嵩焘唯恐去国无归的同时，也早已料到后来廷臣会以"有贰心于英国，欲中国臣事之"⑤ 为理由提出对他的弹劾，他借梦中妻子之口表达出"唯恐自己的仕途会就此终止"的担忧——事业、声名受累，百年不复翻身。

郭嵩焘作为清廷当朝二品大员，首派公使，"英京伦敦英之君臣待

① 李慈铭：《越缦堂日记》戊集第二集，上海商务印书馆 1936 年版，第 16 页。
② 王闿运：《湘绮楼日记》，商务印书馆 1927 年版，光绪二年三月三日。
③ 郭嵩焘：《奏为因病恐难出洋呈请回籍调理事》，光绪二年四月初二日，中国第一历史档案馆，军机处录副光绪朝 03-5775-082；《奏为患病未痊请假回籍事》，光绪二年五月初二日，中国第一历史档案馆，军机处录副光绪朝 03-5108-007；《奏为久病未痊恳恩开署缺回籍安心调理事》，光绪二年七月初五日，中国第一历史档案馆，军机处录副光绪朝 03-5111-010；《奏为伏乞天恩赏假三个月回籍就医以期不误公务事》，光绪二年七月十六日，中国第一历史档案馆，军机处录副光绪朝 03-5111-033。
④ 郭嵩焘：《郭嵩焘全集》第十册，梁小进主编，岳麓书社 2012 年版，第 139 页。
⑤ 郭廷以编：《郭嵩焘先生年谱》，台湾"中央研究院"近代史研究所 1971 年版，第 666 页。

以大宾之礼，至恭且敬，凡伦敦内外尊重之地、名胜之区"①，均邀同游览，所到之处，备受礼遇，这为他接触真实的西方社会提供了方便。即使忧虑重重，郭嵩焘依然放下了天朝中心的文化优越感，以客观的态度看待西方世界。在今人看来，他的西游日记不免摄取驳杂、文字繁芜；其中外国名称的汉语注音，读起来槎枒诘屈；甚至在《使西纪程》遭毁版之后，他依然把自己工作和游历的情况极为认真地逐日记录，动辄数千言，可谓叙述清晰，次第分明，其博闻强记的功夫实在令人钦佩。

郭嵩焘通过各种途径广泛向西方学习，他对报纸"考知时要"的作用特别看重，利用使馆翻译，广泛涉猎西方报章，注意其中可以学习的事项，特别关注与中国利益冲突或国家发展建设相关的消息报道。

在赴英路上，郭嵩焘每到一处，都要寻得报纸看近期新闻大事，尤其关注"马嘉理案"的进展。途中他从英官禧在明（Walter C. Hillier，1849~1927）处了解到，英国日报四种：《泰晤士报》（The Times，戴模斯、代谟斯）为公议国政，《每日新闻》（Daily News，得令纽斯、台来新报）宣扬民政议院之旨，《旗帜报》（Standard，斯丹得）主守常，《电讯报》（Telegraph，得勒格纳福、特力格讷弗）主持异论；定期周报三种：《观察报》（Spectator，斯伯格对得），《周末报》（Saturday News，撒得对尔日溜），《议院纪钞》（Parliamentary Test，贝勒墨勒太至得）。

光绪二年十二月（1877年1月）登英土伊始，郭嵩焘便嘱马格里定新闻报纸四种并命张听帆等译报，即《泰晤士报》《每日新闻》《旗帜报》《晨邮报》（The Morning Post，摩宁波斯、谟里普斯得），特别说明《晨邮报》若中国宫门抄，可以考之时要。② 俄土战争爆发后，英国政府瞒着郭嵩焘任命罗伯特·肖（Robert Shaw，沙敖）为驻喀什噶尔公使。郭嵩焘从报纸上得知此事后，于光绪三年五月初五日（1877年6月15日）向

---

① 不详：《中国郭刘两星使游玩名胜之区》，《万国公报》1877年，第445页。
② 郭嵩焘：《郭嵩焘全集》第十册，梁小进主编，岳麓书社2012年版，第92页。

英国政府提出抗议[①]，要求取消任命。

　　光绪四年（1878 年）至法国，他又订阅法国朝报《法兰西共和国公报》(*Journal Officiel de la République Française*，埃仑拉拿阿非斯爱尔)，时政类《费加罗报》(*Le Figaro*，费嘎侯尔、费家吼)。

　　此外，郭嵩焘还在日记中提到《图片报》(*Graphic*，噶拉非喀、克来非其)、《英国工人报》(*British Workmen*，卜拉底斯阿阁满、卜利谛斯威尔克曼)、《旗帜晚报》(*Evening Standard*，伊莽宁斯丹) 等西方报刊。

　　郭嵩焘为国家军事实力的提高寻觅英国炮艇、堡垒、军火库、火炮，观看英国海军演习，赴格拉斯哥、曼彻斯特、伯明翰考察各类工厂，访问德国克虏伯兵工厂。光绪三年七月初九日（1877 年 8 月 17 日），使团访问了查塔姆（Chatham，甲敦）的军事工程学校，据《图片报》报道，一张在土耳其发现的巨大的军事德国地图引起了郭嵩焘的注意，地图上用可移动的小旗标示各争夺势力的位置；一名皇家工程师学会上校给予的解说，激起他对于科学的战役战术的极大兴趣。[②] 在这里他直接接触到了西方先进的军事理论，他作为外交官的地位和实地学习的机会使他比清廷朝臣们更了解真实情况，也正是出于这些亲历讨教，使他更坚定了自己外交军事策略可以避免各国冲突的信心。

　　除了军事领域，郭嵩焘对英国政治和法律机构一样怀有兴趣，他按使英计划参观了监狱和法院，途中访问香港时，他对西人的城市管理能力有着高度评价。根据翻译官马格里的记载，郭嵩焘表示他在香港看到了井井有条、干净、安排有序的监狱。[③] 到达伦敦后，他又主动走访执法机构和监狱，这使他后来形成了利用西方模式改革中国法律制度的思路。他在伦敦致书李鸿章说："盖兵者，末也，各种创制皆立国之本也。"[④]

---

① 郭嵩焘：《郭嵩焘全集》第十三册，梁小进主编，岳麓书社 2012 年版，第 278-279 页。（该档案原件 Kuo to Derby, Jun 15th, 1877, British Foreign Office Archives, F. O., 17-768。）

② *The Graphic*, Aug 25th, 1877.

③ D. C. Boulger, *The Life of Sir Halliday MaCartney*, London: John Lane, 1908, p. 274.

④ 郭嵩焘：《郭嵩焘全集》第十三册，梁小进主编，岳麓书社 2012 年版，第 273 页。

在英国的两年让郭嵩焘对西方物质文明的发展进步有了宏观的认识。郭嵩焘在奏折里称：西洋"强兵富国之术，尚学兴艺之方，与其所以通民情而立国本者，实多可以取法。"① 他又在对英国近代科学发展史的考察中，看到人才学问相承以起的景象，便总结道：西方各国"日趋于富强，推求其源，皆学问考核之功也。"② 光绪三年（1877 年），他访问了格林尼治天文台、杰明街矿业学院、一些重要的工业工厂、银行、电信局、英国皇家铸币局和造船中心，先后结识数学、化学、天文、地理、海洋、测量、植物、医学等许多领域的杰出科学家，如定大③、沃伦·德拉鲁④、斯博得斯武得⑤ 等，并受邀前往观摩他们的各种科学活动。光绪三年二月初十日（1877 年 3 月 24 日），郭嵩焘应斯博得斯武得之邀，观看两项光谱实验。⑥ 后十月初五日（11 月 9 日），他又见光的粒子流实验演示。⑦ 也是这一年，二月廿九日（4 月 12 日），郭嵩焘应邀赴皇家学院听定大讲热学，目睹热力学实验。⑧ 三月十四日（4 月 27 日），郭嵩焘至谛拿尔娄家中听讲电学，观看六七种电学试验，其中包括气体电离放电、电压击穿空气、电流磁场引起指南针偏转的演

---

① 郭嵩焘：《郭嵩焘全集》第四册，梁小进主编，岳麓书社 2012 年版，第 788 页。
② 郭嵩焘：《郭嵩焘全集》第十册，梁小进主编，岳麓书社 2012 年版，第 341 页。
③ 丁铎尔（John Tyndall，1820~1893），他发现胶体散射现象，即对天空颜色的解释，在晚清涉及西学的报刊及教科书中，他的名字屡屡出现，译法还有"丁达""定大""定得尔"等多种。
④ 沃伦·德拉鲁（Warren de la Rue，1815~1889），英国天文学家，他使用湿火棉胶底片和自制 13 英寸转仪钟折射镜拍摄月球、太阳黑子，出版一套月球 12 月照片和第一张月球三维照片，1873 年将自制望远镜捐给牛津大学天文台。
⑤ 斯博得斯武得（William Spottiswoode，1825~1883），英国数学家，于 1870 年转向物理学，在光的偏振和电气体放电领域卓有贡献，1878~1883 年任英国皇家学会会长。
⑥ 郭嵩焘：《郭嵩焘全集》第十册，梁小进主编，岳麓书社 2012 年版，第 156 页。光绪三年二月初十日（1877 年 3 月 24 日），郭嵩焘结识了皇家学会的数位科学家，十天后，他从斯博得斯武得手中，又得到了英国皇家学会的会员名单，并在日记中记下了其中 25 位科学家的名字和专业特长（156 页）。同年六月初九日（7 月 19 日），斯博得斯得以另一种方式向他演示了同类光谱试验（244-245 页）。
⑦ 郭嵩焘：《郭嵩焘全集》第十册，梁小进主编，岳麓书社 2012 年版，第 320-321 页。
⑧ 郭嵩焘：《郭嵩焘全集》第十册，梁小进主编，岳麓书社 2012 年版，第 171-172 页。

示。① 九月初十日（10 月 16 日），郭嵩焘参观电器厂，该厂生产一种新式的通信工具"声报"（即电话），他与张德彝在楼上、楼下，尝试了电话交谈。② 次年四月十九日（1878 年 5 月 20 日），郭嵩焘又见爱迪生本人演示他所发明的留声机。③ 除了光学、热学、电学和声学，郭嵩焘对天文学和地质学同样感兴趣。光绪三年五月廿三日（1877 年 7 月 3 日），他与刘锡鸿一道兴趣盎然地参观格林尼治天文台，那里精密的授时装置，让他印象深刻。④ 十月廿五日（11 月 29 日），郭嵩焘参观牛津大学天文台，在前皇家天文学会会长毕灼尔得（Charles Pritchard，1808~1893）陪同下，用天文望远镜观测到"光色甚淡"、如同半月的金星。⑤ 同年四月十九日（5 月 31 日），郭嵩焘在科学家敦兰得的指引下参观地质馆，看到许多矿物和化石标本，并从敦兰得的解说中，得知煤的形成过程。⑥ 每参加科学实验演示活动，郭嵩焘都是忠实的聆听者。光绪三年三月廿六日（1877 年 5 月 9 日），他在皇家文学基金会（Royal Literary Fund）周年纪念晚宴中致辞，坦承自己试图将这些科学讲座一一学习印入心中，并准确记录下来。⑦ 除了亲自观摩科学实验和演示，他也颇得一些耳食之学。

郭嵩焘还切身体会英国丰富的文化生活，他与随行人员参观著名学府，牛津大学便给他留下了美好的访问回忆，他还造访医院、博物馆、印刷厂、展览馆等各类机构数百个，受邀出席各种学会、协会和社团的会议数十次，参加雅典俱乐部、东方俱乐部等几个学术组织，还担任

① 郭嵩焘：《郭嵩焘全集》第十册，梁小进主编，岳麓书社 2012 年版，第 184-185 页。郭嵩焘记"谛拿尔娄"，即上文中沃伦·德拉鲁。
② 郭嵩焘：《郭嵩焘全集》第十册，梁小进主编，岳麓书社 2012 年版，第 294-295 页。
③ 郭嵩焘：《郭嵩焘全集》第十册，梁小进主编，岳麓书社 2012 年版，第 485-486 页。留声机是爱迪生在 1877 年 12 月发明的，当年就申请了专利。1878 年上半年，爱迪生正热衷于将改良的留声机四处演示。郭嵩焘在日记中称此"传声机器"也是"美人格立音贝尔"所造，不确。
④ 郭嵩焘：《郭嵩焘全集》第十册，梁小进主编，岳麓书社 2012 年版，第 230-233 页。
⑤ 郭嵩焘：《郭嵩焘全集》第十册，梁小进主编，岳麓书社 2012 年版，第 339 页。
⑥ 郭嵩焘：《郭嵩焘全集》第十册，梁小进主编，岳麓书社 2012 年版，第 206-210 页。
⑦ *The London and China Express*, May 11th,1877.

过国际法改进暨编纂协会的名誉副主席。1877 年夏天，他拜访《英国工人报》（*The British Workman*）编辑史密斯（T. B. Smith），看到正在制版印刷的《英国工人报》和一些公益性稿件。英国《伦敦与中国捷报》（*The London and China Express*）随后报道说：

> 使节们表示此次访问非常愉快，看得出他们对我们解说的各方面的风俗习惯普遍感兴趣，而且他们不仅仅想了解英国生活的各个方面。①

除了前述以观者身份考察西方科技文明和文化生活外，郭嵩焘还参与到英国的汉学研究界，曾作为观众聆听牛津教授理雅各关于"帝国的儒家思想，康熙《圣谕广训》和十六条"的讲演。②

正是因为出使的特殊机遇，让郭嵩焘对英国的文化生活有更深的理解，我们看到在他所有的日记、文集、书信中，从来没有出现过任何带有轻蔑他同时代西方学人的言语。③与近代大多数出洋官员相比，郭嵩焘最大的不同在于他不是停留在简单的感叹和维护自尊的议论上，他的日记中独有诸多先进观点与沉痛检讨，反思局势与时代之变。但也要清楚看到，因为他所受的传统儒学教育，直至光绪五年（1879 年）回到上海，他仍然否认英国哲学具有儒家道德认知同等的高度。④

在近代西学东渐史上，郭嵩焘是晚清第一位正式领衔以官方身份出使西方，持着自己曲高和寡的开放的文明观，主动接触世界、走向世界的中国人。

---

① *The London and China Express*, Aug 3rd, 1877.
② *The Times*, Nov 29th, 1877.
③ John K. Fairbank (ed.), *The Chinese World Order, Traditional China's Foreign Relations*, Cambridge: Harvard University Press, 1968, p. 33.
④ *The Times*, Jun 2nd, 1879.

第二章 天文仪器——中西认识并行不悖

明清之际的近 200 年间，天主教和西方科技第一次大规模传入，其中最突出的是历算学，即天文学和与之相关的几何学，以适应明清之际修历、制历的需要。"西学中源"说，不可避免地成为国人接受西方科技时求得心理平衡的自我辩护。此时考据训诂之风大盛，国人为所谓的"崇实"思想埋首故纸堆，与西方采用实验方法和数理逻辑去探求自然本真的科学精神渐行渐远，中国科技发展水平也开始落后于西方。

人类历史现代化进程的社会变革终究会波及与业已拥有现代化各种模式的国家有所接触的一切民族。[①] 西方列强用"坚船利炮"打开中国大门的同时，也度量出中国之于"现代"的巨大差距。中国近现代化历程走过了从器物、制度到文化的三个相对阶段已为史学界共识，比起制度、文化价值之类抽象的无形之物，"器物"无疑是最具直观性的现代表征，先进还是落后一目了然。西方科技文明的现代化体验，使得郭嵩焘、张德彝、薛福成等晚清思想开明的知识分子开始调整自己的观看姿态，不再局限于原有的认知框架，同时也不免出现荒谬的认知误解，显现出他们先天的条件限制与无知窘境。

从儒家思想的自恃到讶于所见的感触，晚清知识分子对西方文明的

---

① ［美］吉尔伯特·罗兹曼主编：《中国的现代化》，"比较现代化"课题组译，江苏人民出版社 1998 年版，第 5 页。

"器物"情结逐渐凝集，而他们却很少注意其背后的文化、制度层面。郭嵩焘来到 19 世纪工业革命后的欧洲，是如何凭借自己传统学识，去理解动力、机械和世界周而复始的意义？他承传于王夫之的儒学思想根基会退居于何位？他又是以何种方法去调和近代机械论的呢？在本部分中，笔者希望通过考辨郭嵩焘所见西方天文仪器的史实，澄清郭嵩焘对西方科学技术的认识态度，为后面深入研究提供可靠的思想依据。

第一节　西方文艺复兴与明清天文仪器

天文仪器对中国士大夫来说并不陌生，沿着中西两条思想路径发展起来的推步天文、完善历算的技术工具在清季都已广为接受。仪象之学，在中国由来已久，时值清末中国古代天文仪器已发展成熟，而西器的传入更可追溯至明代。明神宗万历年间，欧洲耶稣会派遣传教士利玛窦来华传教，开近代西方科学输入之始，天文仪器便是开启物之一。崇祯三年（1630 年），汤若望（Johannes Adam Schall von Bell, 1592~1666）于首善书院译算历书，并制天文仪器多种。

西方天文仪器东渐的过程，同样伴随着冲突与选择。清初历算家梅文鼎从天文实测出发，盛赞"今西法以象限仪测高度"；"以纪限仪测两星之矩"，"其器益简，其器益精。行测之器有浑盖，简平诸制，随时随地，皆可使用"。[1]

> 明于齐化门南，倚城筑观象台……国初因之。康熙八年命造新仪，十一年告成，安置台上，其旧仪移至他室藏之。新仪有六[2]……康熙五十四年，西洋人纪理安欲炫其能而灭弃古法，复奏

① 赵尔巽等撰：《清史稿·梅文鼎》，中华书局 1977 年版，第 13953 页。
② 南怀仁（Ferdinand Verbiest, 1623~1688）供职钦天监，改造观象台，以西洋新法天文仪器取代传统浑仪和简仪。康熙十三年（1674 年）用铜铸成黄道经纬仪、赤道经纬仪、地平经仪、地平纬仪、纪限仪、天体仪六件大型天文仪器，被置于北京观象台。

制象限仪，遂将台下所遗元明旧器作废铜充用，仅存明仿元制浑仪、简仪、天体三仪而已。①

从梅毂成《仪象论》的记载可见，时至清代西法天文仪器在中国官方测天机构中使用之平常，中国士大夫由实用思想出发，尚能接受、认可西方天文仪器的引入。

席泽宗先生在《十七、十八世纪西方天文学对中国的影响》一文中指出："西方天文学仍是作为一种技艺被引进的。这种技艺主要被用来制定历法，而未被用来进一步探索自然。换言之，中国天文学在17世纪虽然改变了它的方法，却未改变它的传统性质。清代中国天文学仍是以造历为目的的官方天文学，依旧带有极强的实用主义色彩。民间天文学家固然没有造历的任务。但他们几乎都按照传统将自己的著作归结到怎样推算天体位置正是中国传统历法中的内容。"②17世纪西方天文学对中国的影响有以下几个特点：第一，明末清初出现的历法危机，推动西方天文仪器进入中国测天的官方体系，服务于中国天文学用于"修历"的根本任务，但仍沿用裸眼观测；第二，西方天文学是作为"技艺"引进的，其中最重要的仪器望远镜更大成分上是精美和供人把玩的"器"；第三，欧洲天文仪器中的机械设计与制造方法（如螺旋、切削加工装置），没有被用于改造中国传统的机械或发明新技术。③

17世纪传教士把浸润着欧洲文艺复兴文化的器物成果带到中国，正是梁启超所说的，中国知识线与外国知识线的第三次相接触，即明末清初以来利玛窦、汤若望等为代表的欧洲传教士的东来④。然而中国的一般儒士只承认西方奇器之巧，把"西法"当成技术或工具对待，文艺

---

① 梅毂成：《仪象论》，载《梅氏丛书辑要》卷62，承学堂刊本，第26-30页。
② 席泽宗：《十七、十八世纪西方天文学对中国的影响》，《自然科学史研究》1988年第3期，第241页。
③ 张柏春：《明清测天仪器之欧化：十七、十八世纪传入中国的欧洲天文仪器技术及其历史地位》，辽宁教育出版社2000年版，第336页。
④ 梁启超：《中国近三百年学术史》，天津古籍出版社2003年版，第158页。

复兴要求解放人的思想与创造力的精神核心，反被它战斗的强大中国式的封建礼教与儒家的制度化结构所屏蔽。中国古代主宰天的自然对象是天空，天为体，天空为依据，具有空间特征的天空成为儒家发挥想象的基础。因此，代天立言、受命于天的统治阶级，是很难决心超越于自己的思想基础，探知真实的宇宙图景以及生存背后的统一规律。1615年（明万历四十三年）传教士阳玛诺（Emmanuel Diaz，1574~1659）在《天文略》一书中第一次向中国介绍伽利略（Galileo）使用望远镜观测到的新成果，1626年（明天启六年）汤若望撰写《远镜说》最早向中国人介绍望远镜原理、制造与使用，直到1934年（民国二十三年）中国建成紫金山天文台拥有自己的天文望远镜，经历了三百多年的时间。也就是说，由文艺复兴而起的"解放思想""科学理性"经历了三百多年，才逐渐完全落地中国。

　　望远镜在清季中国人眼中，最熟悉的功用更多是来自它的实用价值，士大夫将其作为把玩和身份的象征，武官将其视为军事战略筹划的利器，却很少有时人能将其与科学本身、宇宙大观相联系。《海外番夷录》中所示的千里镜是"用以御敌，可望敌营中，能周知其虚实，女墙衣壁人数多寡，洞见底里"的"鬼工之奇技"。[①]清代屈大钧在《广东新语》卷二指出：澳门"有千里镜，见三十里外塔尖，铃索宛然，字画横斜，一一不爽。月中如一盂水。"[②]此语也仅仅停留在赞叹望远镜能测远物的表面功用上。京都虽有观象台设西洋诸器却无巨型望远镜；望远镜虽在明清之际流行甚广却仍是奇淫巧技；虽有黄履庄《奇器目略》记述了欧式显微镜、千里镜的仿造之法，郑复光著《镜镜诊痴》一书专论诸镜之原理及制作方法，但当乘槎西游者目睹观天利器时，仍会发出"仅得之时刻流览之间，无暇与之深究而详察，未免有遗憾焉"[③]的感慨。

　　从志刚等人的记录和感受看，西土望远镜在旅西游使眼中的功用，

---

① 魏源：《海国图志》第 4 卷 62~100，岳麓书社 2011 年版，第 2166 页。
② 屈大均：《广东新语》，李育中等注，广东人民出版社 1991 年版，第 34 页。
③ 志刚：《初使泰西记》，钟叔河主编，岳麓书社 1985 年版，第 316 页。

不外乎是奇异的物事或令人叫绝的机器①。明末清初，中国的测天仪器已逐渐欧化，望远镜传用于中国知识阶层也已百年，但一般儒士在思想上仍旧坚持道器分离、体用有别的立场。思想未尽洗礼、不能解放的清季知识分子，如同安置在中国官方天文台上满饰传统礼数的第谷测天仪器。在道器分离、体用有别的上层思想的掣肘下，此时国人还不能接受凭借工具超越裸眼观测的生理极限去认识世界，劳动生产主要依靠人力、畜力而非机械工艺。在此种国情下郭嵩焘来到由工业革命和机械论主导的欧洲，他如何越过文艺复兴的思想背景，去理解动力、机械和世界周而复始的意义，他承传于王夫之的儒学思想根基会退居于何位？他会以何种方法去调和近代机械论？郭嵩焘不是登上西土的第一人，更不是第一个利用大型望远镜观察天象的中国人。但是，郭氏在观览英法四处天文台后细致全面的记述，显现了他过人的见识，这是由于他周遭英法陪同的介绍，还是他确实领会到其中的科学理性？

第二节　郭嵩焘观 19 世纪英法天文台

郭嵩焘在出使期间先后参观了英国格林尼治天文台、皇家天文学会会堂、牛津大学天文台和法国巴黎天文台，见识当时世界上为数不多的观天巨眼。由于每次都有"精天文之学"者陪伴左右，郭嵩焘对所观天文仪器结构功能大致明了、记录特别详细。以下为郭嵩焘观览四处天文台记录中的要点及所见天文仪器情况（表 2.1）：

表 2.1　郭嵩焘出使英法期间游览四处天文台情况表

游历台址	格林尼治天文台	皇家天文学会会堂	牛津大学天文台	法国巴黎天文台
时间	光绪三年五月廿三日（1877 年 7 月 3 日）	光绪三年十月初五日（1877 年 11 月 9 日）	光绪三年十月廿五日（1877 年 11 月 29 日）	光绪四年六月十九日（1878 年 7 月 28 日）

---

① 吴以义：《海客述奇》，上海科学普及出版社 2004 年版，第 56 页。

续表

游历台址	格林尼治天文台	皇家天文学会会堂	牛津大学天文台	法国巴黎天文台
陪同者	幕府克立斯谛（William Henry Mahoney Christie，1845~1922）陪同指点。	晤天文会参赞兰雅尔德（朗亚德，Arthur Cowper Ranyard，1845~1894）。	总管毕灼尔得接待；精通汉学者理雅各陪同。	严复、莆尔莩（François Félix Tisserand，1845~1896）同游。
陪同者简介	克立斯谛，1870年起任格林尼治天文台台长助理，负责管理行政事务，1881~1911年任台长。	兰雅尔德，英国天文学家和数学家，1872~1880年任皇家天文学会秘书长。	毕灼尔得，1866~1868年任英国皇家天文会会长，1870年被牛津大学聘为萨维里（Savilian）天文学讲座教授；牛津大学天文台扩建筹措者。理雅各，英国汉学家。	莆尔莩，1866年勒维烈（Urbain J. J. Le Verrier，1811~1877，海王星的发现者之一）在巴黎天文台为其提供职位，1873年任法国图卢兹天文台台长，1878年成为法兰西科学院院士。
所观天文仪器	电报计时望远镜 授时服务器 测风站 水利驱动望远镜 航海钟检测站 档案资料室		反射望远镜 自动跟踪望远镜	定位测远镜 回光镜 地平式反射望远镜 平光测远镜 反射望远镜
获益天文知识		观光能实验	谈日星行度 金星位相观测	观测大角星 制造镀银玻璃反射镜

资料来源：郭嵩焘：《郭嵩焘全集》第十册，梁小进主编，岳麓书社2012年版，第230~231、320、339、547页。

　　据四处天文台有关历史文献比对，能够从郭嵩焘的记录中分辨出他所见为何物；同时从他的遣词造句中，也可以分析出他对这些先进的天文仪器的看法。

　　光绪三年五月廿三日（1877年7月3日），郭嵩焘应邀游访英国格林尼治天文台，他观看了彼时天文台的两架主要巨型望远镜。这里且先用性能定义，称它们为"电报计时天文望远镜"和"水利驱动天文望远镜"。郭氏记录如下：

（光绪三年五月）廿三日。……先至观星显远镜，镜长丈六七尺〔旁注：形如巨炮，〕旁设两轮，悬置一小屋中。镜下开深沟，以凭俯仰，左右前后上下皆设小梯，前开窗向南。右旁壁安显微镜十余。壁凡二层，中空逾二尺许，悬灯其中。内壁为圆孔，安镜，外壁灯左右各安显微镜，斜向内壁。圆镜内轮，分秒细如发，从显微镜窥之，每秒余地容寸许，云可于一寸中析至数十万分秒。显远大镜上安电报，每测一星，即发电报通知左屋坐钟处。前安转轮，每一点钟分秒详注其上，电报至，则转轮上纸着一小孔，视其所值之分秒，即知每时若干分秒，当为何星南见，以辨其迟速秒度之差。①

据笔者考证，此处是郭嵩焘到达格林尼治天文台所观的第一架巨型望远镜，根据英国天文学家爱德华·沃尔特·蒙德（E. Walter Maunder，1851~1928）于 1900 年所著《格林尼治天文台史》(*The Royal Observatory, Greenwich: A Glance at Its History and Work*) 一书和其他有关史料进行比对，能够初步确定这架电报计时天文望远镜，是定义了 1884 年格林尼治本初子午线的艾里子午仪（Airy Transit Circle），下文简称为 ATC。从 ATC 的外观看，这是一架被安置于两个平行圆环中的望远镜，平行圆环分别用于镜管的调节和保持水平，再整体置于两堵石墙间，以便准线投射在子午圈的平面上。镜管接近 12 英尺长。② 以英国天文学家埃德温·邓肯（Edwin Dunkin，1821~1898）的《午夜的天空》(*The Midnight Sky*) 和相关文章中 ATC 的绘图比照，亦同"镜下开深沟，以凭俯仰，左右前后上下皆设小梯"的描述。郭氏又记窗开南向，右石墙壁外安置有显微镜，即是在西向石墙壁外。ATC 西壁即为穿透墙体连接主镜安置的 7 架显微镜。③ 从 1851 年始至 1936 年新的可逆子午仪在格林尼治天文台安置启用前，艾里子午仪一直是用于定义

① 郭嵩焘：《郭嵩焘全集》第十册，梁小进主编，岳麓书社 2012 年版，第 230-231 页。

② Dionysius Lardner, *Handbook of Astronomy*, London: James Walton, 1867, p. 32.

③ Edward Walter Maunder, *The Royal Observatory, Greenwich, A Glance at Its History and Work*, London: The Religious Tract Society, 1900, p. 102.

本初子午线经度位置的主要仪器。[1] 在当时，8 英寸物镜的光学功能足以观测微弱的物体，满足恒星通过子午线时刻的观测。[2] 望远镜连接计时器，当被观察天体进入物镜视野后，观察员按下电钮，通过计时器记录该天体通过 10 条垂直线的连续时间。上述 7 架显微镜的 6 架一同使用，观察者可微读至 1/100 弧秒[3]，以达到精确观测的目的。郭嵩焘述及此二处云："圆镜内轮，分秒细如发，从显微镜窥之，每秒余地容寸许，云可于一寸中析至数十万分秒。显远大镜上安电报，每测一星，即发电报通知左屋坐钟处。……"此后，郭嵩焘又至授时站[4]、测风圆屋两处，其所见为授时球和磁极气象站，这是当时以 ATC 为基础辅助导航的部门。由此可见，郭嵩焘所称"观星显远大镜"，即上文初以电报计时性能定义的天文望远镜，实为艾里子午仪（Airy Transit Circle 图 2.1，图 2.2）。

图 2.1　艾里子午仪（ATC）

资料来源：Edward Walter Maunder, *The Royal Observatory, Greenwich: A Glance at Its History and Work*, London: The Religious Tract Society, 1900, p. 189.

---

[1]　H. Spencer Jones & R. T. Cullen, "Preliminary Results of Tests of and Observations with the Reversible Transit Circle of the Royal Observatory, Greenwich", *Monthly Notices of the Royal Astronomical Society*, Vol.104, No.3 (June 1944), p.146.

[2]　Dionysius Lardner, *Handbook of Astronomy*, London: James Walton, 1867, p. 32.

[3]　Edward Walter Maunder, *The Royal Observatory, Greenwich, A Glance at Its History and Work*, London: The Religious Tract Society, 1900, p. 104.

[4]　郭嵩焘：《伦敦与巴黎日记》，钟叔河主编，岳麓书社 1984 年版，第 231 页。

图 2.2　ATC 西壁安置的显微镜（右）；镜下开深沟（下）

资料来源: Edwin Dunkin, "A Day at the Observatory", *The Leisure Hour*, Vol.11, No.524, (January 1862), p. 24.

其后，郭嵩焘又述所观之水利驱动天文望远镜：

> 门左为三层楼，上为圆屋，亦设显远大镜，而架大转轮，随天右转。其中一层设水力机器以转轮，轮前当窗处亦设显微镜以视轮之秒数，其分秒亦细如发，从镜窥之乃可辨。旁设煤气灯以照夜，观星率至夜间一点钟也。其圆屋四周皆为玻璃直板，高三丈许。上覆玻璃，亦为直板，一以机器开闭，而另设一机器推使周转。显远镜机转斜、转仰窥俯测，一以水力机器运之。转轮旁安一铁管，上有螺丝转，外转则水机自激而行，内转则闭。观星者坐一椅，设木架转旋，可以随显远镜左右，其高下亦以机器推放。水力机器有巨轮转旋，旁植铁管，轮旁亦有铁管。由管内吸水入轮柱中，冲入轮围小管，则水直射外铁围，其力回激而轮自转，上安机器，推运显远镜大轮。①

① 郭嵩焘:《郭嵩焘全集》第十册，梁小进主编，岳麓书社 2012 年版，第 231-232 页。

　　这架显远镜应是用于观测行星的 Merz-12 3/4 赤道仪。其光学元件由德国 Merz 制造，镜片口径 12.75 英寸，1860 年作为"东南赤道仪"被安装启用[①]，直至 1893 年被 28 英寸折射望远镜取代。从郭嵩焘记述看，亦如《午夜的天空》中 Merz-12 3/4 赤道仪（Great Equatorial Telescope）图片所绘。这架赤道折射望远镜由铁架装置支撑，采用"英式望远镜"的方式，把望远镜安装在倾斜的、与地球的转动轴平行的轴上，以便于对天极进行观测。[②]铁架支撑在一个重达 5.5 吨、指向北的 24 英尺铸铁基座上。基座圆环分别设有 5 英尺赤纬标度及 6 英尺时刻标度，望远镜通过基座旋转，完成对天体自西向东的观测过程。此即郭氏所述之观星显远镜架于大转轮上，自西向东随天右转。通过郭嵩焘对该望远镜外观、架台、动力的细致描述，可以确认上文初以水利驱动性能定义的天文望远镜，实为 Merz-12 3/4 赤道仪（Merz-12 3/4 Great Equatorial Telescope 图 2.3）。

图 2.3　Merz–12 3/4 赤道仪

资料来源：Edwin Dunkin, *The Midnight Sky*, London: The Religious Tract Society, 1869, p. 225.

---

① C. M. Lowne, "The Object Glass of the Airy Transit Circle at Greenwich", *The Observatory*, Vol.101, No.1041 (April 1981), pp. 43-52.

② Ken Goward, *The Ransomes Mount for the Tomline Refractor*, http://www.ast.cam. ac.uk/~ipswich/Hist_Obs/Ransomes/Ransomes.htm.

光绪三年十月廿五日（1877 年 11 月 29 日），郭嵩焘参观牛津大学天文台，记显远镜一架如下：

> （光绪三年十月）廿五日。……凡为面南显远镜一具，为圆屋测量显远镜一具。其一具用反照法，谛拿娄所手制也，费至二千镑。谛尔娄以目力不给，不敢窥测天文，乃输之阿斯福天文堂。[①]

郭氏于光绪四年五月（1878 年 6 月）接受谛拿娄见赠映月图一事的记载中，亦显示有谛拿娄赠镜牛津大学天文台的细节。郭嵩焘当日记载：

> （光绪四年五月）初九日。礼拜。谛拿娄见赠映月图，云曾设观象台，用映相法映月轮影于玻璃片，径九寸，转影纸上，拓大二尺许。后因目力减，其远镜仪移赠倭斯莆天文堂。[②]

据此两段可断定，谛拿娄为英国天文学家沃伦·德拉鲁（Warren de la Rue，1815~1889），他使用湿火棉胶底片和自制的 13 英寸转仪钟反射镜给月球摄影、拍摄太阳表面黑子，他在 1855 年出版了一套月球 12 月照片，又于 1859 年出版第一张月球三维照片[③]。1873 年（同治十二年），他把此镜捐赠给牛津大学天文台[④]。由此，郭氏所记望远镜即沃伦·德拉鲁于 1873 年捐赠予牛津大学天文台的自制 13 英寸转仪钟反射镜（De la Rue's 13-inch Telescope 图 2.4）。

---

① 郭嵩焘：《郭嵩焘全集》第十册，梁小进主编，岳麓书社 2012 年版，第 339 页。
② 郭嵩焘：《郭嵩焘全集》第十册，梁小进主编，岳麓书社 2012 年版，第 517 页。
③ Pedro Ré, *History of Astrophotography Timeline*, 2009, http://www.astrosurf.com/re/history_astrophotography_timeline.pdf.
④ Royal Astronomical Society, *Monthly Notices of the Royal Astronomical Society* Vol.50, London: Priestley and Weale, 1890, p.162.

图 2.4　沃伦·德拉鲁自制 13 英寸转仪钟反射镜

资料来源："How Mr. Warren de la Rue Photographed the Moon"，*The Engineer*，Vol.11，No.21，(May 1868)，p. 374.

　　光绪四年六月十九日（1878 年 7 月 18 日），郭嵩焘应邀参观法国巴黎天文台，见多架望远镜，当日所记内容繁多，虽不易分辨所见为何镜，但依据各架望远镜特点，仍可分析出它们的一些特性。

　　（光绪四年六月）十九日。……定南北之准，安设测远镜三。最下为回光镜，盖旧仪器也。上为平水测远镜，中段安方平版，上有平水机器，可以移运；使平水尺压平方版上，无稍欹侧，乃为适平。先定地平，然后可以上下测量度数分秒。旁有分测度数车轮，用外光射入轴心玻璃镜，直透入车心，轮旁安测微镜八具，下安三角玻璃，收车心回光，从镜内测量分秒。并用英国格林里治测量法，可析至十分秒之一。其镜安置十五年，下安铁基，入地三尺，上用巨石，高出楼端，与屋相依而不相联属，是以十余年摇动参差，不能及秒。旁有小镜三具，体式并同，然已四十年矣。最上有平光测远镜，旁引电气射入，作十字又小圆光，适平则见，上下分秒则不见。[①]

这里所述巴黎天文台的三架望远镜，分别为反射式望远镜、地平式望远镜、赤道式望远镜。文中"回光镜"为反射式望远镜。因同文馆壬申岁试题中见有"回光镜"一词，问"测天远镜二式其理若何"，答："测天远镜有二式，一曰回光镜，一曰折光镜。"[②] 可见，清季回光镜乃为反射式望远镜。郭氏又记，上为平水测远镜，需"先定地平，然后可以上下测量度数分秒"，此为一架地平式望远镜，使用时须先调节水平轴，再调节高度轴，且镜侧有测微精密仪器。再记，最上的平光测远镜，多为电气驱动、跟踪天体时无须调节赤纬轴的赤道式望远镜。

大小圆屋安测远镜，随方转移，凡四具。下层二具，镜长四五尺；上层二具，镜长丈许。从东南隅望之，见小星一极明。据所记录，则大角星也。〔旁注：大角星在北斗柄上，西洋天文家谓之弓星。盖联诸星体，其形如弓，四十八象之一也。〕其地极高，俯视巴黎，全城在目。又有大圆回光镜一座，安置树林空处，用方屋盖之，可以推移。其镜如圆桶，高丈六七尺，上端稍削，重三吨许，旁设巨架承之，亦可上下转运。下安巨镜，上旁安测微镜，沿梯上下，就测微镜窥之，星光入下镜中，反映入测微镜内方三角玻璃

①　郭嵩焘：《郭嵩焘全集》第十册，梁小进主编，岳麓书社 2012 年版，第 547 页。
②　《中西闻见录》第 7 号载：折光镜中有一目镜，有一象镜。凡测一物，象镜仅能生其倒象，而目镜则又能大其象而显之焉。回光镜之制不一，格利高利所制者，内有回光凹镜，如甲乙，中有孔；又有透光凸目镜，如壬。凡测一物，甲乙镜能生庚辛倒象，又被丙丁小镜返照而成戊己正象，有目镜大而显之，则人见一正大之象焉。他如奈端所制者，则以目镜置于筒旁边，又有不用小镜者，要皆大同小异。惟英国伯爵罗斯所制者，为最大，其凹镜之径六尺，成影之处，去镜五十四尺，筒径七尺，长五十六尺，重十四吨。

内，云所见更明显。此外陈设小仪器颇多，多为测量度数及试电气之用。[①]

　　此外，郭嵩焘还记载了其他望远镜，其中大圆回光镜一座，为一架巨型反射望远镜。1875~1943 年，在法国巴黎天文台安置有一架 122 厘米口径的巨型反射望远镜（图 2.5）[②]，郭嵩焘所见"大圆回光镜"很可能正是此物。

图 2.5　1875 年被安置在巴黎天文台花园中的 120（122）厘米望远镜

资料来源：Amédée Guillemin, *Les Étoiles: Notions D'astronomie Sidérale*, Paris: Librairie Hachette et Cie., 1879, p. 25.

---

① 郭嵩焘：《郭嵩焘全集》第十册，梁小进主编，岳麓书社 2012 年版，第 547 页。
② H. P. Hollis, "Large Telescope", *Observatory*, No. 475 (June 1914), p. 250.

第三节　体悟工业革命时期的技术特征

"自泰西格致之术精，而镜之为用大，千里镜可以洞远也，显微镜可以析芒也。"[1] 这是当时中国士大夫对望远镜的一般认识，就其价值而言无非是王公贵胄的手中玩物，或是军事战争中的制胜法宝。郭嵩焘早于咸丰六年（1856 年）在上海利名、泰兴两处洋行就以高价购置双眼千里镜一器[2]，在当时对他来说也不过是得到一件颇有意义的器物。但在后来西游三年间有幸观英法著名天文台，见彼时大型天文望远镜 ATC、赤道仪望远镜、大反射望远镜等之后，郭嵩焘便敏锐地洞察到 19 世纪西方近代工业的发展特点。英法造巨镜、观大天，这种看似脱离实用的背后，折射出西方的科学功用观，也是西方文明富强的根本所在。

郭嵩焘明确指出 19 世纪天文望远镜控制系统趋于精密的特点，并称其为"格林里治测量法"[3]。他写道：

> 圆镜内轮，分秒细如发，从显微镜窥之，每秒余地容寸许，云可于一寸中析至数十万分秒。[4]

19 世纪，天文望远镜的设计除不断追求增加物镜口径和提升光学效果外，还工于改进巨型望远镜的控制系统以求精密测量、数据攫取。郭氏首次造访格林尼治天文台时就注意到仪器精密化发展这一特点，后来当他参观巴黎天文台时又特别记录，望远镜"旁有分测度数车轮"、"轮旁安测微镜八具"及"从镜内测量分秒"的装置。[5]

郭嵩焘身处的这个西方世界，是第一次工业革命完成后的时代，是

---

① 《宝镜新奇》，《点石斋画报》1897 年第 6 集，利三。
② 郭嵩焘：《郭嵩焘全集》第八册，梁小进主编，岳麓书社 2012 年版，第 29 页。
③ 郭嵩焘：《郭嵩焘全集》第十册，梁小进主编，岳麓书社 2012 年版，第 547 页。
④ 郭嵩焘：《郭嵩焘全集》第十册，梁小进主编，岳麓书社 2012 年版，第 231 页。
⑤ 郭嵩焘：《郭嵩焘全集》第十册，梁小进主编，岳麓书社 2012 年版，第 547 页。

钟表制造业发展到顶峰的时代，是机械工程原理、技术在工业生活领域广泛应用的时代。天王星的发现证实了行星绕日的圆周运动，启发瓦特（J. Watt，1736~1819）仿"太阳和行星"运动研制出齿轮联动装置，与此同时机械技术也被用于天文望远镜的设计改造中，以齿轮传动为主的复杂控制装置，实现了便于观测者设定、聚焦、微调和记录的愿望。显然郭氏记录下了这个时代的标志性光芒。

郭嵩焘之后出访游历欧洲的时人，得西国款待者也必观天文台，同样关注到精密控制特点的，是参与金陵机器制造局创办的徐建寅。光绪五年（1879年）徐建寅奉旨派充驻德二等参赞，他观看德国子午仪后记：

> （光绪六年五月）十一日。……仪之大圈，有四物逆四显微镜，得四处平匀之度分，能知十分秒之一。用电气定秒，二针画平轴之黑纸上，每秒成""形，以手握之则成""，于镜中作""斜线。①

徐建寅从少年时起，就随父徐寿钻研科学书籍，进行科学实验，出国前一直协助造船，亲操规尺，绘图定造，亲自购置机器。②与徐建寅相比，郭嵩焘是标准的传统知识分子，甚至可以说郭氏在出国前对机械制造一无所知，却能在初次见观天巨镜时就洞悉到近代技术工程的特点，这无论是因为有人从旁指点还是无意记录，都应归于他虚心的学习态度才能有此等所获，用心去感受19世纪西方文明才能有此所得。

在格林尼治天文台郭嵩焘还观察到风向仪和风速仪的差动齿轮、发条联动等机械装置，如下所述：

> （光绪三年五月）廿三日。……圆屋旁为测风圆屋二所。一定

---

① 徐建寅：《欧游杂录》，钟叔河主编，岳麓书社2008年版，第703页。

② 杜石然主编：《中国古代科学家传记》下册，科学出版社1993年版，第454页。

风向：置罗盘屋中，随针所指，以知风向。屋顶亦植竿，竿端一巨针，与罗盘内针相应。罗盘下横一铜尺，为细齿数百，内向盘下一通条，外安刻齿小轮，以转盘内之针。屋顶风力吹针南向，盘内针随以南指，则轮转而铜尺所刻之齿亦随以转。尺下悬笔一枝，压纸一张，用乌纸界之。每格分向，以南、西、北、东为次，盖针皆右转也。笔端向纸值南格中，即为南风。笔画不出格，则风力和平。出格多少，可以辨风力之柔劲。风力压物，以斤计之。约出格一分，即风力压至一斤。一辨风力大小迟速：亦为圆屋，悬铜条其中，中安螺丝转机器。屋顶亦悬竿，竿端架十字转木，随风周转。风力愈劲，则转愈速，转急则内螺纹机器亦随以转，而铜条上伸。铜条上亦安笔一枝，压纸一张，画为小纵横格。横格计远近，每格当英里五十。直格计时辰，每格当一点钟，而分计其秒数。后设时辰表以验时。风力缓则率一二时乃行五十里。十字架转急，则内机器随转而伸，而行愈速。三竿皆出圆屋之上，当星台最高处，可以从远望之。[①]

这里记有定风向者以齿轮传动记录；辨风力迟速者以发条被风力的压缩程度来显示，并带动铅笔在纸上划下一条狭长的线。于此郭嵩焘记下格林尼治测风仪器（图 2.6）的机械运转装置，可见他已深刻体会到机械工程技术在 19 世纪末欧洲的应用谓之广泛。遗憾的是，比起对机械工程、精密控制的关注，他却没有看到气象观测与天文观测之间的紧密联系——台址附近的大气变化，如风力、湿度、温度等，都影响着望远镜的效用发挥；没能注意到测风屋设置在艾里子午仪旁的布局，是为增进天文观测的精确性而设计。

①　郭嵩焘：《郭嵩焘全集》第十册，梁小进主编，岳麓书社 2012 年版，第 231 页。

图 2.6   格林尼治天文台风速计

资料来源: Edward Walter Maunder, *The Royal Observatory, Greenwich: A Glance at Its History and Work*, London: The Religious Tract Society, 1900, p. 239.

在天体观测中观测者尤其期望两个问题能够得到改进：一是必须知道望远镜对准的具体方位；二是观测到天体时的具体时间。[①] 即使有精密机械设备观星断位，人们还会倍感时光瞬息即逝，郭嵩焘对此也有共鸣。郭氏评价辅助观测的数据记录系统："显远大镜上安电报，每测一星，即发电报通知左屋坐钟处。"[②] 他于此的关注和共鸣显然来自晚清明西学者对"电报"的情有独钟，亦是由于不久前系统地了解过旧按键式和新纸带式两种电报机。天文望远镜上的这一装置，表面看来与电报类似，由触键和记录系统构成。而实际上，该装置是由台长艾里引入的天文计时器（图 2.7），以解决以往观测中存在的主要误差，即观测者在信息记录过程中的反应延误。[③] 此望远镜计时装置以及郭嵩焘随后提到的

① Edward Walter Maunder, *The Royal Observatory, Greenwich: A Glance at Its History and Work*, London: The Religious Tract Society, 1900, p. 156.
② 郭嵩焘：《郭嵩焘全集》第十册，梁小进主编，岳麓书社 2012 年版，第 231 页。
③ Emily Winterburn, *The Airy Transit Circle*, Feb 17th, 2011, http://www.bbc.co.uk/history/british/victorians/airy_george_01.shtml. 本文作者自 1998 年在格林尼治天文台工作，随后成为天文台负责人。

授时装置的原理，确实类似于电报，都源于19世纪电磁学的突飞猛进。台长艾里鉴于"新技术应用报告"，在1850年考虑使用一种由通电线圈生磁引发衔铁吸引而后在移动纸上记录信息的美国记录方法，和使用电报、海底电缆建立的全国授时系统。[①]艾里报告中的这两项新技术，前者为郭嵩焘看到的电报望远镜，后者是他记录的格林尼治天文台授时系统。郭嵩焘记录了格林尼治天文台近30年中观测仪器的创新，即目镜视场内有十余垂丝，每当星位行至一垂丝时手按电钥而将时间记于计时仪上，由电磁作用将每秒以针孔方式记录于圆柱体或盘纸条上。[②]郭嵩焘于此记：

> （光绪三年五月）廿三日。……显远大镜上安电报，每测一星，即发电报通知左屋坐钟处。前安转轮，每一点钟分秒详注其上，电报至，则转轮上纸着一小孔，视其所值之分秒，即知每时若干分秒，当为何星南见，以辨其迟速秒度之差。[③]

郭氏的记述之细，可谓之分毫不差，又以电报解释其工作，在此他虽未能明示其间电磁作用中利用通断电流来实现记录分秒流逝的原理，但他在对报时球（图2.8）工作的叙述中写道："针力压电报法〔发〕条，则钟应而四境之钟并应"，"报钟则电气过，钟旁铁条下压"。[④]尽管他可能还不太明白电磁效应的完整意义，但他看明白了，电磁石在通电线路中吸引铁条下压的工作过程。

---

① George Biddell Airy, *Autobiography of Sir George Biddell Airy*, Charleston: BiblioBazaar, LLC, 2008, pp. 182-183.

② Edward Walter Maunder, *The Royal Observatory, Greenwich: A Glance at Its History and Work*, London: The Religious Tract Society, 1900, p. 156.

③ 郭嵩焘：《郭嵩焘全集》第十册，梁小进主编，岳麓书社2012年版，第231页。

④ 郭嵩焘：《郭嵩焘全集》第十册，梁小进主编，岳麓书社2012年版，第232页。

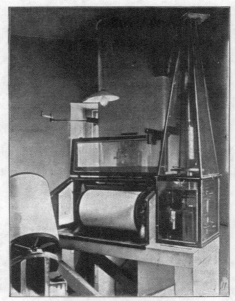

图 2.7　天文计时器

资料来源: Edward Walter Maunder, *The Royal Observatory, Greenwich: A Glance at Its History and Work*, London: The Religious Tract Society, 1900, p. 158.

图 2.8　报时球

资料来源: Edward Walter Maunder, *The Royal Observatory, Greenwich: A Glance at Its History and Work*, London: The Religious Tract Society, 1900, p. 127.

精密仪器为 19 世纪中晚期自然科学的发展提供了重要保障，是科学技术发展的标志，也为科学仪器的进一步创新打下了良好的基础。天文望远镜作为最重要的天文仪器朝着巨型的方向发展，不仅追求更高的光学性能，更与小型仪器一样追求高精度的前沿技术。电磁效应的发现与应用，为机械设计与精密机械制造提供了新的发展方向和技术保障。郭嵩焘能够略见其中之意，虽仅有"圆镜内轮，分秒细如发，从显微镜窥之，每秒余地容寸许，云可于一寸中析至数十万分秒"数语，但足见他观察入微、记录细致，犹如西人造物之精准，由此可以推测，他也定能懂得彼时格林尼治天文学家所言："今日得来之精确都来自于观测者的不断奋斗，十分之一，甚至百分之一的弧秒，都是天文学家不可忽视的数量"[1]。

郭嵩焘注意并指出了 19 世纪末天文望远镜已具备机械动力装置。机械控制装置使得观天巨镜更易对准天体，而机械动力装置为观测者进行较长时间跟踪观测提供可能性。如上文所述郭氏在观 Merz-12 3/4 赤道望远镜时，就指出该镜自动追踪的动力来源为水力涡轮，即"以水力机器运之"。水力机轮由安放在楼梯顶端的封闭储水箱依靠 30 英尺[2] 的落差高度提供动能，推动机轮快速旋转，再通过齿轮转换为 24 小时一周，带动望远镜。这套由水力驱动、传动系统带动转动轴的设备，确保了观测过程中的望远镜能对准天体并跟踪天体，即"随天右转"的特点。郭嵩焘对 Merz-12 3/4 赤道仪装置观察仔细，甚至指出该天文仪器可"随天右转"，但郭氏似乎不太明白这一套铁架、基座的设计目的在于克服地球自转对观星的影响，从而帮助观测者更加精确地跟踪恒星和行星运动。显然郭氏只看到了该望远镜形如巨炮，却不见其赤经轴与地球自转轴平行的突出特点。故他所记仅有望远镜"设水力机器以转轮"，"镜机转斜转仰窥俯测"，以水力涡轮机为动力，而不知基座下由水动力

[1] Edward Walter Maunder, *The Royal Observatory, Greenwich: A Glance at Its History and Work*, London: The Religious Tract Society, 1900, p. 192.

[2] Edward Walter Maunder, *The Royal Observatory, Greenwich: A Glance at Its History and Work*, London: The Religious Tract Society, 1900, p. 312.

控制调节望远镜与地球自转同速的时钟驱动器；显微镜可视"轮之秒数"，使望远镜能够移动至任何角度，而不知分秒数字是与赤道坐标系相对应发生变化的。圆屋屋顶以玻璃覆之，以机器开闭周转，郭氏亦不会注意到架出屋顶望远镜的观测角度，始终与地平线保持20度以上。总之，郭嵩焘指明了此天文仪器的水力动力系统。直至20世纪初电驱动力使用之前，没有比望远镜精确随天体运转更难突破的障碍，也没有比水力驱动更完美的选择。

随后，当郭嵩焘在牛津大学天文台看到一机轮推转的天文望远镜时，他似有了更多认识：

> （光绪三年十月）廿五日。……其一具下置机器钟，上为圆屋，用机轮推转，其迟速并与各星行度相应。每测一星可至数日夜，更替审伺之。①

短短两句，就已经点明这台望远镜使用机械驱动的控制装置和得益于此的功用。即由机器钟控制机轮，驱动望远镜以天体周日运动的速度绕极轴旋转，从而达到迟速能与各星行度相应、昼夜跟踪的观测目的。郭氏也随即应请，亲自完成对金星位相的观察。

同时，郭嵩焘也注意到电力于天文仪器的使用，记有法国天文台一"平光测远镜，旁引电气射入"，一旁陈设的小仪器也"多为测量度数及试电气之用"，这些运用新电动力系统的天文仪器，不仅促进了计时精度的提高，而且从驱动力角度看，利用电力、水力驱动，能最大限度地解放人力，规避人为能力的局限。郭嵩焘初入西土，面对大型科学仪器惊叹之余已然能够指出其驱动特点，脱离自身以人力、畜力为主的动力知识体系，主动、客观地观察辨别机械动力的运转和物理能量转化的过程。

郭嵩焘初至英法，不过观览几处天文台，即可指出近代天文仪器设

---

① 郭嵩焘：《郭嵩焘全集》第十册，梁小进主编，岳麓书社2012年版，第339页。

计背后的精妙之处。他着力表述天文仪器中各单独装置的组合使用，以达到探求更高精度的目的，如显微镜、天文望远镜、电报系统的组合使用。在科学革命时期，精密仪器的制造是通过新装置的制造不断演变的，其中一些只是对旧的原理做了些修正，以更好地适应实际应用，其他的则体现出新的科学原理。除这些变化之外，还对精度以及怎样达到这种精度的观念产生了影响深远的根本转变。新的实验和新的测量方法只构成科学家的一部分工作；将原有的测量结果精确到较多位小数至少也很重要。这一点在天文学领域比在其他领域更明显。[①] 与此同时，对精度的探求又引导科学家和工匠生产出体积庞大且精度高的仪器，机械原理和动力系统的加入，使工具仪器的发明转向了机械设备的制造。近代西方从文艺复兴始至 19 世纪工业革命，完成了社会生产和文化思想向冷峻刻板的机械化的转变，在这个转变中西方思想如何为上帝找到出路，化解宇宙观与神学观的冲突？郭嵩焘从天文仪器的设计中是否更深刻地领悟到西方机械化生产中"高精度价值准则"的由来？郭氏又是如何在儒家天人思想下用"器"观天、眼见为实、赞其精妙的？

第四节　观西器时客观持中的认知方式

史学界给予郭嵩焘的评价大多认为他对西方器物文化、制度文化的认识远出于时代之上，钟叔河在郭嵩焘出使日记的序言中说，郭嵩焘"对西方的历史文化进行系统考察和比较研究"[②]；王兴国在《郭嵩焘评传》中说，郭嵩焘"预见"了必须有一个从思想意识层面学习西方的阶段[③]，也有学者认为这样评价郭氏是揄扬过甚。从郭氏观览天文仪器、评述机械动力和精密探求的技术特征来看，尽管他不像志刚不解洋

---

① ［英］查尔斯·辛格：《技术史》第 3 卷，上海科技教育出版社 2004 年版，第 432 页。

② 钟叔河：《走向世界——近代中国知识分子考察西方的历史》，中华书局 2000 年版，第 220 页。

③ 王兴国：《郭嵩焘评传》，南京大学出版社 1998 年版，第 266 页。

人为何"有候无占",亦没有王韬"制造精奇"的溢美之词,但他的认识高度还是停留在"器物"本身的特征,没有意识到工业革命之后充斥在整个西方世界中的"工业文明"或"技术文明"世界观,"精密""准确""速度""效益""标准"等一系列准则不仅是"器物"设计的特征,还是构成西方近代文明的核心价值。

客观地分析和评价郭嵩焘胜于时人之处,在于他接受新鲜事物的心态——郭氏始终保持着一种客观持中的态度,去记录自己在西方的所见所闻。西方知识、器物传入中国,朝野士大夫恒以其固有的知识基础,不停地批判讨论。台湾学者王尔敏认为,他们采用了主观的譬解[①]以代替客观的承受。出现这一情况关键多是由于士大夫间接接触西学或器物而不是直接体验的。[②]这不仅对拘于一处的晚清学人如此,就是有幸登上西土的清人也不愿抛弃他们固有的传统知识和主观理念。较其他时人,郭嵩焘做到了较为客观的记录已是难能可贵。

薛福成在其《出使四国日记》卷五中,津津乐道自己对"西学中源"的诠释,就颇见他的主观见解。如述:

> （光绪十六年十月）廿五日记　余常谓泰西耶稣之教,其原盖出于墨子,虽体用不无异同,而大旨实最相近。偶与赵静涵谈及《墨子》一书导西学之先者甚多,因令检出数条。如第九卷《经说下》篇,光学、重学之所自出也。第十三卷《鲁问》《公输》数篇,机器、船械之学之所自出也。第十五卷《旗帜》一篇,西人举旗灯以达言语之法之所自出也。
>
> 又按《墨子》所云:"近中,则所见大,景亦大,远中,则所见小,景亦小。"今之作千里镜、显微镜者,皆不出此言范围。[③]

---

① "主观譬解"为笔者借用王尔敏语:"更甚而至于在欧洲从事多年外交,足迹遍欧土,而于西方知识颇努力了解的曾纪泽,也会以主观譬解蒙蔽他自己"。(王尔敏:《晚清政治思想史论》,广西师范大学出版社2005年版,第6页。)

② 王尔敏:《晚清政治思想史论》,广西师范大学出版社2005年版,第2页。

③ 薛福成:《出使四国日记》,岳麓书社2008年版,第252页。

　　薛福成认为西学颇合墨子所云，他以中国传统学说来解释西学，实与清人的民族夸大心理有关。入世儒者常自命三代以前之盛况，认为今之遗风犹在，对一切外来民族概以蛮夷视之。一方面，清人预先决定了这种既不标准又不合理的蛮夷尺度去衡量西方文明；另一方面，从"冲击—反应"的角度来看，清人也不得不陷入既要承认落败事实又要刻意保持傲骨的两难境遇。往时的国民情绪，诚如民国三十一年（1942 年）学子李季仙所议："于是对于外人的认识，更多迷误，格外离奇了"。①即使是薛福成这样的洋务官宦或是早期有改良思想的人物，也不免于陷入此种特殊心态，刻意附会中学，以得自慰。姑且不论西学与墨经之间的殊异，仅首句把西学统以耶稣之教就已能看出，这是因为明朝以来耶稣会士学术传教潮流的误导所言。然后他又把西学与墨经中的知识，把理性知识和理性活动构成的科学研究与人生意义上的直觉感悟混为一谈。

　　薛福成对千里镜、显微镜原理的理解来自后期墨家《经说》②中的观点，孙诒让《墨子间诂》中引用魏晋时期刘徽的观点，认为"近中、远中指人距镜中心言"，可据此判定"中燧"为凹面镜。在这段墨家经典中，引进了焦点的概念，即"中燧"，分别就物体在"中"之内外两种情况来说明凹面镜的成像特点。制造望远镜、显微镜的基本光学原理不外乎是利用光的折射与反射特性，墨家在实践经验中积累的光学知识与西方近代指出的光学特性不谋而合，但绝对不能就此认为这是薛福成"西学中源"观点的合法性例证，它只是人类在探索自然规律时的必然发现。况且，从光的本性看，凹面镜成像有三种情况，墨家在观察时，没有发现物体在球心与焦点之间时会形成比物体大而倒立的像，这是不足之处；就制造技术而言，19 世纪末的天文望远镜也早已不是几个镜片简单组合的构置，正像郭嵩焘所注意到的，它的性能在控制系统和精

---

① 李季仙：《郭嵩焘及其外交理论》，学士学位论文，国立武汉大学，1942 年。
② 鉴：中之内。鉴者近中，则所鉴大，景亦大；远中，则所鉴小，景亦小，而必正。起于中，燧正而长其直也。中之外，鉴者近中，则所鉴大，景亦大。远中，则所鉴小，景亦小，而必易。合于中而长其直也。

密测量、数据攫取方面有长足的进步，它与当时代最先进的机械工程、化学、物理学成果相结合，表面上我们看到的是指向天空的望远镜和探索微观世界的显微镜，实际体现的是西方天体物理学、生物学、医学等多科学领域相得益彰的大发展。

又有张德彝在《随使英俄记》中记：

> （光绪二年十一月）初九日……且浑仪始于唐尧，计今已四千二百七十余年，是华人之深晓天文者，早于西人三千年也。今华人之多不识天文者，因不察古人之遗制而深思其理耳。[1]

张德彝认为中国所传浑天说与西人天文学相符，且早于西方千年就发明了测天仪器浑仪，自掩其憾非华人不知天文，而是今人无以继承古人之遗制。张德彝的解释像是在作答李约瑟之谜：尽管中国古代对人类科技发展做出了很多重要贡献，但为什么科学和工业革命没有在近代的中国发生？且不论浑天说与西人天文学相符的谬误，先看看张德彝在观天文台时动用了哪些传统学识：

> （光绪六年七月）十三日己卯……按隋《天文志》内载：耿询造浑天仪，施于暗室中，外候天时，合如符契。又郭守敬作简仪，为圆室一间，平置地盘二十四位于下屋，皆中间开一圆窍，以漏日光，可以不出户庭而知天运。今西国观象台，式亦与此相似。[2]

张德彝与英人谈天顿开茅塞，但他对天文台的关注点却与郭嵩焘大不相同，既不是安置其中的测天仪器，也不是转运仪器的动力系统。他指出，中西观象仪室相近，仪器均置于露天圆顶建筑物内。《隋书·耿询传》中亦有耿询造水转浑象的记载："询创意造浑天仪。不假人力，

---

[1] 张德彝：《随使英俄记》，钟叔河主编，岳麓书社 1986 年版，第 293 页。
[2] 张德彝：《随使英俄记》，钟叔河主编，岳麓书社 1986 年版，第 842 页。

以水转之，施于暗室中，使智宝外候天时，合如符契。"① 当代学者研究浑仪的旨趣在于，其既然能够保持较稳定的运动状态，是否代表着在中国古代已经出现控制齿轮转动的原始擒纵器。而把浑仪置于暗室的目的是要证明日月五星运行规律与天象相符，作为历法推算的辅助设备。张德彝又举元代郭守敬发明简仪并置于圆室一例，这大概是取自明初叶子奇著作《草木子》的记述："元朝立简仪，为圆室一间，平置地盘二十四位于其下，屋脊中间开一圆窍，以漏日光，可以不出户而知天运矣。"② 简仪的外边为什么要加圆室？李迪和陆思贤研究认为，圆室设计可能出于两个原因，其一有可能受元代札马鲁丁"西域仪象"的影响，如"咱秃朔八台"其"外周圆墙，而东面启门，中有小台"。③ 其二更可能的是从实际出发，为解决天气寒冷、保证连续观测建造的。张德彝论西国天文台与中国式样相同，其中带有两处主观臆断：第一，耿询浑仪所置"暗室"与西方天文台圆顶建筑没有直接联系；第二，简仪圆室设计与西方天文台圆顶建筑式样相似是人类文明数源归流的必然，尽管中华民族的起源具有一定的独立性，但各民族文明的发展并不是孤立的，安置简仪的圆室很有可能是古代中西文化交流融会的结晶，西方天文台的圆顶设计初衷也有防止天气影响观测的原因在内。

　　张德彝所谓的浑仪与19世纪西方测天仪器自然不可同日而语，当张德彝和郭嵩焘同时面对西方天文台时，前者关注的是天文台建筑结构，后者关注到天文台中仪器的机械动力、性能等，当接收到来自外界的信息时，他们首先与自己心中的形象比照，然后以此做出或认可或回避或加工的决定。显然，在张德彝的认知中出现了明显的层次性断层，故此他只就测天仪器置于室内、室顶露天的表象做出中西对比，而忽略了仪器的本身属性和明清测天仪器逐渐欧化的总趋向。尽管在郭嵩焘的认知中也存在着认知的层次性断层，但他选择了认可器物、回避文明比

---

① 魏征：《隋书》第2册，中华书局2000年版，第1190页。
② 叶子奇：《草木子 外三种》，吴东昆注，上海古籍出版社2012年版，第46页。
③ 陆思贤、李迪：《元上都天文台与阿拉伯天文学之传入中国》，《内蒙古师院学报（自然科学版）》1981年版第1期，第80-89页。

较的过程，他对西方百年测天仪器抱有敬仰的态度，但也不一定没有像张德彝一样对中西测天概念的比照，只是因他客观认识的态度选择了回避比较，取而代之的是尽可能如实地记录所见，这也是他日记中除了对西学的适当赞赏外，没有更多评论的原因所在。

就郭嵩焘与张德彝而言，钟叔河同样认为虽然张德彝《四述奇》"所叙琐事虽比郭记详细，但由于张德彝的学识水平和思想境界都远逊于郭嵩焘，全书在撷取西学、记录新知方面，则撰不如郭记之既能见其大，又能探其微。往往同一题材，郭氏显示了披沙拣金的手段"①。尹德翔认为这种看法是从现代化的价值预设出发的，不免偏于一端。② 上述从天文仪器技术特点剖析郭氏日记，又与薛福成、张德彝等时人相比，补足了历史学者偏于政治和社会历史思辨而实证不足的缺陷。钟叔河以及大部分史学家对郭嵩焘的一致褒扬并不是巧合，郭嵩焘以开放的心态、认可与回避的认知方式去接受突如其来的异国文化，必定与他深厚的儒学根基有关，笔者认为郭氏认知方式的选择，来源于他对王夫之"道器观"遗绪的继承。

王夫之道论体现了一种前进的历史观，其最大特点是崇实黜虚，他把天道、人道归于"诚"的实有，通过理与势的统一，使道回归历史的实际进程。他试图扭转以道统、心术为核心的伦理主义历史观念，优于"神于化民成俗、修己治人"的程朱理学。魏源进一步引申道的社会功利性内涵，强调"以实事程实功，以实功程实事"③，据此倡导"师夷长技"，突破"夷夏之防"的保守观念。从魏源倡导西学、西艺、西政，"道"的内涵已经开始改变。曾国藩虽一宗宋儒，讲得却是内圣外王之道，致力把道落实到治国、治军、洋务等经世济民的现实生活中，体现出道器一体、体用一源的精神趋向。曾国藩的道学、实学实际上成为中

---

① 钟叔河：《走向世界——近代中国知识分子考察西方的历史》，中华书局 2000 年版，第 94 页。
② 尹德翔：《东海西海之间：晚清使西日记中的文化观察、认证与选择》，北京大学出版社 2009 年版，第 164 页。
③ 魏源：《海国图志》第 1 卷，岳麓书社 2011 年版，第 2 页。

国近代化洋务运动的逻辑起点。[①]郭嵩焘虽推崇宋儒、理学，认为"宋儒出而言理独精"，但他也坚决反对空谈心性。他的学识根基反映在他对周敦颐、王夫之两位儒者的尊崇中，受王夫之影响，他以"实""实有"释"诚"，把"几"作为"理势"的自然变化规律，而"道"正是"诚"与"几"的统一。由此，"道"在郭嵩焘那里，与讲求实效、经世致用的实学联系起来，实则与王夫之、魏源、曾国藩的思想一脉相承。

在中西文化"道""器"之分的认识上，郭嵩焘从王夫之"器中存道"的理论出发，发展出"道器多元论"的世界观，从而消解了由"道器二分"衍生的"中国有道，西方无道"的观点。郭嵩焘的世界观具有极大的开放性，他能够公允地承认以政教为本、器物为末的西方文明胜于中国，在观览和记录时他一改大多数朝臣儒士"西学中源"的主观认识方式，保持了客观中立的态度去记录所见所闻。尽管自鸦片战争以来，为抵御外侵，挽救民族危机，开明士大夫开始对西方科学技术的引入采取积极的态度，但这种接纳的底线仍然是"变器不变道"。"中学为体，西学为用"八个字成为洋务运动倡导者的基本信条。这种与"西学中源"说同时存在，以"夷夏大防"的立场看待西学、拒斥西方思想的体用分离的思路，被张之洞解释为："夫所谓道本者，三纲四维也"。三纲即君为臣纲，父为子纲，夫为妻纲；四维指礼、义、廉、耻。它们集中国儒家道统、政治制度、人文为一体。西学为用，则是指引进西方的科学技术，用以富国强兵。中体是形而上之道，西用是形而下之器。"形而上者中国也，以道胜；形而下西人也，以器胜。"[②]

士大夫认为这种"道"与"器"二分的关系，能有效防止国本政治、儒家道统遭受侵蚀。后果则是西方科学技术背后的社会科学和政治体制的整体被隔膜起来。正如英国史学家汤因比（A. J. Toynbee）所说，在文化冲突中采取守势的民族，往往具有一种奇怪的防卫机制，他们总要进行一些"不自量力的抵抗"，其方式是"把入侵的外国文化射线衍

---

① 朱汉民：《湘学原道录》，中国社会科学出版社 2002 年版，第 200 页。
② 王韬：《韬园尺牍》，中华书局 1959 年版，第 30 页。

射成各种组合部分，然后，勉强接纳这些外国生活方式的裂片中那些毒害最小的、从而引发最少扰乱的部分，希望能够免去在此以外的更进一步的让步"。这是一种消极的"自然的反应"，是避免自身遭受进一步伤害的最好选择。①然而，船山哲学"道因时而万殊"的道器关系，一方面表现为"道存于器"、"法因时改"、器变而道亦变的历史沿革，另一方面更表现为随着人类历史实践的发展、社会关系的变革、制度和器物设施的创新，而呈现出"道因时而万殊"的无限丰富而生动的情境。②

郭嵩焘也在《船山先生祠安位告文》中明确指出船山之学高于朱熹："析理之渊微，论事之广大，千载一室，抵掌谈论，惟吾朱子庶几仿佛，而固不逮其详，盖濂溪周子与吾夫子，相去七百载屹立相望。"③程朱理学贡献的"中体西用"，首先打破国人故步自封的闭锁，从"经世致用"的观点积极引入西学；然后有船山哲学为西方政教立言正名，发挥为郭嵩焘天变道亦变的道统观。这也就不难解释，郭嵩焘为何以儒士身份，没有接受过西方教育、尚未踏上西土，就明确指出："西洋立国，有本有末。其本在朝廷政教，其末在商贾，造船、制器，相辅以益其强，又末中之一节。……舍富强之本图，而怀欲速之心，以急责之海上，将谓造船制器，用其一旦之功，遂可转弱为强，其余皆可不问，恐无此理。"④李双璧认为郭氏此言无疑是对传统"道器"观和"夷夏"观的背叛⑤，但这种背叛本质上既不来源于西方文明优越性的诱引，也不是对中国传统儒学的否定，而是儒学道器观在郭嵩焘思想中发生的嬗变。因此，郭嵩焘在观英法天文台见奇器时，既不刻意附会中学，也不贬斥其功用，而是选择在充分认可的态度下客观记录所见所闻。

郭嵩焘随西方天文学家细致考察了英法四处天文台，并记录下19

---

① ［英］汤因比：《文明经受着考验》，浙江人民出版社 1988 年版，第 281 页。
② 萧萐父、许苏民：《王夫之评传》，南京大学出版社 2007 年版，第 237 页。
③ 郭嵩焘：《郭嵩焘全集》第十五册，梁小进主编，岳麓书社 2012 年版，第 675 页。
④ 郭嵩焘：《郭嵩焘全集》第四册，梁小进主编，岳麓书社 2012 年版，第 783-784 页。
⑤ 李双璧：《"求富—治本"：后期洋务思潮的新模式》，《贵州社会科学》1990 年第 12 期，第 60 页。

世纪西方仪器设备建造中探求精度和机械动力支持的设计特征。即使我们能够感受到，他几乎就要触及西方工业文明背后机械论世界观的边缘，却终是几句"分秒必争"便戛然而止。如上所述，郭嵩焘基于船山哲学思辨，承认"西方不仅有器也有道"，认为道与器的因时而变推进了文明及历史的发展。西方科学理性的形成，正是始自哥白尼天文学革命，人们对宇宙自然观的范式转变。郭嵩焘观其器，知其有道，而不入媵理的遗憾，是因为他不具备足够的知识接应能力。

我们在"求知的旅行"或是"探索知识"的过程中，虽然没有以僵化的观点，而是持一种开放的心态去接触对象和问题，但也还是存在着很多各种形式、杂乱无章的问题。[①] 郭嵩焘当然没有接受过西方教育，纵观他的日记，杂乱无章地记述了近代西方知识发展的要事，他也曾从在法留学的马建忠（字眉书）口中听闻一些西方科学与哲学发展史：

> （光绪四年七月）二十日。……眉叔言：西洋征实学问，起于法人嘎尔代希恩〔笛卡尔〕，其言以为古人所言无可信者，当自信吾目之所及见，然后信之；当自信吾手足所涉历扪摩，然后信之。既自信吾目矣，乃于目所不及见，以理推测之，使与所见同；既自信吾手足矣，乃于手足所未循习者，以理推测之，使与所循习同。于是英人纽敦〔牛顿〕因其言以悟动学，意大里人嘎里赖〔伽利略〕因其言以悟天文日统地不动而地自动，德人来意伯希克〔莱布尼茨〕又有性理之学。此数人者，皆西洋学问之前导者也。[②]
>
> （光绪四年十二月）初八日。……马眉叔言，希腊言性理者，所宗主凡三。初言气化：曰水，曰火，曰气，曰空。至梭克拉谛斯〔苏格拉底〕乃一归之心，以为万变皆从心造也。后数百年而西萨罗〔西塞罗〕乃言守心之法，犹吾儒之言存心养性也。近来英人马

---

① ［日］中村雄二郎、山口昌男：《带你踏上知识之旅》，何慈毅译，南京大学出版社2010年版，第77页。
② 郭嵩焘：《郭嵩焘全集》第十册，梁小进主编，岳麓书社2012年版，第577页。

科里〔贝克莱〕乃兼两家之说言之。英人始言性理者洛克，法人始
言性理者戴嘎尔得〔笛卡尔〕，并泰西之儒宗也。①

综述起来，郭嵩焘实地观看了近代天文仪器的发展，从中获知西方
探求精度和机械动力应用的特征，又从马建忠口中间接了解到近世科学
理性的发展史，如果按照近代西方科学发展史的径路梳理，郭氏完全可
以从科学表象或技术设计透析到它背后的科学理性。

马建忠熟知西方哲学史，称赞嘎尔代希恩（笛卡尔，René
Descartes）为西洋征实学问的创始人，介绍他倡导的"普遍怀疑"的
方法；而后又有牛顿（Isaac Newton）基于伽利略、笛卡尔等人的研究
成果得出运动定律。他还介绍了古希腊哲学家苏格拉底（Socrates）的
"心"生万物；罗马共和国末期西塞罗（Cicero）的唯心主义思想；英
国经验派代表人物洛克（John Locke）、贝克莱（George Berkeley），大
陆理性派代表人物笛卡尔、莱布尼茨。

以上这些马建忠对郭嵩焘讲解的西方哲学知识，曾被一些郭嵩焘的
研究者直接当作郭嵩焘自己的认识津津乐道。这种对郭嵩焘的评价是不
客观的，这些知识内容来源于马建忠的谈话，对郭氏来说是二次吸收，
那么其中将西方哲学视同于中国的"性理之学"的判定自然不能用于评
价郭嵩焘。

然而，就这些被郭嵩焘收集的知识本身而言，看似支离破碎的科技
和哲学的发展史实，足以串联起一部西方科学理性的发展史，窥见西方
科学昌明、技术进步背后的"道"之所在。那么，为什么知识的秩序和
构造，在郭嵩焘这里显得如此薄弱？我们不禁要问，郭嵩焘在"器中存
道"的体验中，碰到了哪些认知的层次性断层？

西方自然哲学家非常重视谨慎精密的观察、量度和实验，倚重数
学来分析自然现象、解决技术难题，建立起系统化的天文学理论。这便
要求天文学家要在特定的时间对恒星和行星的位置进行精确测量。用肉

---

① 郭嵩焘：《郭嵩焘全集》第十册，梁小进主编，岳麓书社 2012 年版，第 690-691 页。

眼很精确地观测独立星体确实是可能的，但眼睛的生理功能限制了人对物体的辨别能力，望远镜以及其他天文仪器的发明与改进，在此种意义上，就成为近代西方科学兴起和发展最有形的表达。与此同时，近代西方哲学也不得不逐渐转型。一旦"天文"和"物理"的研究方法和成果，有了突破性的改变，"知性形上学"的方法和内容，也就必然非改变不可了。① 当哥白尼学说和宇宙无限论威胁到上帝的藏身之所时，伽利略巧妙地将上帝看作是一位用数学体制创造世界的几何学家，是一位巨大的机器创造者，随后笛卡尔、玻意耳（Robert Boyle）、牛顿等自然哲学家纷纷把上帝归于宇宙自然秩序发生的基本前提。自此西方思想从传统经院哲学的束缚中解放出来，以追寻自然中固有的数学关系和永恒的自然法则为目的，通过实验、归纳、数学演绎的方法，构造世界客观知识，用机械论的分析方法得出了许多原理、规律和公式，创造出工业革命的伟绩。正如巴伯所说："16~17 世纪之间理性思想和经验科学之内部变化的重要性在于明确理性思想与直接观察经验世界相结合的优点。"② 西方能够主动借助天文仪器描绘客观存在的真实的宇宙图景，接受上帝不存在于宇宙之内的事实，即在于赋予了上帝以及所造之人更高的创造力。对于这个问题的中国式解答则不同，理性思想和经验世界好比两宋思想中作为"天道"的"必然之天"和可感意义上的"天"，尽管"必然之天"同样为可感世界建构了逻辑前提，但追根究底它所把握的是普遍的道德原则，而非西方理性思想提供的数学法则。西方自然科学发展之始，就是一个从哲学中分离到紧密结合的过程，而中国哲学总是和伦理道德紧密联系。郭嵩焘凭借他儒家哲学的世界观终究无法重构这些闻所未闻的知识。

　　一言以蔽之，郭嵩焘无从把握的，所谓西方器物背后的"道"，是以自然数学化为模本的科学理性，船山哲学道器观给予他的主动开放的

---

① 邬昆如：《形上学》，五南图书出版股份有限公司 2004 年版，第 78 页。
② ［美］巴伯：《科学与社会秩序》，顾昕等译，生活·读书·新知三联书店 1991 年版，第 61 页。

认知态度和文艺复兴时期人类理性的解放也是截然不同的。因此，郭嵩焘的认知态度中除"认可"外，还有"回避"的成分，即对西方天文仪器细致准确的大段描写之后，不再多做评论。

"认可与回避"的认知态度使郭嵩焘摆脱时人"采用主观譬解以代替客观承认"的态度和方法，得以与西人处于对等的位置交流，形成中西两种文化在同纬度对话的可能性。然而，就像中国哲学无法与理性解放的西方思想产生交集一样，由于郭嵩焘在认知冲突时采取的中立和回避的态度，使得中西文化之间不能形成正面交锋，两种文化依然只能循着两条平行路径发展。郭嵩焘与查尔斯·普里查德（Charles Pritchard，1808~1893）在牛津大学天文台，关于《尚书·尧典》中讲"日中星鸟，日永星火，宵中星虚，日短星昴"的讨论，就是中西两种文化平行解说的例子。

> （光绪三年十月）廿五日。……入门登梯，两壁画日星行度。毕灼尔得指谓曰：此百余年前初见中国书，言：春分日中见鸟星，秋分夜中见虚星。西洋不辨其为何星，因上推四千年前春秋二分昼夜之中当见何星。推者不一，近已推得二星。予笑曰：西洋推测精微，其用心勤矣。然言理非也。《尚书》所记二十八宿之中星，羲氏司东南，和氏司西北，因二十八宿行度所次，以测四时之中气也。并非谓春分日中独见鸟星，秋分宵中独见大火星也。[①]

自17世纪下半叶起，一些著名天文学家开始根据中国古代天象记录进行研究。如法国天文学家卡西尼（G. D. Cassini, 1625~1712）曾根据耶稣会士著作，对《尚书》的天象记录进行重新计算，考察中国天象记录的可靠性。时至19世纪，各国汉学家、天文学家互相切磋研究中

---

① 郭嵩焘：《郭嵩焘全集》第十册，梁小进主编，岳麓书社2012年版，第339页。

国天象记录，在欧洲形成了汉学研究的风潮。[①] 牛津大学天文台墙壁上的"日星行度"图，正是彼时欧洲汉学研究风潮的反映，查尔斯·普理查德更是适时向郭嵩焘发起了关于中国古代天文记载的讨论。

查尔斯·普里查德言西人据中国古籍推测二星实体和行度规律；而郭嵩焘认为《尧典》所记内容的意义是以星象位置的变换来把握时间的季节变化。《尧典》所录并不全篇可信，只能说中这些话有来源[②]，且天文星象于中国的意义在于农业生产、岁时变化；彼时包括郭嵩焘在内的绝大多数国人，还不太了解通过数理推演计算天体运行规律是西方天文学的基本研究方法。故西人勤谨推断二星实体，被郭嵩焘误当成西人认为星象与今岁时令具有对应关系。郭嵩焘采取的中立态度，致使他们的认识冲突，沿着各自的文化思路继续述说。

再回到郭嵩焘思想的起始位置，船山坚持"天下之极重而不可窃者二：天子之位也，所谓治统。圣人之教也，所谓道统。"[③] 船山思想作为儒学经典不可逾越至离经叛道的"革命"。因此，郭嵩焘始终是忠于自己所信仰的船山哲学解读下的儒学理念的，并以"因时而万殊"之"道"给予他的主动开放的认识态度，去认识、思考西方天文仪器乃至西方科学。

---

① 参见韩琦：《中国科学技术的西传及其影响 1582-1793》，河北人民出版社 1999 年版，第 64-73 页。

② 钱穆：《中国史学名著》，生活·读书·新知三联书店 2000 年版，第 6 页。

③ 王夫之：《读通鉴论》，中华书局 1975 年版，第 480 页。

第三章　宇宙图景——具象体验下的转变

西方近代工业文明肇始于文艺复兴，彼时科学得到复兴，最先发展的即是宇宙论。"日心说"的建立，革新天文历法的编制，描绘出宇宙和谐的图景，揭示天体运行的客观规律，这些都体现了科学的统一性和和谐性。"日心说"的胜利，不仅是科学知识的胜利，更重要的是科学方法和观念的胜利，给人们带来一个崭新的观念：自然界是有规律的，规律是可以认识的。

信服西方近现代工业文明成就、认识西方科学知识、理解深入学习西方天文学，首先必须建立起近代西方科学意义上的宇宙图景和宇宙维系"力"的概念。郭嵩焘对西方天文学的一切认识基础都建立在其宇宙观转变的前提下，即形成西方"日心说"宇宙观，取代中国传统"天圆地方"思想。西游访问活动把抽象的科学文化理念变得具象化、可感知化、可体验化，使得郭嵩焘的传统宇宙观念发生了变化。本部分试图通过考证郭嵩焘出使观览期间，接触认识到的地月知识以及其他宇宙运行规律，探讨郭嵩焘如何认识西方近代天文学核心概念"力"？如何认识"日心说"背后的科学方法和观念？

第一节　郭嵩焘对地月物理性征的初识

从近代科学起源史、自然现象成因揭示和实物模型三个方面，郭嵩焘认识到地球形状以及在宇宙中运行的部分规律。

光绪三年十月廿九日（1877年12月3日）郭嵩焘记述西方近代科学诞生历程，指出近代科学的起源历经古希腊哲学→培根（Bacon）→伽利略→牛顿几个重要阶段。"言天文有格力里渥〔伽利略〕，亦创为新说，谓日不动而地绕之以动"[①]，讲的是伽利略用望远镜实际检验了哥白尼日心说这一史实，如果忽略日心说由谁首先提出这个问题，至少此处表明了郭氏是知道"日心地动说"的。光绪四年三月（1878年4月），在英留学的严复又向郭嵩焘讲解了地球的气候带划分、风带和海洋流动之间的影响及形成原因：

> （光绪四年三月）初七日。……又论地球赤道为热度〔带〕，其南北皆为温度〔带〕。西士测海，赤道以北皆东北风，赤道以南皆东南风。洋人未有轮船时，皆从南北纬度以斜取风力，因名之通商风。其故何也？由地球从西转，与天空之气相迎而成东风；赤道以北迎北方之气，赤道以南迎南方之气，故其风皆有常度。[②]

风带统称为行星风系，主要受地球自西向东自转所产生的偏向力的影响形成。严复使用最直观的例子，说明南北半球的低纬度信风带，北半球为东北风，南半球为东南风，向郭氏揭示地球的自转运动。

其后，郭嵩焘在参观法国国立图书馆时见"大天文地球二架"，使他更直观地看到地球的形状。郭氏日记载：

> （光绪四年六月）十六日。……又有大天文地球二架，高约丈许，有机运动。其天文作四十八象，或如狮，或如鱼，或如宝带，以观星气。[③]

① 郭嵩焘：《郭嵩焘全集》第十册，梁小进主编，岳麓书社2012年版，第341页。
② 郭嵩焘：《郭嵩焘全集》第十册，梁小进主编，岳麓书社2012年版，第452页。
③ 郭嵩焘：《郭嵩焘全集》第十册，梁小进主编，岳麓书社2012年版，第543页。

由郭氏所记大意判断，此二架为 17 世纪意大利修士、宇宙学家柯罗尼（Vincenzo Maria Coronelli，1650~1718）[①] 于巴黎制作、1683 年献予法王路易十四的直径近 4 米的太阳王双球仪（天球仪与地球仪），1875~1901 年间双球仪被安置在法国国立图书馆向公众展出（图 3.1）。天球仪（Celestial Globe）是根据法王路易十四诞生时的天象所绘制，而地球仪（Terrestrial Globe）则展现出人类对五大洲探索的历史进程。可惜的是，天球仪是根据托勒密体系制作而成，以静止的地球为宇宙中心，就像郭氏所记有星座图绘于球体，在这一点上双球仪反而影响了他对宇宙天体运行规律的正确认识。正如今人评价的那样，双球仪在教育及视觉艺术方面的影响，远较科学方面更为深远。

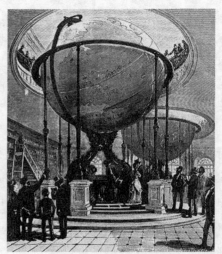

图 3.1　法国国立图书馆展示的地球仪

资料来源: Charles Letort, "Les Grands Globes de la Bibliothèque Nationale", *La Nature*, No.116, (August 1875), p. 177.

郭嵩焘初识月球基本物理特性，有幸观看月球照片。

---

① 柯罗尼，意大利制图师。以制作大尺寸地球仪而著称，并且在 1680 年在威尼斯创立了第一个地理学会。

（光绪三年三月）十一日。铿尔斯邀观显微镜及论天文。其言四十七倍月当一地球，一千三百地球当一土星，七十万兆地球当一太阳。月中两火山，山皆中空成洞，以火发石出故也。其中空处广四十里，深三里，山高九里，以用千里镜向明处照之，其一面暗，则山影也，以是测其高。又有山无水，亦无气；以水气蒸而为云，月中无云，故无水，无水则亦无气，以是测其寒。知凡星皆有人，惟月中无人，以寒不能生故也。①

（光绪四年八月）初六日。德人喀来任测月中有山谷下陷之形，似西班牙、意大里等处火山，沙土为所冲激，旁涌而中楛。近复得一陷深处，类近时冲激者。因言月中并无水，其行度绝迟。地球每日一转，月则径月乃一转，凡十四日有奇向日，又十四日有奇背日。其正向日一二日间，热倍于寻常极热之度〔旁注：凡寒热均以一百二十分为极度。开水腾沸，其热至一百八十分；熔铁风炉则至三百余分〕；正背日一二日间，又倍于寻常极寒之度。寒热争差几至五百度之远，故无生物之功。其中想亦有能经历寒暑以生以长者，然必非若此地球人物之类也。②

英国天文学家詹姆斯·查理士（James Challis，1803~1882）先为郭嵩焘简单介绍地球、月球、土星、太阳的大小比例，后又具体讲解如何借助望远镜测量月球体积，并描述了月球无水、无空气、无生命的主要物理特性。其后，郭氏又记道德国人喀来任测知月球上有环形山，因月中无水而自转速度慢于地球，月上温差极大故无生物等新近探知的知识。

远在 1609 年（明万历三十七年）伽利略将望远镜对准月球，描绘月球上的环形山前，人们就已经认识到月球是一个球体，古希腊自然哲学家阿那克萨哥拉（Anaxagoras）推断太阳和月球是巨大的岩石球体，

①　郭嵩焘：《郭嵩焘全集》第十册，梁小进主编，岳麓书社 2012 年版，第 181 页。
②　郭嵩焘：《郭嵩焘全集》第十册，梁小进主编，岳麓书社 2012 年版，第 592 页。

且月球反射太阳光发光[①]；中国汉代《京房传》又记："日似弹丸，月似镜体，或以为月亦似弹丸。日照处则明，不照处则暗"。[②] 月光反射自太阳，月体呈球状，已为中国古人所知。有了这些相当的认识基础，郭氏记录近代西方月球研究成果时格外细致，但前后两年两次听闻，并没有引发他的联想。从他的两段记述中可以看到，当时关于月球环形山形成原因的两种猜想，以及自古以来人们对能够在其他星球上发现生命迹象的期望。

郭嵩焘记月中有环形山，"以火发石出故也"，他又记"德人喀来任测月中有山谷下陷之形，似西班牙、意大里等处火山，沙土为所冲激，旁涌而中枵。近复得一陷深处，类近时冲激者。"前后两段指的是近代西方天文学界对月球环形山形成原因的两种猜测。中世纪许多人认为月球的表面非常平滑[③]，伽利略首先通过望远镜注意到月球上的环形山，长期以来它们一直被认为是月球上的火山口，1834~1836 年间德国天文学家梅德勒（Johann Heinrich Mädler，1794~1874）和比尔（Wilhelm Beer，1797~1850）对月球进行了深入精确的研究，并在 1837 年出版的《月球》（ Der Mond）中重申月球没有水和大气存在的事实，他们第一次采用分象限画法准确地研究月球特征，包括一千多座山的高度，且精确度几乎达到地球地理研究水平[④]。19 世纪 70 年代，正是郭氏踏上英国大陆的时期，普罗克特（Richard Proctor，1837~1888）提出了环形山是由撞击形成的可能性[⑤]，此后月球环形山的成因终无定论，火山成因说盛行一时，直到 1892 年美国地质学家、地貌学家吉尔伯特（Grove Karl

①　J. J. O'Connor & E. F. Robertson, *Anaxagoras of Clazomenae*, 1999, http://www-history.mcs.st-andrews.ac.uk/Biographies/Anaxagoras.html.

②　卢嘉锡、戴念祖编：《中国科学技术史 物理学卷》，科学出版社 2001 年版，第 222 页。

③　A.Van Helden, *The Galileo Project*, 1995, http://galileo rice.edu/sci/observations/sunspots html.

④　Guy J. Consolmagno, "Astronomy, Science Fiction and Popular Culture, 1277 to 2001 (And beyond)", *Leonardo*, Vol.29, No.2 (February 1996), p. 128.

⑤　P. D. Spudis, *Moon, World Book Online Reference Center, NASA*, Dec 23rd, 2006, http://www.nasa.gov/topics/nasalife/features/worldbook.html.

Gilbert, 1843~1918）用枪击黏土的方法模拟撞击试验，提出月球表面绝大多数环形山的撞击成因，指出火山口与撞击坑虽然形态相似，但内部结构完全不同。

郭嵩焘对月球的记录中不仅反映了近代关于月球环形山成因的争论，同时还反映出另一个有关月球自转的争论。由于月球绕轴自转的周期与绕地球公转的周期相同，均为 27 日 7 时 43 分 12 秒，所以月球的一半有近 15 日的时间能受到太阳照射，同时另一半处于阴面，无法反射光到地球上。月球仅一面永远朝向地球，另一面永远背向地球。[①] 尽管郭嵩焘笔下的"德人喀来任"究竟是何人无从判断，但上面这段关于月球自转的说明与郭氏记述十分相似，它出自英国 1870 年出版的百科全书式的《自然之书》(*The Book of Nature*)，由此可见月球运行的数据资料在 19 世纪下半叶已经作为客观现象被确定下来；甚至通过文字比对发现，郭氏的记述与 19 世纪出版的通俗天文学著作中对月球的描述[②] 也是惊人的相似。

比起发现月面上很多不变的斑痕，从 18 世纪末起近代天文学家更关心的是：月面上的一些斑痕为什么交替地接近和远离月轮的边沿，作周期性的摇摆[③]。即，1799 年数学家皮埃尔 - 西蒙·拉普拉斯（Pierre-Simon Laplace, 1749~1827）发现的月球运动中最重要的长期摄动项，月球自转争论的核心问题。如果说郭氏看到的仅仅是山脚下的缓坡，那么创起于 18 世纪末拉普拉斯、发展于 19 世纪下半叶的天体力学才是缭绕云雾后的陡峰。与郭氏记述相比，光绪四年（1878 年）马建忠向他谈起西人测月，言"天文家测月中无水，以凡水气皆上腾为雾，故测五星者不能得其高下纵横之势，惟月中山峰了然，是以知其无水，亦不

---

① Friedrich Scholedler & Henry Melock, *The Book of Nature*, New York: Sheldon & Company, 1870, p.186.

② Henry White Warren, *Recreations in Astronomy, with Directions for Practical Experiments and Telescopic Work*, New York: Harper & Brothers, 1879, p.153.

③ ［法］皮埃尔 - 西蒙·拉普拉斯：《宇宙体系论》，李珩译，上海译文出版社 2001 年版，第 28 页。

能化生也"[1]，就显得单薄许多且无条理可循。然而，无论叙述者是郭嵩焘、马建忠，还是转述他人，抑或是解译偏误，三段关于月球物理特征的记述都不约而同地转向了宇宙生命的讨论，"凡星皆有人"[2] 这显然是错误的说法，无论是出于郭氏的转述有误还是近代学者的不恰当判断，都反映了人们探索外星球特别是月球的梦想，众所周知在 19 世纪 60 年代末法国作家儒勒·凡尔纳的科幻小说《从地球到月球》(*From the Earth to the Moon*)《环绕月球》(*Around the Moon*) 相继出版。无论在科学或是文学领域中，月球一直以来很自然地被那些对多元性宇宙抱有猜想的人们认为是一个适于生存的地方。[3]

　　在 19 世纪天体摄影术发明之前，天文学家记录月球特征的意义仅仅在于描绘他们在目镜中的所见[4]；20 世纪初科学家认为假如天体摄影术在 18 世纪发明，而不是 19 世纪，天文学将进步许多年[5]；然而 19 世纪天体摄影术的情况，正如科学史家库恩所说在危机出现的时候，科学家们有的坚守旧范式，拒绝新范式；有的接受新范式，抛弃旧范式，只有少数天文学家预见到了这项新技术的潜力，认为它可以超越用人眼直接观看望远镜目镜时的效果。可以说，从 19 世纪 50 年代到 80 年代，天体摄影上的大多数进展都是由独立于学术机构的天文爱好者做出的。1852 年，英国印刷机发明者沃伦·德拉鲁开始着手于努力改进月球摄影质量，这项工作持续了将近 10 年。他利用自制的 13 英寸反射镜（后来又配备了转仪钟），以及曝光更快的湿火棉胶摄影术拍摄月球照片。光绪四年五月初九日（1878 年 6 月 9 日）正是这位伟大的业余天文学家"谛拿娄见赠映月图"于郭嵩焘，并讲解他始于 1852 年对月球摄影术的改进工作，"云曾设观象台，用映相法映月轮影于玻璃片，径九寸，

① 郭嵩焘：《郭嵩焘全集》第十册，梁小进主编，岳麓书社 2012 年版，第 680 页。
② 郭嵩焘：《郭嵩焘全集》第十册，梁小进主编，岳麓书社 2012 年版，第 181 页。
③ Garrett P. Serviss, *Other Worlds, Their Nature, Possibilities and Habitability in the Light of the Latest Discoveries*, New York: D. Appleton and Company, 1901, p. 212.
④ Peter Grego, *The Moon and How to Observe it*, Boston: Birkhäuser, 2005, p.75.
⑤ Charles Nevers Holmes, "Earlier Photography of the Firmament", *Popular Astronomy*, Vol. 26, No.2 (February 1918), p. 80.

转影纸上，拓大二尺许"，[1] 郭嵩焘的尺寸记录不一定准确，而德拉鲁的月球照片最大可以由直径 2.8 厘米放大至 20 厘米[2]，仍旧生动而清晰。作为证据，这些照片连带他那不可置信的月球立体图像为关于月球地貌火山起源的争论增添了可能性。[3]

第二节　对地月维系"力"的认识

比起西方近代科学重视宇宙整体系统结构和运动理论，从而建立几何公理化体系的径路；中国的天文学自诞生之日起就有着鲜明的实用目的，为政权和农事服务，形成天象观测和历法推算两部分。在地月关系的认识上，西方与中国有着大相径庭的两种思考方式，建立完备的观象授时系统的意义远比月球的真实面貌及其运动的物理机制更能引发中国人的思考。

郭嵩焘身处西方科学发祥之地，曾与同仁一起探讨"地月关系问题"，甚至在与严复谈到"牛顿由苹果落地发现万有引力"故事时，他们的话题都没能向天体运动的基本规律和宇宙稳定性的层次深入下去。郭氏的文字记录没有详细的数理推算过程，这确实不能归罪于严复向朝廷官员讲解得不够到位。郭嵩焘对这些新知识的理解确实有他的出发点，科学对于中国人的意义时常是偏离它本身的。

人类仰望天穹，自计数的方法产生以来，恒星周期运动、月球自行和月相的循环，成为时间测量和历法制定最早的基础。比起听起来生奇的"运行轨迹"，历法反而是中国传统知识分子最易理解的基础知识。

（光绪三年九月）初三日。……上海新报载《七历纪时考》一

① 郭嵩焘：《郭嵩焘全集》第十册，梁小进主编，岳麓书社 2012 年版，第 517 页。
② Owen Gingerich, *Astrophysics and Twentieth-century Astronomy to 1950*, London: Cambridge University Press, 2010, p. 17.
③ Alan W. Hirshfeld, "Picturing the Heavens——the Rise of Celestial Photography in the 19th Century", *Sky & Telescope*, Vol.107, No.4 (April 2004), p. 38-39.

则，言历正者七家。一曰中历，以即位为元，以夏时为历。二曰西历，以耶稣降生为元〔旁注：至今为一千八百七十七年〕，而俄罗斯与欧洲诸国又稍不同，中间相差凡十二日。三曰回回历，以谟哈默得离本国之年为元，至今为一千二百九十三年。〔旁注：回回历以立春日为岁首，其分月与西洋同，不置闰。〕四曰巴社历，以萨沙尼末主野特日即位之年为元，至今为一千二百四十六年。五曰犹太历，自以开辟为元，至今为五千六百三十七年。六曰暹罗、缅甸诸国历，又有国年、佛年之分。国年以暹罗勇士非雅克勒时为元，至今为一千三百三十八年；佛年以佛涅槃之年为元，至今为二千四百二十一年。七家之历，岁首各有不同。如中历元旦，泰西历或为正月下旬，或为二月上旬；回回历为五月六月不等；巴社历为六月；犹太历为五月；国年为十一月；佛年为九月。当以中、西两历为得其正。中以月行为纪，西以日行为纪。以三正准之，中历，夏正也；西历犹周正也。而宋沈括之论，谓当用十二气为一年，更不用十二月，直以立春日为孟春之一日，惊蛰为仲春之一日，大尽三十日，岁岁齐尽，更无闰余，则四时之气常正，岁正不相陵夺。沈括之论，夏时也，而用法与西历为近。西历率以冬至后十日建岁首，岁以为常，无改移也。①

　　郭嵩焘录《上海新报》文章《七历纪时考》，文中指出中历、西历、希吉来历（回历）、波斯历、犹太历、暹罗缅甸等国历法相继形成。事实上，不同民族都是完全有可能各自独立做出天文历法的。19 世纪中叶以来，来华传教士从不同角度对中国历法和天文学源出问题展开讨论。艾约瑟就认为中国古代天文学起源于巴比伦，想借此反驳西学中源论，促进基督教在中国的传播。② 与之相较，这篇由英商商业报纸刊登

---

① 郭嵩焘：《郭嵩焘全集》第十册，梁小进主编，岳麓书社 2012 年版，第 289-290 页。
② 邓亮、韩琦：《晚清来华西人关于中国古代天文学起源的争论》，《自然辩证法通讯》2010 年第 3 期，第 45-51、127 页。

的《七历纪时考》，对各国历法的介绍则显得较为客观公允。

　　郭嵩焘对《七历纪时考》中的历法分类和"当以中西两历为准"的观点，持认同态度。"西以日行为纪"，指"格里历"，即以年、日依天象而定的太阳历，"月"与月相的变化没有关系；而中历固然重视月球的盈缺变化，却不是月、日单纯依据"朔望月"制定的太阴历。中国自有历史记载以来一直使用阴阳历，阴阳历兼顾回归年和朔望月两个周期，使每个月符合月亮盈亏的变化，每年符合春夏秋冬的变化，[①] 因此，文中相对西历所言"中以月行为纪"并不恰当。以"三正"定岁首，参照《史记·历书》中所说"夏正以正月，殷正以十二月，周正以十一月"[②]，西历确实接近周正历法。最后，文章以北宋沈括所制"十二气历"比较"西历"，指出"十二气历"与"西历"十分接近，肯定了依据二十四气制历，不管月球的朔望，废除至闰月的办法，是最彻底完善实际时令，从而指导农业生产的历法，正如沈括所言："如此历日，岂不简易端平，上符天运，无补缀之劳。"[③]

　　从观察物候到观察天象，又从观察天象到二十四节气的制定，再到根据节气修正历法，中国古代的天文学与观象授时紧密联系。如光绪三年十月（1877年11月）在牛津大学天文台郭嵩焘和查尔斯·普里查德谈论《尚书·尧典》"四仲中星"一例。《尚书·尧典》以鸟、火、虚、昴四星的昏中定春、夏、秋、冬四时，又据《尚书·大传》："主春者张，昏中可以种谷。主夏者火，昏中可以种黍。主秋者虚，昏中可以种麦。主冬者昴，昏中可以收敛"。由此"四仲中星"很可能是用于敬授人时而被观测记载下来的天象。然而，对于《尧典》"四仲中星"在西方科学语境下正名以及观测年代考证的争论，从查尔斯·普里查德开

①　陈久金、杨怡：《中国古代天文与历法》，中国国际广播出版社2010年版，第75页。
②　司马迁：《史记》中册，陈久金注译，天津古籍出版社1995年版，第1156页。
③　胡道静、金良年：《梦溪笔谈导读》，巴蜀书社1988年版，第389页。

始，时至今天也是由来已久的。① 天文史学家郑文光曾于 1979 年在他的《中国天文学源流》一书中指出：四仲中星的年代，不应用现代天文学的方法严格地推算。② 由此可以理解，同是月相变化和月球自行运动，而在中西两种截然不同的天文学技术路线下，人们思考研究的侧重方向是完全不同的。

中国和西方如何看待月球对地球的影响这一问题，从以下郭嵩焘记载的李凤苞谈"潮汐现象"以及对"万有引力"的解释两处亦可见一斑。

随使李凤苞曾与郭嵩焘谈论海洋暖流及潮汐现象：

> （光绪三年十月）十六日。丹崖言：……海潮与月相应。月当地球之中，海水为月力所吸，则水自腾沸而起以成潮；当地球之下正中，吸力亦然。是以有子、午二潮。望后数日潮大，由月全受日光，光力愈增，即吸力亦愈大也。③

中国自古在"同气相求"的基础上确立了海洋潮汐现象与月球之间

---

① 1927 年竺可桢先生在《科学》上发表长文《论以岁差定〈尚书·尧典〉四仲中星之年代》，根据现代天文学岁差原理分析《尧典》四仲中星，得出其中三个中星的年代在殷末周初，只有"日短星昴"可能是"唐尧以前之天象"。此文开中国历史天文年代学之先河。（武家璧：《〈尚书·考灵耀〉的四仲中星及相关问题》，《广西民族学院学报（自然科学版）》2006 年第 4 期，第 17 页。）中国上古史学家刘起釪认为："《尧典》所据四仲中星资料，是观象授时的客观现实，本与朱鸟、青龙等四象无关，而且星在天球面上周流运转，原无法分东西南北。"（刘起釪：《〈尧典·羲和章〉研究》，《中国社科院历史研究所学刊》第二集，商务印书馆 2004 年版，第 64 页。）《尧典》所言四仲中星至少在商代，但古文字学家李学勤指出卜辞中"星"有"晴"的意思，"鸟星"绝不能作星宿理解。参见李学勤：《论殷墟卜辞的"星"》，《郑州大学学报》1981 年第 4 期，第 89-90 页。

② 第一，恒星的中天，没有相当精密的仪器是测不准的；第二，没有精密的计时仪器，就很难保证每次观测总在一定的时间。而观察时间只要相差半小时，年代之差就达五百年；中天位置偏离五度，年代之差也达三百余年。四仲中星，恐怕仅仅是远古时代人们四季观星的几个大致的标志点。因此，我们也只能大致推定它的产生年代。（郑文光：《中国天文学源流》，科学出版社 1979 年版，第 59 页。）

③ 郭嵩焘：《郭嵩焘全集》第十册，梁小进主编，岳麓书社 2012 年版，第 328 页。

的关系，东汉王充第一次明确提出"涛之起也，随月盛衰，大小满损不齐同"[1]的论断。但是，《中国古代潮汐论著选译》一书认为：唐代封演提出"潜相感致，体于盈缩"的论点，接近近代从"万有引力定律"出发而阐述的引潮力的观点；北宋燕肃提出了潮汐"随日而应月，依阴而附阳"的论点，这就把引起海洋潮汐的两个基本动力——月球和太阳的引潮力找了出来。[2]这两个评价显得牵强附会，中国古人对"月球致潮"的立论前提，均为"月，阴精也；水，阴气也"[3]的阴阳五行、同气相求思想。中国知识分子历来用"气"阐释光的内质和传递作用，这里正是在"气"的角度下来诠释"万有引力"的。

在这种"月球致潮"和"气"的思想下，无论是稍通西学的李凤苞，还是有着深厚国学基底的郭嵩焘，要理解地球与月球之间的万有引力是造成潮汐现象的主要原因这一点并不难。但李凤苞"望后数日潮大，由月全受日光，光力愈增，即吸力亦愈大"的说法实在不然，可见他也不完全明白引力中"万有"之意，还是将此力归之于太阳的"光力"作用，没有认识到这是两个刚体间固有吸引力作用使然。实际上，李凤苞认为造成潮汐现象的"吸力"出于"光"的作用，同样是在中国古代潮汐理论的一贯思想下，通过对月球盈亏、相对太阳运行位置的视觉变化得出的。

唐代卢肇《海潮赋》中提出的关于海洋潮汐现象中的第四问问道：

> 其过望也，当少退，何积日而凭陵？〔旁注：其四问，既随日势十八日何故更大也。〕
>
> 黄道所遵，遐迹已均，肆极阳而不碍，故积水而皆振。自朔

---

[1] 王充：《论衡全译》第 1 卷，袁华忠、方家常译注，贵州人民出版社 1993 年版，第 250 页。

[2] 中国古潮汐史料整理研究组：《中国古代潮汐论著选译》，科学出版社 1980 年版，第 iii 页。

[3] 封演：《封氏闻见记》，载中国古潮汐史料整理研究组编：《中国古代潮汐论著选译》，科学出版社 1980 年版，第 43 页。

而退〔旁注：载生魄之后，左行渐远于日也。〕退为顺式，自望而进，〔旁注：自望之后在日之右渐逼近也。〕进为干德〔旁注：稍稍近日若来干犯之也。〕伊坎精之既全，将就晦而见逼。势由望而积壮，故信宿而乃极。此潮之所以后望二日而方盛也。〔旁注：答第四问〕①

　　卢肇从浑天说的角度解释了为何每月十五日到十八日间潮水是增大的，即月球自十五日以后越来越靠近太阳，月光满圆，大量积蓄力量，于十八日达到最高峰。南宋马子严《潮汐说》中言："每岁仲春月薄，水生而汐微，仲秋月明，水落而潮倍"②，认为潮汐不仅随每月的晦、朔、弦、望不同的月相变化而增进，而且每年不同月份受月光强弱的影响，潮汐的增退与水生落的季节表现也是相反的。

　　由此，可以判断李凤苞把月球引潮力与反射光建立起直接关系，很大程度上结合了中国古代从直观经验积累的"月光"知识。

　　实际上，乾隆年间编译的《历象考成后编》最早对"奈端"（牛顿）做了介绍，阮元、李锐等人在《畴人传》中专门为牛顿立小传。19世纪中叶，新教传教士又零星地把牛顿学说介绍到中国。1852年，艾约瑟编辑《华洋和合通书》（次年改名《中西通书》），其内容包括中西历日对照、日月食表和相关的宗教、科学知识；1954年所刊"万物互相牵引论"一文，介绍了牛顿的引力学说。1857~1858年，伟烈亚力编辑的《六合丛谈》，介绍牛顿的成就，其中伟烈亚力和王韬合译的"西国天学源流"一文，论述西方天文学发展脉络，特别提及牛顿事迹和引力学说。1859年刊刻，由艾约瑟、李善兰据胡威立（William Whewell）《力学基础》（*An Elementary Treatise on Mechanics*）为底本合译的《重学》，则是清末第一部全面系统地介绍牛顿力学体系的中文译著。至1877年

---

① 卢肇：《海潮赋》，载中国古潮汐史料整理研究组编：《中国古代潮汐论著选译》，科学出版社1980年版，第49、51页。
② 马子严：《潮汐说》，载中国古潮汐史料整理研究组编：《中国古代潮汐论著选译》，科学出版社1980年版，第121页。

郭嵩焘出使前，该书又印有金陵版、美华版。与此同时，1852 年，魏源在《海国图志》中也极为简略地述及牛顿有关彗星和潮汐现象的解释。[①] 但从郭嵩焘、李凤苞对潮汐力的谈论来看，他们并没有直接联想到这些牛顿力学内容在国内的传播。关于"万有引力"概念，郭嵩焘于两个月前的"新报利非里亚死，海王星发现一论"中有所记载，"推知其上必有一星，其气足以相摄"[②]。郭氏称这种物体间相互作用的力为"气"这一中国传统哲学中的概念，表面上看"气"所具备的场域性外延比李凤苞"光力"的解释，更加接近于西方近代科学中"万有引力"的概念，实质上他们的思维方式和定义规范，还是固囿在中国传统文化中，没有真正理解"力"作为西方科学理论核心范畴的意义。

这也就不难理解，为什么半年后，即光绪四年四月（1878 年 5 月），严复又向郭嵩焘简述家喻户晓的苹果坠地的故事时，郭氏并未联想到李凤苞讲的海水受月球所吸成潮的说明，正是出自万有引力定律的解释。

> （光绪四年四月）廿九日。……严又陵语西洋学术之精深，而苦穷年莫能殚其业。……因论洋人推测，尤莫精于重学。英人纽登〔牛顿〕偶坐苹果树下，见苹果坠，初离树，坠稍迟，已而渐疾，距地五尺许，益疾，因悟地之吸力。自是言天文之学者尤主吸力。物愈大，吸力亦大。地中之吸力，推测家皆知之，而终不能言其理之所由。纽登常言："吾人学问，如（拭）〔拾〕螺蚌海滨，各就所见（拭）〔拾〕取之，满抱盈筐，尽吾力之所取携，而海中之螺蚌终无有尽时也。"[③]

[①] 参见韩琦：《通天之学：耶稣会士和天文学在中国的传播》，生活·读书·新知三联书店 2018 年版，第 262-263 页。韩琦：《李善兰、艾约瑟译胡威立〈重学〉之底本》，《或问》2009 年第 17 期，第 101-111 页。

[②] 郭嵩焘：《郭嵩焘全集》第十册，梁小进主编，岳麓书社 2012 年版，第 282 页。

[③] 郭嵩焘：《郭嵩焘全集》第十册，梁小进主编，岳麓书社 2012 年版，第 494 页。

牛顿由苹果坠地推及月亮维持绕地轨道运行的原因，始悟万有引力定律，并以此解释潮汐、计算行星之间的相互摄动。严复关于"万有引力"的论述显然严谨于李凤苞和郭嵩焘，他没有像李凤苞和郭嵩焘一样认为"力"是"受光所致"而成，或等同"气"的概念。第一，他肯定了"力"在近代科学发展中的意义；第二，指出无论是地上的重力还是保持天体运动和宇宙稳定性的吸力，都是同一种"力"；第三，"力"的形成原因是科学家正在努力探索的课题。

郭嵩焘记下的牛顿这句临终遗言的原意为："在我自己看来，我不过就像是一个在海滨玩耍的小孩，为不时发现比寻常更为光滑的一块卵石或比寻常更为美丽的一片贝壳而沾沾自喜，而对于展现在我面前浩瀚的真理海洋，却全然没有发现。"1632 年，近代科学革命高涨之时，伽利略就在《论世界体系》中，对那些含混"引力"概念的人给予过尖锐地批评："或者什么使月亮周转，……对最后一种情况则称之为'神力'。"[①] 西方近代科学的建立深深地植根于严谨的、无歧义的基本概念定义之上，有别于中国哲学将"未知"归因于"自然"本质的"气"或"道"等等。此外，在严复、郭嵩焘的翻译中，"尽吾力之所取携"，暗含了他们特别是严复，对自然科学研习的醉心，也可能蕴藏了他们治西学以报国家的愿望。

尽管郭嵩焘、李凤苞、马建忠等人对统领西方近代科学研究——牛顿力学的核心概念"力"，并没有悟及透彻，然而这种无公度领域沟通的情况，非但不会妨碍他们以各自的方式去理解"力"的概念，进而以"力"为出发点解释一切自然现象，更使期盼为自己日益腐朽的国家寻找出路的中国学士看到希望——西人重数理测算。

第三节　亲历火卫发现寻测"火神星"

18 世纪和 19 世纪的自然科学研究，延续着牛顿力学的思想路径，

① 吴以义：《海客述奇》，上海科学普及出版社 2004 年版，第 85 页。

不仅仅停留在日地、月地关系的范围内探索，在万有引力定律的基础上，发展出天体力学这个重要的分支学科，使得人们能够较为精确地计算太阳系中的行星在万有引力作用下的运动。其中，最显著的成果就是1846年发现了行星海王星，1877年发现火星的两颗卫星；除此之外还有19世纪下半叶"火神星"存在的错误预言。

1877年恰逢郭嵩焘抵达英国，在他一年以后的日记中可以找到关于火星卫星被发现和寻觅"火神星"两事的记载。

（光绪四年八月）初一日戊寅，为西历八月廿八日。……西洋天文家尤以寻测向所未见之星为奇。所知数十年前赫什尔寻出一星，即名赫什尔〔旁注：赫什尔为威妥玛之妻父〕；类非里尔寻出海王星〔旁注：巴黎类非里尔、铿百里治阿达摩斯同时测星，云有一巨星，为历来天文家所未见。其后美人始寻得之，相与名之海王星。〕近来又有二事。历象家言：日居中，五星与地环绕之，轨道在日与地之间者，曰内政星；包出黄道外者，曰外政（府）〔星〕。外政星如土星，如木星，如天王、海王等星，皆有跟星〔旁注：洋语曰萨得来得〔Satellite，卫星。地球跟星谓之月〕，独火星无有。近美国华盛顿观星台历士哈尔推测火星跟星亦有二，稍分内外。外跟星三十小时又十四分一周，速于白道三十一倍，内跟星只七小时三十八分。其为体至微，其大者全径不过一迈又千分之六百零九，此以镜窥而得之者也。法人渥得〔旁注：即类非里尔〕定日与各政星之重体，推算火星恰当三百兆零九万分之一。哈尔既寻得火星二跟星，即以速率衍其重率，恰当此数。此以数理而得之者也。水星在地球轨道之内，类非里尔亦曾测得之，云见有微点掠日而过者，距水星为近，必别是一星。其后医士勒士家尔波自谓得之，而亦未有主名。近美人洼尊始定其程度，名曰萉尔铿〔Vulcan，"火神星"〕。萉尔铿者，希腊语以为主铁之神，云最有力。〔旁注：顷询知是星距日为近，尚在金、水二星之上，故其光为日所掩，终古无见者。近因类非里尔推测及之，美人洼尊谓非俟之日食时无从窥见也。会六月三十日日食，于入地后，英人洛基尔亦往华盛顿城观之。洼尊驾千里显微大镜于日左旁伺之，见一星大于所用施令钱者逾倍，急呼洛基尔共证之，亦与五星环日周转。同时有用照镜影日食既时形状，亦有一线光掠日旁而过，盖是日日食二分半之久，祗（其）能用此时窥测影象者，亦照至二分半之久，得互相印证云。〕凡英人语五星之名，土〔木〕星曰究毕达，金星曰维讷斯，火星曰玛珥斯，木〔土〕星曰萨得姆，水星曰麦尔曲里。此蒂尔铿及火星两跟星，并美国人近月内测得者。①

郭嵩焘的这段日记，首先以"西洋天文学家好寻测未有新星得行星海王星"一事，引出近来所听到的天文二事，发现火星两颗卫星一则，由水星进动寻测"火神星"一则。海王星之事，郭氏在日记中先后于光绪三年八月十八日（1877 年 9 月 24 日）、光绪四年正月廿四日（1878 年 2 月 25 日）、光绪四年八月初一日（1878 年 8 月 28 日）、光绪四年十一月廿五日（1878 年 12 月 18 日）四次谈到，后面会专辟一章加以论述。

在这一大段太阳系诸星的记录中，郭嵩焘首先明确了一个近代科学公认的宇宙体系：太阳为宇宙的中心，五星及地球围绕太阳运行；并且音译出五星的西方名称。他指出轨道在地球轨道以内的行星，称为地内行星，即水星和金星，轨道在地球轨道以外的称为地外行星，即土星、木星、天王星、海王星。但该记述与实际尚有出入。郭氏以中国传统文化中"政星"一词表述星体划分中的"行星"。《周易》的卦爻辞，以星象比附人事，以人事润色星象，使星象和人事达到了浑然一体的地步，"政星"一词的产生即是这种自古以来人事与星象相互比拟在语言文字上的体现。伪西汉孔安国《传》言："七政，日月五星各异政"②，郭氏仅取了"政星"这一习惯称谓，并没有将"七政"直接对应西方天

---

① 郭嵩焘：《郭嵩焘全集》第十册，梁小进主编，岳麓书社 2012 年版，第 581-582 页。
② 司马迁：《史记》中册，陈久金注译，天津古籍出版社 1995 年版，第 1143 页。

文学中的星体，也就鄙弃了中国自古把太阳、月球随五星一并而论的说法。进而，行星与卫星的属性关系在郭氏那里也就顺理成章了。自17世纪伽利略用望远镜观测星空至1878年，西方天文学界发现土星、木星、天王星、海王星皆有卫星，月球自然在"哥白尼体系"确立之日起就不再是行星，而是地球的卫星，并且是唯一绕地球而非太阳公转的天体。其后，由此引出唯独火星没有卫星，西方人致力于寻测它。《中国社会通史·晚清卷》认为：这（郭嵩焘这段记述）表明传统的"天圆地方""天动地静"的天地观已经在一些士大夫思想上被破除，建筑在近代天文学基础上的新天地观念开始确立。[①]

在新的天地观念下，郭嵩焘记载了1877年美国天文学家阿萨夫·霍尔（Asaph Hall, 1829~1907）发现火星两颗卫星之事，其要点有：火星两颗天然卫星绕火星转动的周期；火卫体积很小；勒维烈由太阳与各行星质量比推算出火星质量，而霍尔寻测出火卫后，天文学家能够借以准确计算出火星的质量；火卫的发现与西人精于数理计算是分不开的。光绪三年九月廿八日（1877年11月3日）《万国公报·大美国事》也适时报道了这个震惊世界的天文发现：

> 前时火星与地球最为相近，乃七十九年一见之事，故有人趁此深求根底（者），美国天文馆天文先生用大千里镜察看，照出二月亮，顶大者走火星三十点钟十四分行一转，其小者相近火星者七点钟三十八秒（分）行一转，前时未经照出月亮，其火星之大小难以考定，但现今易于考核也，计须三百零九万火星合二为一即有一太阳，大因查有月亮而定火星数多少，故所以趁此机会仔细察看，当时天文馆中十分讲求此事，匆忙已极。[②]

作为一份美国传教士报纸，《万国公报》对此事的报道，比西方科

---

① 史革新：《中国社会通史 晚清卷》，山西教育出版社1996年版，第552页。
② 《大美国事》，《万国公报》1877年，第4277-4278页。

学界学术期刊的撰写，更加通俗易懂、要点集中清晰。时隔一年，郭嵩焘对此事的记述非常翔实，仅仅缺少天文学家霍尔为何挑选在 1877 年这个特定时间观测火卫的动机和条件。霍尔在他《火星卫星的发现及其轨道》（*Observations and Orbits of the Satellites of Mars*）的报告中写道：

> 　　1877 年春天，即将到来的火星大冲吸引了我的注意，并引发了我利用克拉克大折射望远镜（Clark Refractor）搜寻火星卫星的想法。然而，曾经获得的所有行星文献表明，众多富有经验且技术娴熟的天文学家都未曾发现，寻找火卫的希望非常渺茫，如果不是妻子的鼓励，我可能就放弃搜索了。与此同时，一些更完整的审视也增加了我的信心，自从 1783 年威廉·赫歇耳（W. Herschel）搜寻火卫失败，几乎没有天文学家涉足此事，这使多数天文学家相信，甚至直至当代教科书中也明确指出"火星没有卫星"。近时仅有达雷斯特教授对前述观点置疑……他于 1862 年火星大冲之时搜寻火卫，但我不确定这真的是一个很好的时机，他可能错过了火星大冲，因此直至 1864 年也没能寻找到。……1798 年，1830 年，1845 年，1862 年，1877 年都是寻测火星卫星的好机会。在 1860 年和 1875 年，行星的南倾阻碍了在北部区域对卫星的观测。……[1]

1877 年火星冲日的八月，美国天文学家霍尔利用美国海军天文台 660 毫米（26 英寸）口径的折射望远镜发现了火星的两颗卫星。这年的机会没有受到火星在轨道中的位置和相对观测方位的干扰，望远镜的口径远远超过了 300 毫米的最低限度。[2] 除这些客观条件成就了霍尔之外，他个人的主观判断也是促成这次发现的原因之一，"火星没有卫星"的宣称触动了霍尔作为一名科学家追求客观存在的真理的神经，用发现和

---

[1]　Asaph Hall, *Observations and Orbits of the Satellites of Mars*, Washington: U. S. Govenment Printing Office, 1878, pp.5, 41.

[2]　参见 S. Newcomb, "The Satellites of Mars", *The Observatory*, Vol.1 No. 6 (September 1877), p.213.

证伪的方式去破除权威和历史归纳的谬见。回头来看，彼时崇尚西学的洋务中坚郭嵩焘，没能见及此层深意，不能不说这三五行小记也暗示了近代科学数理推算与科学精神在中国并蒂双生的路还很远。

然而，郭嵩焘向来赞誉西方精益于数理，正如郭氏和《万国公报》都关注到的那样，西蒙·纽科姆认为：

> 霍尔发现火卫使得天文学界更精确地确认火星的质量，相应地使得四颗内行星的理论更简化。迄今在这方面研究得最深入的是勒维烈，我们最关注的是他通过百年来的观测记录和数年来的一系列计算预测出的火星质量。霍尔教授通过 4 个夜晚的观测和 10 分钟的计算得到：火星的质量 = 太阳的质量 /3090000，这是比勒维烈的推测更加精确的成果。勒维烈认为火星的质量是太阳的三百万分之一，这两个数据的统一更是引人注目。[1]

火星卫星的发现不仅仅是一桩天文奇事，霍尔根据开普勒第三定律，利用火卫到火星的距离和火卫绕火星转动的周期，得到了火星精确的质量。它使西方天文学更精确地更新数值，完善宇宙体系使其更合理，天文学家借助遥远天体作为宇宙中某一处的惯性坐标系，使人的视野得到无限的延展。关于火星的研究是 1877 年的天文学界的重点关注之一，斯基亚帕雷利（Giovanni Schiaparelli，1835~1910）提出火星上所谓的"运河"的存在[2]，霍尔寻测到火星附近其卫星微弱的光，西方社会文化的热情被大大激发，人们伴着整夜可见的火星，遥想那里的民俗，对未来的希望、对现实的迷惑不解交织在一起。这也许可以解释，为什么薛福成在 14 年后（光绪十七年）的出使日记中两次提及行星卫

---

[1]　S. Newcomb, "The Satellites of Mars", *The Observatory*, Vol.1 No. 6 (September 1877), p. 214.

[2]　Erik Washam, "Lunar Bat-men, the Planet Vulcan and Martian Canals", *Smithsonian Magazine*, 2010, https://www.smithsonianmag.com/science-nature/lunar-bat-men-the-planet-vulcan-and-martian-canals-76074171/.

星，却言"唯火星无月"①。薛福成仍旧追忆着十余年前天文学的研究情况，殊不知郭嵩焘早已在先行之时，就沉浸于西人发现火卫的群体愉悦中了。

1877 年，凭着笔杆子和牛顿万有引力定律发现海王星的勒维烈，卒于法国巴黎，身后留给公众和天文学界一颗依时运动的海王星，一个按照机械规律精准运动着的自然界和宇宙，还有一个关于太阳系疆域的未解预言。勒维烈在整理制作大行星相互摄动的运动表时，发现水星的实际观测与它的摄动数值并不一致，水星轨道上近日点在理论值上每 100 年相差四十余秒，这种变化用牛顿力学不能完全解释，根据发现海王星的经验，他认为水星轨道内还有一颗行星，定名为"火神星"，并相信对"火神星"的寻找会再度胜利。

郭嵩焘在"发现火卫"之后，又记述了这则延续争论二十余年，直至 1878 年才见分晓的天文轶事。勒维烈预言 1877 年 3 月 22 日"火神星"将掠过日面，他再一次提请天文学家注意，英国皇家天文台台长艾里请求全世界的天文台观测这次即将到来的凌日现象，给予英国天文学界支持。所有的望远镜都对准太阳的圆轮，却没有行星出现，可想而知，这对 19 世纪接连细化宇宙图景的天文学界和热情坚定的勒维烈以及所有关注的大众是何等的打击。随着灵魂人物勒维烈的逝世，追寻水内行星的活动也相对沉寂。时隔一年，按照勒维烈的计算，水内行星将借 1878 年 7 月 29 日日食遁形，比起欧洲低落的情绪，美国许多天文学家都投入到了这次日食寻测中。公众的热情非常高涨，1878 年 7 月 28 日《纽约时报》(*New York Times*) 宣称水星轨道内有大型物质的概率极高。大批天文学家在可以观测日全食的怀俄明州的一个小镇上，架起了望远镜和天文摄影设备，等待水内行星的出现。日全食的最初报告令人

---

① 　原文：行星之旁，亦更有绕行星而行者，如西人近测填星内有八月，木星内有四月是也。惟火、金、水三星离日较近，尚无所见；或本无之，或为日光所夺，隐而不显，均未可知。西人之言天文者如此，爱追忆而书之。……诸行星，除水金火诸小星外，皆有月。少者一，多者至六七。月之绕行星，犹行星之绕日也。（薛福成：《出使英法义比四国日记》，岳麓书社 1985 年版，第 293、376 页。）

欢欣鼓舞。[1]以郭氏所记"六月三十日日食"为线索，由这一日日记日期"光绪四年八月初一日戊寅为西历八月二十八日"倒推，正是 1878 年 7 月 29 日日食之时，这一段所述"借日食测星之事"也正是以上这则调集起西方世界探索热情的天文事件。19 世纪，天文观测设备不断改进推新，重大的天文发现层出不穷，世界日新月异的变化随着报纸、电报、火车轮船等传向各地，无论是"勒维烈之死""发现火卫"，抑或是搜寻"火神星"，都无可置疑地成为社会流行文化的议题之一，一种知识的群体认知氛围充斥了整个西方世界，尤其是成为了知识阶层茶余饭后的谈资。郭嵩焘身在欧洲，往来于上层精英社交圈，又重视读报看书了解社会民情，详记"近来天文二事"、交代来龙去脉也在情理之中。

　　郭嵩焘在日记中这样记载：水星位于地球轨道之内，属于上面所说的内行星。勒维烈曾经观测到有微小的光点掠日而过，它距水星更近，与五星围绕太阳转的应该还有一颗行星。后来一位医生自称发现了这颗行星，并未命名。最近一位美国人确定了它的行度，命名为"火神星"，火神原是希腊神话中主铁之神。记述中的"医士勒士家尔波"即这段科学史中通常会提到的乡村医生累卡尔博（Lescarbault）。1859 年 12 月 22 日他写信给勒维烈说，当年 3 月 26 日他看见日面上有一个很小的尖角的圆点，大概有水星的四分之一大，1845 年凌日时他也曾观测到。[2]另一位，近来确定该星行度的"美人洼尊"指的是美国天文学家詹姆士·沃森（James C. Watson，1842~1890）。郭氏旁注中记录的内容与天文学家沃森于 1878 年七八月间为寻找水内行星所做的努力大致吻合。据 1878 年 8 月 5 日的《纽约时报》报道：

　　　　怀俄明州罗林斯的沃森教授和丹佛的路易斯·斯威夫特看到了他们认为的"火神星"。已经发现了超过 20 颗小行星的美国安娜

---

[1]　R. Fontenrose, "In search of Vulcan", *Journal for the History of Astronomy*, Vol.4. No.4 (October 1973), pp. 149-151.

[2]　"Text of Letter", *Comptes Rendus des Séances de l'Académie des Sciences*, No.1 (January 1860), pp. 40-45.

堡著名天文学家沃森，于 8 月 1 日与丹佛日食观察员会面并宣布："火神星"已在太阳西南两分度的位置被发现。他随后细述：我约在全食结束前的一分钟发现一颗 4.5 级亮的星，这立即引起了我的注意，从它的外观和方位来看都不是已知的恒星。它比设想的要大且闪着红光，没有如彗星一样伸长的长尾，因此我觉得有必要在此宣布它为内行星。我参考太阳、根据邻近行星，确定了它的位置，这种方法降低了错误的可能性，以便我能将其位置确定下来。观测时它的赤经是 8 时 26 分，赤纬 18 度以北……我听说纽约罗切斯特的路易斯·斯威夫特也看到了一颗行星。我不知道他是否获得了该星更多的方位数据，但作为独立于我发现的一个证据，他的观测是有价值的。①

与此同时，美国丹佛的天文学家路易斯·斯威夫特（Lewis A. Swift，1820~1913）写道：

因为我安置望远镜时……断断续续的阵风从东南吹进来，使我的仪器摇摆。为了防止仪器晃动，我操作了一个大约一英尺长的目镜去观测，另一端支撑在地面上……我自认为发现了一个陌生的天体，我倾向于它就是"火神星"。②

斯威夫特接着说，虽然他没有得到精确的坐标，但他注意到它的位置与巨蟹座邻近恒星的关系。沃森告知他这是最接近太阳的行星。③并且他认为自己已经可以把新行星的轨道确定下来，他还提供了英国天文学家朗亚德给他的日全食照片，能够准确地找到这颗行星的位置。④

1878 年七八月间的英美法等各国媒体报道的情况，与以上郭嵩焘

---

① *New York Times*, Aug 8th, 1878, p.5.
② *Nature*, Aug 22nd, 1878, p.433.
③ *Nature*, Aug 22nd, 1878, p.433.
④ "The Planet Vulcan", *Astronomical Register*, Vol. 16, No.190 (October 1878), p. 252.

日记中涉及的情况相符，实际上，"火神星是否存在"这个问题一直在天文学界内争论不休。当美国媒体和大众为沃森的发现欢呼时，《泰晤士报》1878年8月7日却报道，仍然缺乏更可信的证据证明"火神星"的发现。由于沃森的行星没有大到足以计算水星出现的扰动现象，根据现有的情况，把观测到的天体作为一些小行星，比单独的大行星、围绕太阳运行的"火神星"更加准确。未来的日食再观测将继续解决这一问题。[①]《纽约时报》评论，至少它被观测到了，尽管还会引起争议，尚有不能解决的问题，但必须承认观测到了"火神星"。同时也给出了一些消极的回应，纽科姆等天文学家也都去了同一地点，使用同样的仪器指向北部天空，观察到的结果不令人满意且让人费解。[②]

根据以上史实，郭嵩焘记述的文字内容，仅有个别的几个小错误，"火神星"的名字，早在勒维烈造访乡村医生累卡尔博，并根据百年观测资料确信存在水内行星后就被给予了，而不是在沃森测得后；与沃森相互印证发现事实的"洛基尔"，即路易斯·斯威夫特，他不是英国人而是美国人，等等，这些差错甚至不会影响郭嵩焘对整个事件的看法。

第四节 郭嵩焘传统宇宙观念的转变

中国古代的宇宙理论主要有盖天、浑天、宣夜三种学说，都认为天运地处，天动地静，东汉以后以浑天说为主的天文理论被用于解释各种天象，预报日月食和校订历法。历代统治者亦将"天圆地方"观念政治化、伦理化，使之在社会阶层中，特别是在封建士大夫里面浃沦肌髓。[③]晚清以来，随着天地学说研究的深入，特别是西方近代天文学、地理学的东传，中国传统宇宙观念开始发生变化。

---

① R. Fontenrose, "In Search of Vulcan", *Journal for the History of Astronomy*, Vol.4, No.4 (October 1973), p.151.
② *New York Times*, Aug 16th, 1878, p.5.
③ 郭双林：《西潮激荡下的晚清地理学》，北京大学出版社2000年版，第239页。

　　回看清末出洋者的日记，郭嵩焘以及同他一样有机会出洋一游的国人心中的宇宙观念都大有改变。郭嵩焘第一次直接接触到西洋事物，是在咸丰六年（1856年）为曾国藩筹饷的江浙之行中。在"首次"记载中，他谈的便是"日心说"，与他讨论之人甚至不是天文学家，而是有着同样儒学底识的浙江经学家邵懿辰（字位西，1810~1861）：

　　　　（咸丰六年正月）廿五日。晴。邵位西来谈，因及西洋测天之略。近见西洋书，言日不动而地动，颇以为疑。位西则言：地本静，而天以气鼓之，即《易》所谓承天而时行也。张子正蒙已主此说。近日西洋畅发其说，以日为主，五星环之，地轮又环其外。乾隆中，西洋蒋某曾献此议，上命钱大昕〔旁注：竹汀〕等质问，终疑其说，勿用。予问经星又环何处，位西言：经星皆日，天外之天，盖无穷纪也。惟佛先见及此，所以有大千世界之论。经星各自为一世界，而光与此地轮足以相及，故休咎亦与之相应。其说甚奇。①

　　19世纪初，新教传教士入华，在期刊论著中零散地介绍哥白尼日心说以及新发现的小行星与天王星，并附有太阳系示意图，逐步改变着中国人的宇宙观。② 这次"西洋测天之略"的质疑问难，主要涉及近代天文学中两个里程碑式的成果：一是"近日西洋畅发其说，以日为主"，又言"乾隆中，西洋蒋某曾献此议"，是指乾隆二十五年（1760年）法国传教士蒋友仁（Michel Benoist，1715~1774）向清廷进献《坤舆全图》时介绍并演示哥白尼"日心说"；二是在"经星皆日，天外之天，盖无穷纪也"，"经星各自为一世界，而光与此地轮足以相及，故休咎亦与之相应"一说中，"经星"即"恒星"，指明恒星系是宇宙体系的重要组成部分。二人反复讨论后，郭嵩焘还是觉得"其说甚奇"。

---

① 郭嵩焘：《郭嵩焘全集》第八册，梁小进主编，岳麓书社2012年版，第25页。
② 韩琦、邓亮：《科学新知在东南亚和中国沿海城市的传播——以嘉庆至咸丰年间天王星知识的介绍为例》，《自然辩证法通讯》2016年第6期，第61页。

　　19世纪中叶，包括江浙沪在内的沿海港口成为知识交流的主要场所。传教士所办的刊物或通书，如《平安通书》《华洋和合通书》《遐迩贯珍》等，对地圆说和日心说等常识，以及西方天文学的新进展乃至天文学史都有介绍。[①] 邵懿辰是彼时江浙有名的藏书家，他很可能正是阅读了上述"西洋书"，才别有兴致地与郭嵩焘讨论起天文学的。

　　从中西宇宙观念的基点——地圆说而论，二人"颇以为疑""其说甚奇"的感受，同当时知识界主流观点是一致的，初为明末利玛窦等将地圆学说不同程度地介绍到中国，当时"骤闻而骇之者甚众"[②]，后除徐光启、李之藻等少数人外，对其"诞之莫信"[③]；直至鸦片战争后传统观念才开始慢慢转变，19世纪70年代中期李圭曾说"地形如球，环日而行，……我中华明此理者固不乏人，而不信是说者十常八九"[④]。郭氏在接受整个西方宇宙图景时首先要明确的，即是宇宙中各个星体都与地球为同等独立的球形天体，既不是北宋张载的天地两球相套，也不是盖天说所论天圆如张盖地方如棋局的样子，从而在自己的宇宙观中建立起地圆说的认识基础。走出国门对传统思想的转变起到了决定性的作用，郭嵩焘虽然没有直言自己在认识上发生过根本性的转变，但在当时访洋的其他人日记中，还是可以找到大致相同的记载。光绪二年（1876年）李圭出使美国，他在日记中说：自己最初对地圆说"亦颇疑之。今奉差出洋，得环球而游焉，乃信。"[⑤] 郭氏的继任者薛福成在其出使日记中亦写道："天圆而地方，天动而地静，此中国圣人之旧说也。今自西人入中国，而人始知地球之圆。凡乘轮舟浮海，不满七十日即可绕地球一周，其形之圆也，不待言矣"[⑥]。

　　哥白尼地动说对于中国传统知识分子可找到的理解基础是"地圆

①　韩琦、邓亮：《科学新知在东南亚和中国沿海城市的传播——以嘉庆至咸丰年间天王星知识的介绍为例》，《自然辩证法通讯》2016年第6期，第60-67页。
②　永瑢、纪昀主编：《四库全书总目提要》，中华书局1965年版，第895页。
③　姚莹：《康輶纪行》第8卷，上海进步书局民国版，第1页。
④　李圭：《环游地球新录》，湖南人民出版社1982年版，第312页。
⑤　李圭：《环游地球新录》，湖南人民出版社1982年版，第312页。
⑥　薛福成：《出使英法义比四国日记》，钟叔河主编，岳麓书社1985年版，第499页。

说"，中国古代自然哲学思想中还有"地转"思想和"地游"思想，可以对应西方天文学中自转运动和公转运动相比拟，但无论是地转思想还是地游思想，均未能引起人们的注意，天运地处的地心说占据了思想界的主导位置。这段咸丰年间，郭嵩焘最早议论西方天文学的记述——邵懿辰讲的西洋蒋某献议一事，是对蒋友仁言日心地动说的看法。蒋友仁详细介绍说：

> 歌白尼置太阳于宇宙中心。太阳最近者水星，次金星，次地、次火星，次木星，次土星。太阴之本轮绕地球。土星旁有五小星绕之，木星旁有四小星绕之，各有本轮，绕本星而行。距斯诸轮最远者，乃为恒星天，常静不动。按歌白尼叙诸曜之次，盖本于尼色达之论，而歌白尼特阐明之。继之者有刻白尔、奈端、噶西尼、辣喀尔、肋莫尼，皆主其说。今西士精求天文者，并以歌白尼所论序次，推算诸曜之运动。歌白尼论诸曜，以太阳静、地球动为主。人初闻此论，辄惊为异说，盖止恃目证之故。今以理明之。如人自地视太阳、太阴，谓其两径相等，而大不过五六寸。若以法推，则知太阳之径，百倍大于地球之径，而太阴之径，止为地球径四分之一也。人自地视太阳，似太阳动而地球静，今设地球动太阳静，于推算既密合，而于理亦属无碍。[①]

这次谈话中，郭嵩焘对日心地动说"颇以为疑"，邵懿辰则视其为古已有之的思想，认为"《易》所谓承天而时行也。张子正蒙已主此说"。郭嵩焘出洋之行是对地圆说、地动说的见证，1876 年张德彝随郭嵩焘出使途中，也在日记中写道："按《尚书·考灵曜》云：'地常动不止，而人不知，譬如人在大舟闭牖而坐，舟行而人不觉。'是华人早有先见也。当日彝在舱中，闭目静坐，惟闻机器丁东，不见海水北流，又

---

① 阮元：《畴人传》，商务印书馆 1955 年版，蒋友仁传。

焉知船向南渡耶?"① 张德彝同是以固有思想揭示，同时也说明出使亲历者已经逐渐接受了日心地动学说。郭氏至西方，如实记录"日居中，五星与地环绕之……"这些由西方数理描绘出的宇宙体系，又特别记录西方妄以数学计算寻测"火神星"这一时下最重要的天文事件，指出西方寻测新星"以数理而得之"。

随郭嵩焘一同出使或随后出使的国人不仅普遍接受了日心地动说，对于西方宇宙图景也有了更多了解。郭氏的随使黎庶昌，"素未习天文家言"，在参观伦敦格林尼治天文台，并对金星、木星、土星等行星进行亲自观察后，于《西洋杂志》中专写《谈天汇志》一节，系统论述了太阳及太阳系的八大行星。② 这些宇宙图景，郭嵩焘在出洋后，也能自由论述。咸丰六年（1856年）郭氏认为"其说甚奇"，"奇"或指星体依次环绕运行、各成体系，或指邵懿辰用佛教典籍中的记载比附西方宇宙学说。在晚清传统宇宙观转变中，人们常喜欢用佛教中的有关思想来比附，早年邵懿辰向郭嵩焘介绍哥白尼日心地动说和西方宇宙体系时，正是用了这种方法。《华严经》"如来出现品"说："地轮依水轮，水轮依风轮，风轮依虚空，虚空无所依，而能令三千大千世界安住。"③ 邵懿辰称"地球"为"地轮"，西方人说地为球，佛教说地为轮，其形皆为"圆"，西之地圆说含藏其中；释迦牟尼曾向弟子说过的我与你们谈话之间，不知道有多少世界成，多少世界毁。邵懿辰言"惟佛先见及此，所以有大千世界之论。经星各自为一世界"，以此来说明宇宙由无数个恒星系组成的西方宇宙观。郭氏后继薛福成亦认为佛教所说的一世界，就

---

① 张德彝:《随使英俄记》，钟叔河主编，岳麓书社 2008 年版，第 285 页。
② 郭双林:《西潮激荡下的晚清地理学》，北京大学出版社 2005 年版，第 210 页。
③ 孙宝瑄:《忘山庐日记》上册，上海古籍出版社 1983 年版，第 185 页。

是一地球。[①]与同时代宇宙观念逐渐发生转变的人相比，郭嵩焘的记载没有掺杂更多的主观臆断，如用中国传统自然哲学中的有关思想、用佛教中的有关思想，来比附近代西方在实证基础上形成的宇宙观念，以自我蒙蔽寻求心理平衡，从而接受西学。郭氏接受西学的过程中，大多时候还是就西学而论西学的，很少同时人一般，溯至中国古代典籍，寻找有力证据，无论是地圆还是地动思想，一概认为中国古已有之。

　　值得注意的是，面对实在直观的地月性征和宇宙体系结构问题，郭嵩焘的记载实在详细，而在关于宇宙因何而运动周而复始这样抽象且不易理解的问题上，郭氏还是要回到中国传统形而上的径路上寻求答案，"气"成为理解"力"最好的置换。在中国传统观念逐渐向西方宇宙观转变过程中，"亲眼实见"对郭嵩焘认识观念的转变，起到了正面促进作用，且最大地排除了传统文化的干扰。这其中不存在中西思想融合中谁影响谁的探讨，表明郭嵩焘对中国和西方，两种截然不同的文明传统的独立性，有着深刻的认识。郭氏关于"夷夏之辨"的独特论点，也是由此认识基础出发的，他认为"三代以前，独中国有教化耳，故有要服、荒服之名，一皆远之于中国而名曰夷狄。自汉以来，中国教化日益微灭，而政教风俗，欧洲各国乃独擅其胜"[②]，亦可以例证郭氏独到于时人，能够超越于自己文明荣辱的心理狭隘，而就文明与国家发展的利弊，来辨析中西两种文明孰优孰劣。然而，对于"力"那样不能亲眼所见的抽象概念和知识而言，像郭氏这样的传统知识分子，要理解还是会回到自己的知识根基，在传统"形而上"的领域中寻求解释。

---

① 薛福成：《出使英法义比四国日记》，岳麓书社 1985 年版，第 497 页。薛福成还根据西人所言，并参以己之"臆见"，探讨了地球的成因和未来发展趋势。他说，一个太阳的吸引力就能统摄群星，而各行星的体积，有大于地球十倍百倍千倍者，有小于地球十分百分千分者。不同的太阳的体积也应该有所不同，太阳愈大，则所吸引的行星愈多。太阳本身似系纯火，亘古不熄。而太空中彗星行星常有被吸入太阳者，太阳得此，有如火之添薪。释迦牟尼曾对弟子说过，我与你们谈话之间，不知道有多少世界成，多少世界毁。参见郭双林：《西潮激荡下的晚清地理学》，北京大学出版社 2005 年版，第 210 页。
② 郭嵩焘：《郭嵩焘全集》第十册，梁小进主编，岳麓书社 2012 年版，第 420 页。

当郭嵩焘身处西方融入寻找"火神星"的热情中，他所称赞的是西人运用数学计算探索自然和促进社会发展的行动，却没有认识到西方利用数学以及数字逻辑解释事物的抽象性和精确性，才是中西两种文明不同的差别之处。这点与郭嵩焘能够接受客观实在的宇宙图像，而不能正确理解天体运行的维系——万有引力的存在及其应用，同出一辙。换言之，他能够理解甚至提倡追求精益求精、客观实在的行为方式，却不明了西方人为实现这种精神追求采用的关键方法——使用抽象的数学语言处理和分析数据探索和改造自然。

在尚未有人亲历欧美获得具象感受的年月里，知西学，自然要从认识代表西学的那些名词、术语和概念入手，这些在士大夫间口口相传的事物，或极少来自国人撰写、译编介绍西方世界的文字，起初相对来说都是抽象的符号。天朝强国的自我形象和自我文化定位的优越感很快就找到了消解或包容这些作为抽象符号的西方新知的方式，把西方科技文明直接定义为奇淫巧技、雕虫小技。郭嵩焘未踏上西土时，也未见发表过"鄙夷"之见，只是悄悄说"其说甚奇"；当郭氏真实地在西方世界体验迥异于传统社会的物质文明时，他过去不敢轻信的抽象符号，瞬间转变为具象体验，便使他形成对西方世界更深刻、客观的认识态度：

> （光绪二年十一月）十八日。西洋立国二千年，政教修明，具有本末；与辽、金崛起一时，倏胜倏衰，情形绝异。[1]

上述这种直接置身文明腹地，具象式的、可感式的文化传播方式，观者本体文化不再具有消解抽象知识符号的绝对力量，具象体验为观者呈现出一个更客观的西方世界。

---

[1] 郭嵩焘：《郭嵩焘全集》第十册，梁小进主编，岳麓书社 2012 年版，第 116 页。

第四章 光谱实验——传统思维方式裹挟

随着近代西方科学的发展，观察和实验的科学方法逐步成为科学研究和认识客观事物的基本方法，规律意识和理性精神成为西方科学世界观的核心。在这种科学精神和信念的支持下，运用材料收集、整理，利用实验论证研究，取得的 19 世纪自然科学成就，深刻揭示证明了自然界普遍联系、相互作用的思想。19 世纪，天文学家把光谱学用于天文观测研究，从一个侧面有力地揭示了自然界的普遍联系。西人将这一引以为傲的天体研究方法——化学成分的光谱学分析法，用实验演示的方式，展示给中国客人。

郭嵩焘日记中对光谱学知识的记述，是中国传统知识分子接受和学习近代光学知识的最早尝试之一，是近代光学成就传播的留影。本部分首先以郭嵩焘接触光谱学的相关记述内容（从光的色散实验到光谱分析实验）作为案例和线索，考证郭氏所见，分析他从初识到全面了解光谱学的渐进接受过程，进而讨论中国传统自然哲学和光学思想在国人接受和学习近代西方光学知识时产生的阻碍和影响。

第一节 论述化学成分的光谱学分析方法

光绪四年正月廿四日（1878 年 2 月 25 日），郭嵩焘在日记中对西方近代以来化学元素的发现和"门捷列夫周期律"假说的发现做了很长的讨论：

  （光绪四年正月）廿四日。西洋治化学者推求天下万物，皆杂各种气质以成。其独自成气质凡六十四种，中间为气者三：曰养气，曰轻气，曰炭气。气亦有质，可以测其轻重。其余多系五金之属。以金质可使凝，可使流，可使化而为气，而其本质终在。西洋于此析分品目甚备。数十年前，英人有纽伦斯，推求六十四品中应尚有一种，而后其数始备。至一千八百七十一年，日尔曼人曼的勒莱始著书详言之，谓合各种金质，辨其轻重，校其刚柔坚脆，中间实微有旷缺，应更有一种相为承续。至是法人洼布得隆又试出一种金，在化学六十四品之外，名曰嘎里恩摩〔Gallium，镓〕，其质在锡与黑铅之间。其试法亦用英人罗尔曼洛布尔斯光气之法：凑合五金之质，加之火而以镜引其光，凡有本质不能化者，必得黑光一道；杂六十四品试之，则得黑光若干道。又于其光之左右疏密，以辨知其为何品。制三角玻璃镜测日星之光，即知其中所产凡得若干品。罗尔曼洛布尔斯，近年英国治光学尤精者也。洼布得隆所至采五金土锻之，区分其种类，于其中得嘎里恩摩一种。试之有异，乃悉取铅、锡二种金，权度比较，杂合烧之。其光分析，各道疏密适相备也，于是乃增化学之言本质者为六十五品。[①]

  从中可见三处要点：一是万物由化学元素组成，至 1878 年止共发现 65 种，化学元素具有固态、液态、气态三种状态，且可以相互转化；二是近几十年来西方对元素周期律的研究和镓的发现对"门捷列夫元素周期律"假说的证实；三是以光谱法寻找未知元素。

  很明显，郭嵩焘这段关于化学元素发现的议论，在结构上逻辑清晰，依循"确立假说到证实假说"的思路展开，并详述了光谱实验方法。吴以义在《海客述奇》中认为，在这则"谈论化学最新进展的日记

---

① 郭嵩焘：《郭嵩焘全集》第十册，梁小进主编，岳麓书社 2012 年版，第 412-413 页。

里，郭氏表现了和以前所记确实迥异的态度"[1]。继而，郭氏又记录了一段有关从理论出发发现新星的文字。两段记述合起来看，可见郭氏明了了一种科学方法的真谛，即先从已知的事实出发，做一个符合于事实而又能用数学表达的解释或理论，进而与观测或实验得来的事实比较是否符合，从而得到可证实的结论。郭氏悟及真谛的缘由并未写明，但笔者认为其中有三种可能的因素：一为前日（1878 年 2 月 23 日）郭氏与造访曼彻斯特归来的李凤苞和罗稷臣畅谈游历见闻，他们可能谈及此事；二为吴以义给出的一种假设，消息来自罗尔曼洛布尔斯；三为郭氏的消息来源于英文报纸[2]，那么郭氏转述报道，有理有据、触类旁通也是合理的。

从 19 世纪 50 年代起，是光谱学大发展的时期，1859 年基希霍夫（G. R. Kirchhoff，1824~1887）确立了太阳谱线和火焰谱线两者明暗谱线间的对照关系后，光谱学更是引起了化学家的高度重视，因为这种光学研究提供了一种化学分析方法，还激发了人们对化学元素性质的推测，以及寻找新化学元素的热情，同时对太阳光谱的解释也使人们可以在地上探寻天上的物质组成。文中"英人罗尔曼洛布尔斯"，即英国光谱天文学家洛克耶，1869 年他创办了英国著名的杂志《自然》，1866~1897 年间他在科学期刊上发表太阳光谱学方向的研究论文百余篇，是这个领域公认的专家。

1875 年法国化学家布瓦博德朗（L. de Boisbaudran，1838~1912），在闪锌矿中离析出几克性质与门捷列夫（Mendeleev，1834~1907）预言的"类铝"相同的元素——镓。镓是化学史上第一个首先通过理论预言，然后在自然界中被发现验证的化学元素。[3] 布瓦博德朗因此获得英国皇家科学院授予的戴维奖章。郭嵩焘认为镓的发现采用的光谱分析法

---

① 　吴以义：《海客述奇》，上海科学普及出版社 2004 年版，第 101 页。

② 　郭嵩焘对报纸"考知时要"的作用特别看重。由此可以假定郭嵩焘富于逻辑的讨论来自对新闻报道的转述。

③ 　G. D. Liveing & J. Dewar , "On the Reversal of the Lines of Metallic Vapours"，*Proceedings of the Royal Society of London*, Vol.27, No.187 (May 1878) , p.353.

出自洛克耶，称"罗尔曼洛布尔斯，近年英国治光学尤精者也"。从郭氏描述的过程来看，"罗尔曼洛布尔斯光气之法"实际指的是吸收光谱分析法，讲测得本质者得"黑光一道"，即为吸收光谱上的暗线。而后讲到"制三角玻璃镜测日星之光，即知其中所产凡得若干品"，可见郭氏讲的是洛克耶一直从事的太阳的吸收光谱研究。但是，这段解释中恰恰暴露了郭氏无系统性的知识结构。实际上，镓的发现是采用基希霍夫发射光谱分析法得出的。在布瓦博德朗发现镓的经过中这样写道：

> 这种矿石可以在氯化物和硫的溶液中从金属锌中沉淀分离出来，……将矿石浓缩在几滴氯化锌中，在电火花中显示光谱，是一条窄而易见的紫色明线。[1]

显然，布瓦博德朗寻找的是一条新的发射光谱。另则，镓在铝、铟之间，而非郭氏描述的铅、锡之间。

那么，郭嵩焘来西一年后，为什么能够客观描述出"利用光谱分析发现新元素、证实元素周期律假说"这一复杂的论证过程？为什么郭氏熟悉光谱分析法，又误插入了太阳吸收光谱的概念，并冠以洛克耶之名呢？吴以义又为什么认为假定这一段的消息来源为罗氏也不太离谱呢？

简单直观来看，郭嵩焘在日记中不止一次提到洛克耶，日记中的音译名另有"罗克尔""罗尔门路喀尔""乐颉尔"。就在上述郭氏议论西方近代化学元素及"门捷列夫周期律"假说发现的几日前，即光绪四年正月十二日（1878 年 2 月 13 日），郭嵩焘应斯博得斯武得邀请，观看了洛克耶的光谱实验：

> （光绪四年正月）十二日。斯博得斯武得邀茶会，云所邀皆英

---

[1] Paul Émile Lecoq de Boisbaudran, "Mémoires Présentés", *Comptes Rendus Hebdomadaires des Séances de l'Académie des Sciences*, Vol.81, No.12 (September 1875), pp.493-495.Paul Émile Lecoq de Boisbaudran "On the Spectrum of Gallium", *American Chemist*,Vol.6, (February 1876), p.299.

国博学有名者。定得、罗尔门路喀尔以天文称。罗尔门路喀尔以光学测天星，制一镜窥火而辨其光气，如着盐即知火中有盐质，着五金之属即知火中有金质。因是以窥星，知某星铁产若干，铜产若干，铅产若干，皆能辨其光气而测之。[①]

这是使用三棱镜观察钠和其他金属的明线光谱实验，后半句则描述了凭借这种光谱分析的方法，可以获知天体的化学成分构成。尽管郭氏了解到这种凭借化学分析测定天体元素构成的方法，但他后来混淆了发射光谱与吸收光谱的概念，这说明郭氏并不知道光谱分析法得以在天文学中发挥作用的关键之处——西方科学家发现了太阳谱线和火焰谱线两者明暗谱线间的对应关系。这就不难推想，在"镓"的发现实验中，郭氏为什么提及"罗尔曼洛布尔斯光气之法"了。郭氏把短时间内获得的知识串联起来，努力以西方科学发现归纳与演绎的方法，梳理事件的来龙去脉，并提出自己的观点。

四个月后，即五月初四日（1878年6月4日），洛克耶再次为郭氏演示光谱实验：

（光绪四年五月）初四日。赴世爵赫萨里音乐会、乐颉尔茶会、马克类兰得跳舞会。以在乐颉尔处看光学过晚，不复能往马克类处。西人测光用三角玻璃，析光为三色：红、绿、蓝。嵌小三角琉〔玻〕璃于铜管中，映灯照之，三色适匀。别用小玻璃管贮药水其中，阑之灯前，有食绿光者则绿色隐，食红光者则红色隐。其制药水皆用化学。用白水照之，则见黑丝两道。乐颉尔云：水中自有黑丝，微渺不可见，映灯乃见耳。又以透孔铜匙盛盐，灯上烧之，则三角玻璃上见黄线一道。杂引他物烧之，则色时变。询之，皆五金之属研为末：曰贝尔里恩〔Beryllium，铍〕，曰斯得圈西恩〔Strontium，锶〕，并作黑色。曰卡尔西恩〔Calcium，钙〕，

---

① 郭嵩焘：《郭嵩焘全集》第十册，梁小进主编，岳麓书社2012年版，第400页。

白色，杂炭气而成石灰者也，盐中亦杂此质。曰琐的恩〔Sodium，钠〕。又以稍长铜管嵌三角玻璃，而其管端作斜曲势收光，影镜反照之，从三角玻璃内映出案头陈设，皆具五色。案设各图，有画月中山势者，为纽洼尔；有画半月形者，为色尔苇尔得〔旁注：其子亦同与茶会〕。乐颉尔亦自照日中各线图，云：以三角玻璃照出五金异色，即可测日星中所有。近测日中诸物皆备，惟无养气。问何故，曰：想系面有薄壳，纳养气其中。诸星之属，由日中养气并出结成，是以养气无有存者。又云：日中现黑点则天下熟〔热〕，点多则雨多。此二年印度、中国大旱，日中黑点退尽。前四十三年亦有此征。逆数之，则乙未年也，中国南方实旱。是二说者，予亦未敢深信云。①

这是郭嵩焘在英国最后一次观看光谱实验，较之上一次，郭氏对实验过程的记录更加清晰具体。先记一段发光的色散与吸收实验，并指出主要器材为三棱镜（图4.1）；其后又是一段铍、锶等稀有金属的发射谱线实验，为郭氏揭示出各种金属物质所对应的谱线颜色各异。其后洛克耶又用亲手绘制的太阳光谱图，向郭嵩焘介绍太阳的化学成分（图4.2），并告知郭氏日中无氧元素，且太阳黑子的活动

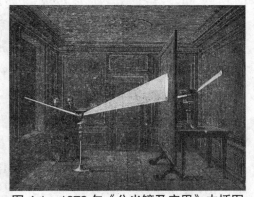

图4.1 1873年《分光镜及应用》中插图

资料来源：J. N. Lockyer, *On the Spectroscope and Its Applications*, London: Macmillan & Co., 1873, p.11. 原注 "通过三棱镜光的色散，单色光谱不可再分"。

与气温变化有着密切的关系。然而，郭氏 "未敢深信"。

_____

① 郭嵩焘：《郭嵩焘全集》第十册，梁小进主编，岳麓书社2012年版，第509-510页。

图 4.2　1871 年洛克耶绘制的发射和吸收光谱

资料来源：J. N. Lockyer, *Elementary Lessons in Astronomy*, London: Macmillan & Co., 1871.

　　太阳上是否有氧元素和太阳黑子的研究，正是 19 世纪 70 年代末洛克耶及其他光谱学家、天文学家最感兴趣的议题之一。1877 年，德雷伯（Henry Draper，1837~1882）在美国《美国哲学学会会议录》（*Proceedings of the American Philosophical Society*）上发表《利用摄影技术发现太阳中的氧，以及太阳光谱的新理论》（*Discovery of Oxygen in the Sun by Photography, and a New Theory of the Solar Spectrum*）一文，提出在太阳的叠加光谱中发现代表氧存在的明线，并认为学界应改变已有的太阳光谱理论，不再仅仅把它作为一个高温金属蒸汽层的连续吸收光谱，同时它也是一个连续光谱背景下的明线光谱，如此找到了一种发现其他非金属的方法[1]（图 4.3）。对于太阳中有氧元素存在的证据，洛克耶持一种中立并极为关注的态度，他认为德雷伯的研究是在科学严谨的范围内完成的，尽管这个明线光谱的证据显示了一种"巧合"，但在论证方法上，正如获得其他元素存在一样充分，现在需要的是认为"巧合"的人提出反证。[2]

---

[1]　H. Draper, "Discovery of Oxygen in the Sun by Photography, and a New Theory of the Solar Spectrum", *Proceedings of the American Philosophical Society*, Vol.17, No.100 (August 1877), p.74.

[2]　J. N. Lockyer, "Draper's Researches on Oxygen in the Sun", *Popular Science Monthly*. Vol.15, No.9 (September 1879), p.716.

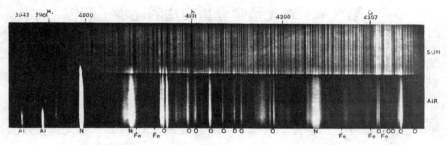

DISCOVERY OF OXYGEN IN THE SUN BY PHOTOGRAPHY, BY PROFESSOR HENRY DRAPER. M. D. 1876.

The upper part of the photograph is the spectrum of the Sun, the lower part is the spectrum of the Oxygen and Nitrogen of Air.　The letters and figures on the margin are printed with type on the negative; with this exception the photograph is absolutely free from hand work or retouching.　O. indicates Oxygen, N. Nitrogen, Fe. Iron, Al. Aluminium.　The figures above the Sun's spectrum are wave-lengths; G. h, H., are prominent Solar lines at the violet end of the spectrum.　The principal point to examine is the coincidence of the bright Oxygen lines with bright lines in the Solar spectrum.　The picture is printed from Draper's original negative by Bierstadt's Albertype process.

图 4.3　太阳光谱照片中氧的发现，亨利·德雷伯，1876

资料来源: Henry Draper, "Discovery of Oxygen in the Sun by Photography, and a New Theory of the Solar Spectrum", *Journal of the Franklin Institute*, Vol.104, No.2, (August 1877), p. 84.

　　郭嵩焘对此两种理论不敢深信的反应，表明了郭氏无法把密切相关的知识排比贯通，但这也不仅仅出于他对"非直观的理论推理和推论"缺乏敏感的单方面原因。就太阳上是否存在氧元素这个议题来看，洛克耶对太阳中无氧的解释并不充分，甚至不能算是一个严谨的假说，并且上述史实已经表明，这一假说在 1877~1879 年间仍有很多争议。洛克耶对太阳中有氧存在的"巧合"证据，没有公开提出反对意见，也从反面表明他此时对"无氧"的信念亦不坚定。就太阳黑子与地球气候关系的议题，郭嵩焘的思维方向，陡然跳出了洛克耶给他设置的链条，他根据自己在日常生活中的观察举出反例，表面上看似与洛克耶要求对"有氧"证据提出反证一样，但实际上又回到了他的日常经验范畴内。

　　由上可见，郭嵩焘经过两年与英国科学家的不断接触，已经对光谱学特别是太阳光谱研究有一定的认识，此中洛克耶的从旁指点非常重要，光谱学实验的演示对郭氏接受西方科学、启发科学思维起到至关重要的作用。对比郭氏起初记述的那些不甚好懂的光学实验过程，他究竟学有几成便一目了然。

第二节　对光谱学分析方法的逐步了解

郭嵩焘最早接触到光谱学是在光绪三年二月初十日（1877 年 3 月 24 日）的皇家学会的茶会上：

> （光绪三年二月）初十日，斯博德斯武得邀看电气光，盖即用两电气线含炭精以发其光，用尖角玻璃照之，其光分五色。云凡白光中皆含五色。以五色灰聚而和之，其色皆白，以白能含诸色故也。以三尖角玻璃平当电气光，则光斜出，为平面出光，两面斜处有伸缩，其光随之以射出平面也。①

这时郭嵩焘初访英国，与前面相比，实验过程记述得含糊不清，下面引录翻译官张德彝的《随使英俄记》，有助于大致还原当日的演示，亦可见郭氏最初接触新知识时的状况。

> （光绪三年二月）初十日丙申　晴。未正，同马清臣、凤夔九随二星使乘车行三四里，赴司柏的斯伍家茶会。伊为英国名士，精于光学。乃与其师丁达，同请入内室演试之。夫光学者，所以明色之变也。其法四面遮闭黑暗，正面挂大白布一幅，对面立木架，上置高灯。射光于布，其光力与日光同，系以炭然火，置诸镜匣。炭小如指之一节，铜筒如小杯而圆。光之由筒照于白布者，其大数围如月。隔以方玻璃，犹一色也。以三棱玻璃映之，则光分五色，界画井井，如红、黄、白、蓝、黑，放红绸条于红色中，其色不变，移入绿光，则变为蓝；移入白光，则变为黄。又锲水晶使稍分厚薄，转诸镜匣中，则其光善于变色。烧水晶使之热，再浸以冷水亦变色；劲力以握玻璃亦变色，缓则无色。又以盐炼木爇火，则人面及五色之物皆蓝。以五色画一车轮而急转之，则第见其白。合五色

---

① 郭嵩焘：《郭嵩焘全集》第十册，梁小进主编，岳麓书社 2012 年版，第 156 页。

粉而匀之，亦变为白。[①]

斯博得斯武得演示了一系列光谱学实验。首先演示的是用三棱镜和光栅两种方法得到光谱，由炭精灯产生白色强光，通过"如小杯而圆"的导管和透镜，再通过三棱镜，白光被分解为五色映于远处的白屏上，即白光的连续光谱，用红绸带调色显示各部分为单色光；又用稍分厚薄的水晶，即水晶光栅做散射光谱实验。然而郭嵩焘仅仅记下了知识要点，实验过程则一笔带过；而后斯博得斯武得又演示了证明单色光可再复合为白光的实验，也没有被郭氏记录。这两个实验是牛顿光学研究中的一组实验，前者是牛顿关于色散的实验——1666 年，牛顿用一块三角玻璃棱镜试验了那有名的颜色现象[②]；而后面的两个小实验，一是车轮在一定速度的旋转下呈现白色，二是各种颜色粉末混合形成新的粉末，这些都是牛顿常用于说明颜色本质的实验。最后，"以盐炼木蓺火，则人面及五色之物皆蓝"，这则是斯博得斯武得演示铯的光谱实验，所谓的"盐"应当是"铯盐"，为的是向郭氏介绍如何利用光谱分析的方法发现新元素。郭嵩焘日记中亦无记述。

当郭嵩焘谈论"镓"的发现时，并没有提及一年前看过的"光的色散与复合实验"和"发现铯的光谱实验"。这一年多，他还在各处听闻过片段式的光谱知识，譬如光绪三年九月十二日（1877 年 10 月 18 日），他参观色尔莆尔敦电气厂时，陪同参赞格里给他讲过"电气亦本光，是以五色本光毕见，其功比日"[③]。因此，时至光绪四年（1878 年），对于日光分五色的概念郭氏已经烂熟于心。前后两年间内容详略迥然的记录，已经说明在郭氏的知识结构上有了很大提升，郭氏能在光绪四年富于逻辑性地讨论"镓的发现与元素周期律"也是他一两年间耳濡目染西方科学的结果。从斯博得斯武得的色散实验，到洛克耶为他讲解"光

---

① 张德彝：《随使英俄记》，钟叔河主编，岳麓书社 2008 年版，第 362 页。
② ［美］卡约里：《物理学史》，戴念祖译，广西师范大学出版社 2002 年版，第 68 页。
③ 郭嵩焘：《郭嵩焘全集》第十册，梁小进主编，岳麓书社 2012 年版，第 298 页。

学测天星"，当在谛拿娄^①处再见光谱照相术时，郭嵩焘便能贯之光谱研用之始末：

> （光绪四年五月）初九日。……自奈端知白光为五色合成，继起者探讨日精，乃知物质见火，所发之色各自不同。讲格致者，映成各质见火所发之色，号曰陆离图。按图辨影，即可因色以知物质。西人知二曜及经纬诸星体质，是用〔用是〕法也。^②

自牛顿发现太阳光谱后，光谱研究为人类认识自然打开一扇新的大门。19世纪，天文学家把光谱学用于天文观测研究，由此进一步获得宇宙天体的丰富信息^③，打破了法国实证论哲学创始人孔德（A. Comte, 1798~1857）"天体的化学成分是人类永远不能认识"的断言，结束了19世纪一个争论激烈的问题，即人们是否有可能知道星体的组成成分。西人将这些令他们引以为傲的天体研究方法——光谱分析法展示给中国客人，斯博得斯武得为郭嵩焘开示的英国皇家学会"会友单"中亦有英国天文学家、光谱学先驱威廉·哈金斯（W. Huggins, 1824~1910）的名字，"曰侯根斯，并工天文"^④；光绪三年三月十一日（1877年4月24日），郭氏于铿尔斯处见"测光气各图，黄者为铅，青者为铁，向日照之，知日中所产与地球略同，以与其气相应也"^⑤；后郭氏见东京《开成学校一览》，其中物理学考察设有"天体运行规律""天体光""大气中光线现象"等知识考点。^⑥

---

① 据郭嵩焘日记，其一具用反照法，谛拿娄所手制也，费至二千镑。谛拿娄以目力不给，不敢窥测天文，乃输之阿斯福天文堂。又记：谛拿娄见赠映月图，云曾设观象台，用映相法映月轮影于玻璃片，径九寸，转影纸上，拓大二尺许。后因目力减，其远镜仪移赠倭斯薾天文堂。（郭嵩焘：《郭嵩焘全集》第十册，梁小进主编，岳麓书社2012年版，第339、517页。）

② 郭嵩焘：《郭嵩焘全集》第十册，梁小进主编，岳麓书社2012年版，第518页。

③ 席泽宗：《人类认识世界的五个里程碑》，清华大学出版社2000年版，第114页。

④ 郭嵩焘：《郭嵩焘全集》第十册，梁小进主编，岳麓书社2012年版，第164页。

⑤ 郭嵩焘：《郭嵩焘全集》第十册，梁小进主编，岳麓书社2012年版，第181页。

⑥ 郭嵩焘：《郭嵩焘全集》第十册，梁小进主编，岳麓书社2012年版，第399页。

如果说西人起初演示的牛顿光的色散等实验，更多的用意是在为中国客人进一步介绍太阳光谱分析，做知识性的铺垫；那么他们更想告诉中国客人的是，光谱分析方法给天文学带来的革命性的进展；诚如郭嵩焘在多次见识后说道："西人知二曜及经纬诸星体质，是用〔用是〕法也。"[①]

第三节　无从质测的"气"论光学思想

中国传统光学思想以《墨经》八条，及宋代《梦溪笔谈》中沈括称为"格术"的数学方法解释成像机理为代表；《本草纲目》《天工开物》均有对光的色散现象的表述；明代方以智（1611~1671）在其《物理小识》中相当成功地以一种光的波动学说演绎、解释诸如发光、颜色、视觉、光肥影瘦、形象信息的弥散分布、海市蜃楼以及小孔成像等多种光学现象；[②]清代西学东渐中又有张福僖、郑复光、邹伯奇等接触了西方光学知识的思想家。清咸丰三年（1853年），张福僖与英国传教士艾约瑟合译《光论》，这是我国最早翻译的较为系统的西方光学著作[③]。书中自叙提到光谱中的暗线和明线："太阳光中有无数定界黑线，惟电气、油火、烧酒诸光但有明线，而无黑线"[④]。太阳光谱的暗线知识直至19世纪40年代才得到公认和较完满的解释，可暂认为1853年《光论》中相关内容是此知识在中国最早的公开介绍，但该书直至光绪二十一年（1895年）才收入《灵鹣阁丛书》得以出版。光绪十二年（1886年）艾约瑟所译《天文启蒙》，把就星云的本质用分光术加以研究的结果向中国读者介绍，这在欧洲也是很新的知识。此外在《格致总学启蒙》（1886）里有太阳活动同农业丰歉的关系、无线电通信中断与太阳黑子的关联现象。光绪二十四年（1898年）译撰的《西学略述》中描写了

---

① 郭嵩焘：《郭嵩焘全集》第十册，梁小进主编，岳麓书社2012年版，第518页。
② 杨小明、高策：《明清科技史料丛考》，中国社会科学出版社2008年版，第315页。
③ 王锦光、余善玲：《张福僖和〈光论〉》，《自然科学史研究》1984年第2期，第189页。
④ 张福僖：《中西度量权衡表/光论》，商务印书馆1936年版，自叙。

太阳和恒星的吸收光谱和化学组成。这些超出编历、天象观测和光现象传统的描述，体现了近代西方科学大综合的知识，总体来说至 19 世纪八九十年代才通过出版物在中国公开传播，而上文引述的郭嵩焘日记中 1877~1878 年的四次记载，可以说是中国人对现代化学成分分析方法——光谱学的早期认知。

郭嵩焘的光谱学认知起点也并非从零开始，就其记述中的译名来看，小部分直接音译英文，大部分则是使用徐寿在《化学鉴原》中创造的化学名词，如"养气""铅""锡"等。郭嵩焘与徐寿交好，光绪三年十月廿五日（1877 年 11 月 29 日）他在牛津大学天文台亲自做金星位相观测后，还回想到徐寿的相关论述，称"信不虚也"[①]；他的翻译官张德彝出身京师同文馆，李凤苞、罗稷臣粗通英文，马格里熟悉中西文化；郭氏还阅读了《大英国志》等概述西方文明发展的中文译著。这都说明在一定程度上，郭嵩焘完全具备学习和理解西方科学的基础和条件。

光本身是一种重要的自然现象，通过视觉感官可以获得周围环境信息的实用性使人类格外重视对光现象的研究。光学思想在中国古代诸多传统科学思想及文化中的发展异常突出，使得中国古代对光的基本性质形成了一定的认识。林清凉、戴念祖曾在关于"中国人在人类光学史的贡献"的阐述中，引用 1953 年爱因斯坦给友人信中的话，评价中国传统光学思想达到的高度：

> 西方科学的发展是以两个伟大的成就为基础，那就是：希腊哲学家发明的形式逻辑体系〔在欧几里得几何学中〕，以及通过系统的实验发现有可能找出因果关系〔在文艺复兴时期〕。在我看来，中国的贤者没有走上这两步，那是用不着惊奇的。令人惊奇的倒是这些发现〔在中国〕全都做出来了。[②]

---

① 郭嵩焘：《郭嵩焘全集》第十册，梁小进主编，岳麓书社 2012 年版，第 339 页。
② 〔德〕爱因斯坦：《爱因斯坦文集》第 1 卷，许良英、范岱年等编译，商务印书馆 1976 年版，第 574 页。

他们的话外之意是想借此说明，中国光学思想没有获得像西方近代光学那样长足的发展，是由于中国缺少西方科学体系中形式逻辑的体系和实验的系统方法。那么，在郭嵩焘对西方光谱学、光谱实验了解学习的过程中，中国古代光学思想如何作用于郭氏的思考认知？中国古代光学思想由显胜到明清时期逐渐被西方近代光学知识融合，再到一边倒式地西方化，中国没能自生出西方近代光学那样的成果，是否可以在郭嵩焘对光谱学的认知过程、思想变化中找到例证呢？

郭嵩焘日记中有一段英国汉学家德里论中国学问自古深远、西方推验"透光镜"原理的记述，可以用于解答以上问题。下面首先回答中国光学思想凝滞的原因，再在郭嵩焘观光谱实验的认知过程中寻找例证。

（光绪四年十二月）初六日。……德里学〔问〕汉学甚深，云研精于此二十三年矣，……又言：中国各种学问皆精，而苦后人不能推求。二十年前，法人精算学者推验春秋以前日食见之经传者无讹误，知中国习天文由来久远。近数十年来泰西研究光学，有得中国一古铜镜者，背为龙文，用光学照之，龙文毕见。疑铜质厚，何以能透光？求其故不可得，乃用化学化分，则铸龙之铜与余铜各为一种，盖先铸龙，而后熔镜铜纳之范中，以铜龙合之，磨淬使光，铜合而其本质自分，故各自为光。始悟中国自古时已通光学。①

"透光镜"是中国古人在光学制造方面的惊人成绩。最早由汉代人发明，唐代传入日本，被称为"魔镜"。西方光学家、物理学家对其透光机理的兴趣，从 1832 年起持续了百年。北宋沈括、元代吾邱衍和清代郑复光分别研究过透光镜的制造工艺及"透光"原理。郑复光关于透光镜的专著《镜镜诊痴》，初稿于道光十五年完成，即 1835 年。然而，仅在三年前，1832 年，欧洲才从日本知道透光镜，并按照日本说法称其为"魔镜"。19 世纪末 20 世纪初，西方各国的科学家也分别做

---

① 郭嵩焘：《郭嵩焘全集》第十册，梁小进主编，岳麓书社 2012 年版，第 688-689 页。

出过类似沈括或郑复光的机理解释，诺贝尔奖获得者威廉·布喇格（W. Bragg，1862~1942），于 1932 年发表《论中国"魔镜"》（*On Chinese Magic Mirrors*）一文，解答并结束了欧洲近百年的讨论，他提出的制作工艺和以水面比喻镜面反射的论点都和清时郑复光的解释完全一致。[①]

科学史学家李约瑟对透光镜在欧洲引起的反应做了如下总结性的论述。他写道：

> 总之，能反射出背面图形的具有不等曲率的镜子的第一次出现，一定是在五世纪前的某个时候作为经验中的一件奇事为人们所发现。我们也不能忽视，当时人们是在屏幕上研究镜面反射。沈括认为反射表面有"痕迹"，他给出了一个大体上正确的解释，尽管冷却速率不同不是其形成的原因。吾邱衍距离正确的解释较远些，虽然并不比布儒斯特（D. Brewster）更远。假如 11 世纪的技师们能知道在 1932 年威廉·布喇格爵士写下"魔镜"的确切解释之前，人们曾经历了长达一百年的研究，他们也许会感到很得意。他们所发现的现象，本质上就是长光程的放大作用。这也许是走向探索关于金属表面微细结构知识的第一步，如在复光束干涉量度学这样的精美发展中所显示的。[②]

郭嵩焘记述中的汉学家德里，直白地表述了他对中国学问在晚清停滞不前原因的见解——"中国各种学问皆精，而苦后人不能推求"，显然，那个时代包括郭嵩焘在内的大部分人，都或多或少有着这样的论调。关于中国传统光学思想未能走上近代西方光学道路这一问题，王锦光、洪震寰在《中国光学史》一书中这样回答：第一，中国传统光学思想的发展与生产生活实践密切相关，社会技术发展水平既有促进作用

---

① ［英］W. 布喇格：《光的世界》，陈岳生译，商务印书馆 1947 年版，第 43-44 页。
② ［英］李约瑟：《中国科学技术史 第四卷 物理学及相关技术 第一分册 物理学》，陆学善等译，科学出版社 2003 年版，第 92 页。

也有制约作用；第二，中国传统光学思想重视实验手段，但与西方相比，未能与数学相结合；第三，中国传统光学思想停留于现象的观察和记录上，缺少理论的总结和抽象，因而难以形成体系，量的分析尤其薄弱。[①] 陈绍金在《小孔成像在中国古代之研究》一文中，除提到与上述相仿的观点外，还指出第四点：尽管中国古代注重实验研究，但对实验仪器及实验材料的研究却极少关注，往往仅限于手头现存的器物（如房屋、蜡烛等），而没有为了实验研究而开发新的仪器及器材，所以局限性很大，降低了实验研究的水平。[②]

沈括认为"透光镜"是一体铸造而成，这个论断从开始就为后人研究提供了正确的道路，普林塞普（J. Prinsep，1799~1840）到 1832 年才关注到"魔镜"的神奇，其后西方人激烈争论了百年，而郑复光早早就作出了相似的解释和结论。德里所说的中国后人不够勤奋，只是个众人皆讲的原因。既然中国汉代人早已发明"透光镜"，沈括等后人却要不断"重建"，《墨经》八条以及宋代"天元术"等也都经历过类似的"重建"，这是由于所谓的中国朝代更替和战乱造成的吗？众所周知，欧洲中世纪也不乏文化毁损的事实。这看起来似乎是人类文明发展史上的共性问题，然而，中国传统科学思想的不断重建，则是中国古代哲学和思想演进的主要方式之一——不断地诠释经典。由于汉代以后，墨学衰微，《墨经》中的光学条文"辞古理奥，千载而下，索解无人"[③]，晚清考据实学蔚然成风，在"经世致用""西学中源"的思路下，陈澧、邹伯奇、郑复光等学者纷纷注意到《墨经》中的光学、力学思想，并重新阐发。唐玄之认为："清代郑复光虽广泛接受了西方光学的成就，但却完全采用中国古籍的表述方式，诸如不采用西方的符号与专业术语，不

---

① 王锦光、洪震寰：《中国光学史》，湖南教育出版社 1986 年版，第 4-6 页。
② 陈绍金：《小孔成像在中国古代之研究》，《汉中师范学院学报（自然科学版）》1996 年第 2 期，第 32 页。
③ 卢嘉锡、戴念祖：《中国科学技术史 物理学卷》，科学出版社 2001 年版，第 185 页。

采用西方的数学公式。"① 即中国传统学术思想把知识更新与古籍校注联系在了一起。用费孝通的话来说：在中国思想史中，"……自从定于一尊后，也就在注释的方式中求和社会的变动谋适应。注释的变动方式可以引起名实之间的极大分离。"② 因此，无论后世的思想多么具有创新性、立论多么具有挑战性，中国古代思想学说和立论总要建立在"引经据典"上，其目的是为其提供说服力和权威性。然而，近代启蒙主义者否定权威，认为权威是盲从和迷信的结果，③ 真正的权威是来自于根据数学方法和系统实验的理性判断。正如严复总结道："故缘物之论，为一时之奏札可，为一时之报章可，而以为科学所明之理必不可。科学所明者公例，公例必无时而不诚。"④ 郑复光正是利用了沈括的"镜面隐然有迹"说来解释镜面的"凹凸之迹"和镜面无迹则反光显著的，基本弄清了透光镜的工艺及"透光"原因。同时，历史上也提出了各种可以制成透光镜的技巧方法，宋代的《癸辛杂识》《云烟过眼录》、元代的《间居录》、清代的《铜仙传》《渊鉴类函》均有涉及。尽管郑复光很可能采用数学方法，从计算压力曲率、光程大小、光路角度等方面入手研究；实际上，却像李约瑟说的，时至清代，中国人又一次与物质粒子性质的发现擦肩而过。

西方自然科学方法倚重数学来分析自然现象、解决技术问题，那么就必须要求依据科学仪器量取数据，谨慎精密的观察、量度自然必不可少。在近代物理学中，科学家们普遍承认，借助仪器的观察才是精确、可靠的；感官往往是导致错误观察的原因。⑤ 百年来，西方得到的不仅仅是一条与郑复光"以水面比喻镜面反射"完全一致的主要论点，围绕这一论点还有很多细致而广泛的光学实验，例如越薄的部分在力的作用

① 唐玄之：《中国古代光学家（下）郑复光和邹伯奇》，《工科物理》1998 年第 2 期，第 45 页。
② 费孝通：《乡土中国》，上海人民出版社 2007 年版，第 74 页。
③ 王中江：《儒家经典诠释学的起源》，《学术月刊》2009 年第 7 期，第 31-39 页。
④ 严复译：《原富》上册，商务印书馆 1981 年版，第 11 页。
⑤ 赵敦华：《现代西方哲学新编》，北京大学出版社 2001 年版，第 307 页。

释放后反而由于反作用力更为凸出；磨镜中所用汞剂的含量配比；用加热方法使镜面凸显出背面图案，这引起了反射望远镜恒温控制研究的注意；此后又进行了背压力的实验；以及任何金属制成透光镜所需的条件设定实验等等。[①]沈括、郑复光等人也曾提出过一些观察实验的设想，如通过白屏观察光的传播和成像规律，讲究实验本来是中国古代光学的长处，遗憾的是始终未能发展成数学与实验相结合的研究方法，以致近代光学在中国古代光学的土壤中迟迟不见发育，最终由于西洋近代光学的引进而毕其功。[②]

需要注意的是，最终结束欧洲长久争论的威廉·布喇格，是 1915 年晶体结构理论研究方面的诺贝尔奖获得者。李约瑟亦从金属表面微粒和光粒子量度方向对"透光镜"原理做出解释。在西方科学思想中，无论是有形的金属，还是光一样无形的物质，都是由具备性质、可以质测量化的粒子组成的，这才是近代科学得以发展的基础所在。从光的本性来看，古希腊原子论哲学从物质角度解释光与人的视觉现象，认为物体每时每刻都产生本身影像，即产生薄薄的粒子层，而这些粒子会再现物体的形状和颜色。不论光被认为是从眼内发出的一种东西，还是外部进入眼内的东西，所有学派都同意在视觉过程中，物体是作为有机的整体而被看到的。[③]近代物理学借用古希腊哲学中的原子范畴来表示构成物质的最基本的粒子[④]，光由粒子构成自然也是主流观点之一。中国传统哲学思想认为气是天地万物始基，光不但生于气，而且本身就是一种气，《淮南子》中较早、较完整地表述了这两层意思：

---

① ［英］李约瑟：《中国科学技术史 第四卷 物理学及相关技术 第一分册 物理学》，陆学善等译，科学出版社 2003 年版，第 89-92 页。

② 闻人军：《中国物理学史的序幕——评中国光学史》，《物理》1986 年第 8 期，第 519-520 页。

③ ［美］理查德·S. 韦斯特福尔：《近代科学的建构 机械论与力学》，彭万华译，复旦大学出版社 2000 年版，第 51-52 页。

④ 曾振宇：《响应西方：中国古代哲学概念在"反向格义"中的重构与意义迷失——以严复气论为中心的讨论》，《文史哲》2009 年第 4 期，第 32-39 页。

　　　　夫无形者，物之大祖也。……其子为光，其孙为水。

　　　　天道曰圆，地道曰方。方者主幽，圆者主明。明者吐气者也，
　　是故火日外景；幽者含气者也，是故水日内景。[1]

　　时至明代方以智仍在继续阐发"光是气的表现"的观点。气虽然
是朴素唯物的概念，但气作为中国传统哲学中形而上的概念，不具有也
不涉及物质的实在形体，无法确定其大小、颜色及运动速度的物理性
质，无法像粒子一样赋予气可用于科学实验数据的具体实在。直到光绪
二十五年（1899 年），章太炎著《菌说》，将中国传统思想中的天地万
物生成之始基——气定义为"以太"，指出气的实质为阿屯（Atom）即
原子[2]，中西光学思想才得以会通。因此，中国传统光学思想指导下的
大量实验未能像西方科学实验那样诉诸量的讨论。追本溯源，这是由于
气的纯粹概念化，使光不再具有物质实体。

　　另一方面，中国古代光学实验中一直使用着简陋的实验器具和材
料，如白屏、蜡烛、铜镜、水盆、自然光源等。实际上，中国古代光学
实验中缺乏的不是实验仪器，而是需要借助实验仪器量取数据的动机。
如上所言，既然中国古代光学思想无法对光进行物理定性，气是万物始
基则为不证自明的真理。在没有假设或者预设的前提下，中国古代实验
的目的不是为检验假设而做，那么自然不需要具备可控性的精密仪器。

　　进而言之，机械论哲学下近代西方科学，用分子和原子的实体形
式、通过精确的数学描述方法，普遍联系起经验世界中的任何普通物
体，也由此把数学、物理、化学与光学深刻地联系起来，才有了上文中
近代光学的突破性成就——光谱学的诞生。光谱学在它各个发展阶段，
也许是物理学和化学所有实验技术中最有价值的一种。[3]

　　通过以上由郭嵩焘日记引发的，有关中国"魔镜"震惊西方世界

---

[1]　刘安：《淮南子》，岳麓书社 2015 年版，第 6、20 页。
[2]　章太炎：《章太炎政论选集》，中华书局 1977 年版，第 134 页。
[3]　［美］米勒：《邮票上的光谱学史》，戴孙周译，《光学实验室》2006 年第 1 期，第
　　11 页。

的探讨可知，归根结底中国古代光学思想受制于"传统"二字：一是中国古代不断地溯古释义、崇拜权威的研究方法，二是中国传统基于"气"的范畴的自然观。正如，近代科学在西方原子自然观的范畴内把天上、地下一切科学发现都统一起来一样，中国传统的"气"，也把天地万物乃至社会人事都包拢在它的概念之中。严复在《名学浅说》中说："有时所用之名之字，有虽欲求其定义，万万无从者。即如中国老儒先生之言气字，问人之何以病？曰邪气内侵。问国家之何以衰？曰元气不复。于贤人之生，则曰间气。见吾足忽肿，则曰湿气。他若厉气、淫气、正气、余气、鬼神者二气之良能，几于随物可知，今试问先生所云气者，究竟是何名物，可举似乎？吾知彼必茫然不知所对也。然则凡先生所一无所知者，皆谓之气而已。指物说理如是，与梦呓又何以异乎！"[1]"气"，作为中国传统自然观的始基，众多思想家认为它是逻辑结构中的最高概念，但是"气"本身却不具有统一的、确定的逻辑界定；相对而言，西方自然观的逻辑起点是实在的"原子"，具有质量、形状、颜色，甚至在时空中具有运动的速度、方式等。那么，"气"的合法性就会被质疑，中国传统自然哲学思想是在缺少"逻辑前提"的情况下被确立下来的。正如爱因斯坦所言，西方古代自然哲学思想之所以能向现代化形态转换，依赖于形式逻辑和实证方法（精神）两大文明杠杆，之于中国自然哲学的发展，不能归因于它"没有"这两大杠杆，不同文明发展各有其独特的轨迹。倘若比较中西各自的始基"气"与"原子"，即可凸显出中国思想结构上对概念和范畴的有意忽略，以保持形而上的权威性；因而对本身模糊、驳杂、游移的概念，只能万般训诂、理论，但无从实证。既然始基无质、无可测，自然不会生发所对应的"质测"方法。换言之，"气"作为中国传统自然哲学思想发展的路径统摄了一切，即是在"传统"指称下的中国没能发展出近代科学的原因。

---

① ［英］耶方斯原著：《名学浅说》，严复译述，商务印书馆 1981 年版，第 18 页。

第四节　郭嵩焘观光谱实验带来的例证

郭嵩焘多次接触近代光谱学、观看光谱实验，不仅熟悉光的色散与复合实验及其原理，终言"西人知二曜及经纬诸星体质，是用〔用是〕法也"[①]，说明他在一定程度上了解了19世纪自然科学进展和它深刻揭示的自然界普遍联系的思想。面对大量涌来的西学新知，郭嵩焘的认识和评价存在着三个内在相互联系的非刻意错误。尽管郭嵩焘能够从"西方有道"的角度，尽可能地减少自己对西学的主观判断，但要想一下子理解许多闻所未闻的异事，他心中对自然原本"真"的认识，必然能调动可资利用的部分，于是，在他的日记中出现了"气"的概念。笔者认为，西方与中国光学思想会形成发展落差，与他们对光的始基"原子"或"气"的认识有着直接关系。郭嵩焘能够一定程度地理解近代光学深入本性的研究，而他不自觉地用"光气"调整或重建了自己的传统认知方式。"光"和"气"相联系即是郭氏的非刻意错误之一。非刻意错误之二，即上文中提到的他混淆了太阳的吸收光谱与元素的发射光谱。非刻意错误之三，他尝言光分"五色"，而非他眼见为实的"七色"。由此，必须清醒地看到一个问题：郭嵩焘对西学"认可与回避"的认知态度是外在的、表面的，而他在理论框架、思维方式上与西学的分离，则是内在的、本质的。而且这种矛盾与分离，典型地印证了中国传统光学思想与近代光学的疏离，体现了传统自然哲学思想与西学精神的分离，及其在以郭嵩焘为代表的中国传统知识分子身上的掣肘。

郭嵩焘用"光气""电气"之类的名词来谈光和电，当谈到万有引力时，更是把它模糊地描述为"其气足以相摄"[②]。同治七年七月（1868年8月），志刚就曾在美国马萨诸塞州看过太阳光谱以及光谱上的吸收谱线：

（同治七年七月）初八日。……由镜窥之，则见日光之色如虹，黄、红、紫、绿之色，较然可分；各色中又各有乌丝界，匪夷所思矣。或日为两间光气之大本，凡四时之行，百物之生，无不秉其光气。然天行虽然不息，生物虽然不测，而轨度寒暑，千古不忒，飞潜动植，厥类维彰，是必有其变易中不易者。今目遇之而成色。此日光中所以有较然不紊之乌丝界欤。[①]

志刚当然不知道基希霍夫对吸收谱线的解释，但他很快调动了自己的理论框架，使用"气"生万物的原理解释这些匪夷所思的谱线。与志刚相比，郭嵩焘显然再一次用缄默保持了自己的睿智形象，然而"光气"一词暴露了郭氏大量准确的光谱实验记录背后的传统思绪。郭嵩焘毕竟是饱读中国传统经学的士大夫，他对"气"的认识源自船山哲学，认为"尽天地之间，无不是气，即无不是理也"[②]。同治元年四月十六日（1862 年 5 月 14 日），郭氏日记录："万物之交，必以其气相致也，必以其情相摄也，必以其物相求也。"[③]这是王夫之《诗广传》中对"气"与万物的论述，认为"气"是物质实体，而由"情""物"构成的"理"则为客观规律。郭氏归国后，光绪十二年九月初一日（1886 年 9 月 28 日），祭船山祠，郭氏开讲："天人感应之理，非有二物，只有一气。"[④]即使是在大量实地接触西方科学之后，郭氏还是坚持"天人合一""天人互渗"的天人比附思维定式。

郭嵩焘用"罗尔曼洛布尔光气之法"命名吸收光谱分析法，"光气"一词的描述意义，与吸收光谱分析法中光源通过温度较低的蒸汽这一实验操作颇为相近，这不是因为看见光源通过气体而作的命名，"光气"原本就是中国传统语言中的固有词汇，《易》中有言"非光则气，非气

①　志刚：《初使泰西记》，钟叔河主编，岳麓书社 1985 年版，第 288 页。
②　王夫之：《读四书大全说》卷十，载北京大学哲学系中国哲学史教研室编：《中国哲学史》第 2 卷，中华书局 1980 年版，第 198 页。
③　郭嵩焘：《郭嵩焘全集》第八册，梁小进主编，岳麓书社 2012 年版，第 526 页。
④　郭嵩焘：《郭嵩焘全集》第十二册，梁小进主编，岳麓书社 2012 年版，第 192 页。

则光，光气混一"①。"光气"作为固有的汉语词汇本身，连同"气"在中国传统自然哲学思想中的始基地位，对于郭氏来说，都会自然而然地被他使用。正中严复所说的"凡先生所一无所知者，皆谓之气而已"②。

那么，郭嵩焘把布瓦博德朗寻找的显示"镓"的发射光谱错认成吸收光谱，一则如上分析与洛克耶常常为他讲解太阳吸收光谱有关，或许郭嵩焘对光谱学的认识粗浅，唯知此种；二则也恰恰说明，郭氏对光谱学的认识，仍旧未脱"气"之窠臼。实际上，吸收光谱是冷且稀薄的气体中的原子对特定频率光吸收的特征谱线，发射光谱则是激发态的待测元素原子回到基态时发射的特征谱线，两种光谱分析法都是基于光的本性"原子"而言的，倘若郭嵩焘能在"原子"的基础上理解西方近代光学思想，也就不会混淆吸收光谱和发射光谱了。

在中西方不同文明的对话中，除去语言隔阂这一技术性的障碍，遇到无法对应的事物，无论是客观上无法通过同化去消化吸收，还是主观上采取谨慎的沉默，观者所内蕴的整个文化的思维模式、根深蒂固的定义规范，不仅是不易改变的，也是不易察觉的。再看郭嵩焘日记中的一些词句："五金土锻之""五金之属研为末""皆具五色""五金异色""光分五色""红、黄、白、蓝、黑""光中皆含五色""以五色灰聚而和之""五色画一车轮""五色粉而匀之""白光为五色合成"，西方将历经两千余年的研究，正确的七色光理论，一而再再而三地映现在中国士大夫的眼中，仍被偷换成中国承袭千年的五色五行相配属的概念。正是由于受五行五色观念强固势力的影响，使得中国古人对虹的颜色视而不见，或见而不论。这种情形世代必协相因，长达两千多年，妨碍了古人对虹等色散现象作精确地观察和具体描述。尽管中国古代由于缺乏光的折射知识而难于理解色散的机理，但凭古人长期的精细观察研究，当能得出"水滴映日、晶体承光皆成七色"的结论，进而也可认识到日光的

---

① 江国梁：《〈易〉学中的"光—气学说"简论》，《宗教学研究》1988年第Z1期，第47页。
② ［英］耶方斯原著：《名学浅说》，严复译述，商务印书馆1981年版，第18页。

七色性。①

　　传统文化思想在力倡西学的郭嵩焘身上，如"气""五色"般易现，他自己却察觉不到，也正是在这种意义上，笔者用郭氏对西方光谱学实验述而不作、亦陷传统窠臼，佐证了中国传统整体性、无形性的"气"，和"气"衍生的自然观，制约了中国古代光学思想的发展。

　　由"气"至深，终究是严复找到了中国传统自然哲学思想与西学精神的分离之处，他指出："科学入手，第一层工夫便是正名。"名正才能事成，"此正是科学紧要事业，不如此者，无科学也"。②中国远未走上近代科学的原因，是"气"的"逻辑前提"的缺失。中国学术中一个根深蒂固的问题，即概念的定义不清。而科学革命为起点的近代科学的第一要义，恰恰就是要明白地、无歧义地定义基本概念。③

　　明末清初，中国学术由宋明理学向清代实学初步转型，王夫之建立了以务实、重行为基本特征的哲学体系。郭嵩焘经世致用的实学思想亦是渊源于此。"六经责我开生面"的王夫之，一生都在实践"尽废古今虚妙之说而返之实"，曾称赞"西洋历家"的"远镜质测之法"是"西夷之可取者"。他认为：按照"远镜质测之法"，"西洋历家既能测知七曜远近之实"，相反称中国的"历家之言"为主观附会而来的"戏论"；"后世琐琐遁星命之流，辄为增加以饰其邪说，非治历之大经"；或者"以心取理，执理论天"。④郭嵩焘在使西前，同治五年十月（1866 年 11 月）编订《湘阴县志》时感言："予幸以修谱历诸山绘图，犹能得其形势，次第探索而得之。始知凡事一经阅历，皆能实有裨益也"⑤。郭氏晚年于光绪七年（1881 年）思贤讲舍祭船山开讲，曾说"推衍以致无穷，其要在先明理而已"⑥，这较之他青年时的"实测"思想更接近逻辑推

---

① 胡化凯：《五行说与中国古代对色散现象的认识》，《科学技术与辩证法》1994 年第 3 期，第 41 页。
② 彭漪涟：《中国近代逻辑思想史论》，上海人民出版社 1991 年版，第 37 页。
③ 吴以义：《海客述奇》，上海科学普及出版社 2004 年版，第 84 页。
④ 参见曾振宇：《中国气论哲学研究》，山东大学出版社 2001 年版，第 336 页。
⑤ 郭嵩焘：《郭嵩焘全集》第九册，梁小进主编，岳麓书社 2012 年版，第 244 页。
⑥ 郭嵩焘：《郭嵩焘全集》第十一册，梁小进主编，岳麓书社 2012 年版，第 365 页。

理。就爱因斯坦所说的"实证精神""形式逻辑"而言，随着以王夫之、郭嵩焘为代表的中国开明有识之士大量的耳濡目染西学，已然多少有所认识，亦如前文浅尝辄止论述的，中国古代光学思想实验需要量度、数学计算以及精准的实验仪器，才能突破瓶颈。在中国气论思想发展史上，严复首次从哲学与逻辑学的高度揭示出了"气"这个概念的"前逻辑"特质，这是一种自觉的、清醒的哲学认识。[1]与王夫之、郭嵩焘相比，严复真正寻到了催生近代科学"实证精神""形式逻辑"的力量根源，可谓是前无古人之论。郭嵩焘与严复对元素与气的关系做过几乎相同的描述：

> 〔郭嵩焘〕西洋治化学者推求天下万物，皆杂各种气质以成。其独自成气质凡六十四种，中间为气者三：曰养气，曰轻气，曰炭气。气亦有质，可以测其轻重。其余多系五金之属。以金质可使凝，可使流，可使化而为气，而其本质终在。西洋于此析分品目甚备。[2]
>
> 〔严复〕今夫气者，有质点有爱拒力之物也，其重可以称，其动可以觉。虽化学所列六十余品，至热度高时，皆可以化气。而今地球所常见者，不外淡轻养三物而已。他若空气水气炭酸亚摩尼亚，皆杂质也。[3]

可惜，郭嵩焘没能继续讨论下去，而严复继续从反方面批评说："今请与吾党约，嗣后谈理说事，再不得乱用气字，以祛障蔽，庶几物情有可通之……"[4]然后，在著作《〈庄子〉评语》中指明："今世科学

---

① 曾振宇：《响应西方：中国古代哲学概念在"反向格义"中的重构与意义迷失——以严复气论为中心的讨论》，《文史哲》2009年第4期，第32-39页。
② 郭嵩焘：《郭嵩焘全集》第十册，梁小进主编，岳麓书社2012年版，第412页。
③ ［英］耶方斯原著：《名学浅说》，严复译述，商务印书馆1981年版，第18页。
④ ［英］耶方斯原著：《名学浅说》，严复译述，商务印书馆1981年版，第19页。

家所谓一气常住，古所谓气，今所谓力也。"[①] 严复不仅一语道破"气"的滥用，又开辟了弥合中西方自然哲学（科学）思想的鸿沟，逐去气化万物的阴阳和合说，援近代科学理论入气，使"力"成为气本源的内在结构，试图把中国学术研究和气一同从闪烁其词中解脱出来，浸润上西学精神，从而自然地循着逻辑推理、实验度量前行。相比严复的自觉自解，郭嵩焘对西学的认识并没有超出时人。反而，笔者从他观西学光术的记录中，钩沉出了中国传统光学思想乃至中国自然哲学思想滞缓的缘由。

---

① ［英］赫胥黎原著：《天演论》，严复译述，中州古籍出版社 1998 年版，第 15 页。

第五章　金星凌日——天象盛宴在中西方

　　金星凌日在天文学观测史上具有重要的意义，它为 18~19 世纪的西方天文学家提供了测量地球与太阳间的距离精确值的宝贵机会。地球与太阳之间的距离精确值被称为度量太阳系大小的"天文单位"。在现代使用雷达进行天体测距前，天文学家不得不求助于三角视差法测量日地距离。1663 年，苏格兰天文学家格雷戈里（James Gregory，1638~1675）最早讨论通过观测凌日内行星获得太阳时差值的可能性[①]。1677 年，英国天文学家哈雷（Edmond Halley，1656~1742）提出借助金星过境和几何推算确定天文单位的方法[②]。不幸的是哈雷死于 1742 年，没能实施他多点观测行星凌日测量太阳距离的计划，但在 1761 年金星凌日之时，来自英国、丹麦、法国、德国、意大利、葡萄牙、俄罗斯、瑞典等国的至少 120 名观测员，分别在分布于不同地域的 62 个站点进行观测，除了在欧洲本土观测，天文学家还远征至加尔各答、开普敦、君士坦丁堡、纽芬兰、北京和西伯利亚等地球的两端，进行实地观测。[③] 从这些观测中，得到日地距离为 9500 万英里，十分接近现

---

①　James Gregory, *Optica Promota*, London: S. Thomson, 1663, pp.128-130.

②　Robert Hooke, *Lectiones Cutlerianae or a Collection of Lectures, Physical, Mechanical, Geographical and Astronomical*, London: John Martyn, 1679, pp.75-77.

③　Harry Woolf, *The Transits of Venus, a Study of Eighteenth-century Science*, Princeton: Princeton University Press, 1959, pp.134-140.

代 92,955,807.267 的数据。1769 年的金星凌日，全世界有 150 余位观测者，分别在 77 个不同的地点进行了观测，[①]进一步精确了日地距离值计算的精度。

到了 19 世纪，又有金星凌日天象奇观发生。1874 年就发生过一次金星凌日现象。纵观这次金星凌日事件，中外皆视为奇事要事，其引起的关注和影响似乎比以往要大得多，在不同地域、不同国家、不同种族和阶层人们的视域中，都呈现不同镜像和具有不同意义。郭嵩焘出使的 1877 年（光绪三年），距 1874 年（同治十三年）金星凌日奇景盛况至少已过三年，究其出使日记仍有三处记载，且从谈金星至观测意义的叙述逐级深入，但未见郭氏提及 1874 年金星凌日发生时的切身体会。郭嵩焘恰巧在此天象发生的 8 年周期内出使英法，本部分借由郭氏浅议，将西方世界与晚清中国官方和民间议论凌日的殊同勾连在一起，从金星凌日与郭嵩焘、天体观测与社会大众、阐释自然与国家利益三个维度逐层深入考察，可以看出，同一事件在不同世界迥异的反映，以及中国直观经验思维方式在遭遇西方逻辑推论思维方式时的融入之困。

第一节　郭嵩焘与 1874 年的金星凌日

下文以郭嵩焘所记 1874 年金星凌日天象奇观为例，映衬彼时中西天文学界、社会民众对此事件的反应，把郭氏出使英法与西人"谈天"的意义重置于当时中西文化冲突与交融的复杂历史环境中，进而阐释一般的知识分子如何看待那个时代的天象事件及天文研究。

1877 年 7 月 3 日（光绪三年五月廿三日），郭嵩焘在台长助理克立斯谛的陪同下，参观英国格林尼治天文台，由观象台行至天文台档案资料室，当时室中工作人员正在处理 1874 年金星凌日时取得的观测数据。郭氏对此记述道：

---

① 吕凌峰、石云里：《科学新闻与占星辨谬——1874 年金星凌日观测活动的中文记载》，《中国科技史杂志》2009 年第 1 期，第 140 页。

　　（光绪三年五月）廿三日。……别至一高楼，列巨案十余，则西历一千八百七十四年十二月初八日〔旁注：为同治十三年甲戌十月某日〕金星过日，此间至今推测未尽，所遣至中国及南北美利加、东至日本、南至澳大利洲，形状各别，皆为图说，盈数十巨册，所费已逾四万镑，尚须一二年工夫乃可毕事。其推法至八年后仍须一过日，此后则须逾百年之久。八年后当西历一千八百八十二年，惟北美利加一隅于金星入日度与出日度可以全见，余地惟能一见而已，并先为图志之。其天文馆尚书为爱约里，遣其幕府克立斯谛陪同指点。①

　　郭氏在这一天的日记中记述了所见所闻的情况：格林尼治天文台档案资料室中忙碌的数据整理工作，英国遣派天文学者至世界各地观测，累积数据巨册，耗资巨大；陪同参观的台长助理克立斯谛告知金星凌日周期规律，1882 年还会有一次金星凌日，而且只有美洲一隅可以看见凌日的全过程，"余地惟能一见而已"。

　　时隔数月，1877 年 11 月 29 日（光绪三年十月廿五日），郭嵩焘再次记录了他与英国天文学家关于金星话题的谈话：

　　（光绪三年十月）廿五日。里格言，歪斯占希洛尔在波里安书堂给已试举人冠服，兼考试秀才，约往一观后陪游各处。……次至阿布色尔法多里〔Observatory，观象台〕天文堂。其总管曰毕灼尔得，天文士之最著闻者。……其一具下置机器钟，上为圆屋，用机轮推转，其迟速并与各星行度相应。每测一星可至数日夜，更替审伺之。予问白日可以见星乎？曰：惟金星易见。乃属其司事寻审，久顷，走报曰：得之矣。急往窥之，正南见一半月，光色甚淡。金、水二星在地球环绕之内，距日为近，其光皆有圆缺，以行度远

---

① 郭嵩焘：《郭嵩焘全集》第十册，梁小进主编，岳麓书社 2012 年版，第 232 页。

而光小，不如月之易辨也。毕灼尔得求手记之以为信，乃书曰：某以西历十一月廿九日申初见金星大如半月，正当南。此行得见金星于日未西时。徐雪村所谓金星多随日，惟入日度则光伏，其旁照处，日间可以见之。信不虚也。六点钟回伦敦，计行四十二里，至地布角得换坐一车。①

此段为郭嵩焘应邀访问牛津大学并参观其天文台一事，这次访问由台长查尔斯·普里查德陪同。据吴以义分析，郭嵩焘当时所见是一具与天球同步的反射望远镜。查尔斯·普里查德在天文学上的研究方向，是用照相方法观测弱星，这架与天球同步的反射望远镜在弱星照相研究中具有成果性意义，实际上，查尔斯·普里查德是要向郭氏介绍牛津大学以及自己近期所做的"望远镜对弱星的照相研究"，而郭氏没有能理解"机械同步追踪"这一工作在科学上的意义，直接联想到是否能够亲自使用这架望远镜完成自己观星的心愿。

郭嵩焘在查尔斯·普里查德的帮助下，完成了对金星位相的观察。剖析这段记述，此时郭氏显然已经接受了西方日心说的宇宙体系。金星位相曾是哥白尼日心说所称的最重要的一个可以以观测直接验证的证据，1610年伽利略对这一位相的观测，曾经是哥白尼学说从被怀疑到普遍接受的转折点，现在这一观察再次表现了它强有力的说服力。② 郭嵩焘对宇宙图景的认知转变，有他认可的国内同仁徐寿讲解在先，又亲眼在日间观测到金星伏行，此转变通过直观经验引发，自然"信不虚也"。遗憾的是，郭氏从直观经验出发，从望远镜到观星再到凭借经验证实日心说，他的知识背景远未能够让他自发地由此联系到开普勒第三定律，测算金星与太阳的距离，体味金星凌日观测在天文学史上的意义。

郭嵩焘在西方居住一年有余，日记述及1769年库克（J. Cook，

---

① 郭嵩焘：《郭嵩焘全集》第十册，梁小进主编，岳麓书社2012年版，第335-339页。
② 吴以义：《海客述奇》，上海科学普及出版社2004年版，第59页。

1728~1779）带领英国探险队航行至塔希提岛（Tahiti，也称"大溪地"），通过观测金星凌日推算日地距离为 9600 万英里；近日又有天文学者，根据金星凌日测得数据推算日地距离数值接近 9200 万英里。郭嵩焘写道：

> （光绪四年正月）十一日。……新报载：……英国天文士巴里塞尔近又添测二星，而未及其详。前一百年，天文士喀布敦楂克曾因金星过度，测日轮距地球为里九十六兆。〔旁注：喀布敦楂克至太平洋阿怀希海岛，见番人掠人以食，因劝□畜食牛羊，给以牲畜，亲劝导之，而卒为番人所毙。〕近有斯多姆者，掌南非利加天文堂事，于此次金星过日细加推测，云在当〔当在〕九十一兆零六十万及九十二兆之间，距九十一兆六十万里为远，距九十二兆为近，以为相距九十六兆，则犹推测之误也。[①]

　　笔者根据郭氏所记查光绪四年正月十一日《新报》，即公历 1878 年 2 月 12 日《每日新闻》，并集前后数日，唯见郭氏所载"英国天文士巴里塞尔近又添测二星，而未及其详"的相关报道（图 5.1），未有金星凌日及推算日地距离方面的报道。[②] 郭嵩焘此处所谈，一种可能是从西方友人处听闻，一种可能是从其他报道中获知。1877 年，苏格兰天文学家大卫·吉尔（David Gill，1843~1914）在对金星凌日测算方法反思后，前往南非阿森松岛（Ascension）观测火星，即当火星接近地球时，利用它对背景恒星的视差运动来测量距离，推算日地距离在 9200 万英里范围内，不会超过这个数值。[③] 郭嵩焘无论通过何种途径接触到这段知识，他能将此与当日报纸中天文学界的一段报道一并录入日记，宏观方面说明郭氏日记所呈现的知识信息在一定程度上是经过他本人的理解

---

① 　郭嵩焘：《郭嵩焘全集》第十册，梁小进主编，岳麓书社 2012 年版，第 399-400 页。
② 　"New Planets"，*Daily News*, Feb 12th, 1878.
③ 　"The Planet Mars"，*The Leeds Mercury*, Apr 18th, 1877.

筛选组合过的；微观方面也可看到又经过半年多的生活经历，郭氏对"金星凌日"的认识已由直观的现象接收，转向逻辑推理意义的获取，即观测天象奇观背后的实际意义在于，人类对宇宙本真的渴求。

NEW PLANETS.—The Central News Agency has received the following from the Royal Observatory, Greenwich :—Mr. Palisser announces the discovery of two minor planets. One of the tenth magnitude on February 7th, in R. A. 10 hours 20 minutes, N.P.D. 77 degrees 15 minutes ; daily motion, 6 minutes north. The other of the twelfth magnitude, on February 8, in R. A. 9 hours 23 minutes, N.P.D. 77 degrees 37 minutes ; daily motion, 16 minutes, north.

图 5.1　格林尼治天文台新发现两星体

资料来源：*Daily News*, Feb 12th, 1878.

显然，郭嵩焘对金星凌日的认识程度是渐进的，出使前在他的知识体系中没有过行星凌日现象的概念，在 1877 年 7 月参观格林尼治天文台，首次听台长助理克立斯谛介绍，看到堆积的观测数据时，没有回忆起自己在同治十三年（1874 年）有过切身经历[①]，是 1874 年金星凌日在中国的报道不足，还是何种原因使得郭嵩焘这样关注西学的知识分子都没能留下印象；西方社会方面关于金星凌日的重视程度，与从郭嵩焘的反应所能推测出来的当时中国的情况，是有着天壤之别的，久至天象结束三年之后，西方仍津津乐道，无论在学术界还是舆论界，一次奇观何以对西方影响至深？天体观测对中西方的意义究竟有何不同？

第二节　1874 年金星凌日的中国报道

由于西方各国争先前往世界各地做观测金星凌日的准备工作，中西

[①] （同治十三年）十一月初一日庚子。……西洋人推是日金星过日，云二千年始一见之。西洋言推测，不言占验。中国历法，太白昼见主兵，太白与日同度而上掩日，视昼见之变为尤异矣。是日天阴微雨，日中当有黑子，未及见也。（郭嵩焘：《郭嵩焘全集》第九册，梁小进主编，岳麓书社 2012 年版，第 649 页。）

之间通过报纸、杂志或是口耳相传，使得这次天文异象在中国也是备受关注。根据吕凌峰统计，《中西闻见录》共刊载过 24 篇关于天文类的文章，其中半数以上都直接或者间接与这次"金星凌日"事件有关，尤其是同治十三年十一月（1874 年 12 月）金星凌日发生之前及发生后的几个月中，《中西闻见录》中的天文类文章几乎都是以观测这次天象为主题。[①] 除《中西闻见录》外，《万国公报》《申报》《循环日报》等国内的各大报刊都转载或报道了这次天文事件。

这些报道首先围绕着为中国人普及天象知识展开，介绍金星凌日的形成原因以及观测意义。中国古代《五星占》中述金星运动："以正月与营室晨出东方，二百廿四日晨入东方；浸行百二十日；夕出西方二百廿四日入西方；伏十六日九十六分日，晨出东方。五出，为日八岁，而复与营室晨出东方。"[②] 中国人对太白金星的运行规律并不陌生，王锡阐也曾"独立地提出了一个（计算金星凌日的）方法"，"也是难能可贵的"[③]。也就是说 19 世纪末中国的略通西学者在一定程度上是可以看懂刊登在中国报刊上关于金星凌日观测的科普报道的。丁韪良（William A. P. Martin，1827~1916）于《中西闻见录》的第 15 号（1873 年 10

---

① 吕凌峰、石云里：《科学新闻与占星辨谬——1874 年金星凌日观测活动的中文记载》，《中国科技史杂志》2009 年第 1 期，第 140-141 页。

② 马王堆汉墓帛书整理小组：《马王堆汉墓帛书〈五星占〉释文》，载《中国天文学史文集》编辑组编：《中国天文学文集》，科学出版社 1978 年版，第 3 页。

③ 席泽宗：《古新星新表与科学史探索——席泽宗院士自选集》，陕西师范大学出版社 2002 年版，第 90 页。王锡阐（1628~1682）是明末清初重要的民间历算家，留下了《晓庵新法》等多种著述。席先生的《试论王锡阐的天文工作》是一篇全面介绍王锡阐天文历算工作的论文。认为王锡阐计算过金星凌日的说法首见于朱文鑫（1883~1938）的《历法通志》。假如此事属实，那确实也是中国天文学史上的一个亮点。但是席先生经过仔细的分析后认为，王锡阐没有计算过任何一次确切的金星凌日。因为离王锡阐最近的两次金星凌日发生于 1631 年 12 月 6 日和 1639 年 12 月 4 日，当时王锡阐分别只有 3 岁和 11 岁，事实上王锡阐提出的金星凌日计算法"只是泛泛叙述"。当然，尽管只是泛泛叙述，并且也"不是世界第一"，但是王锡阐"独立地提出了一个（计算金星凌日的）方法"，"也是难能可贵的"。关于王锡阐有无预报过金星凌日，参见钮卫星：《出入中外 往来古今——〈古新星新表与科学史探索——席泽宗院士自选集〉评述》，《中国科技史杂志》2007 年第 3 期，第 272 页。

月）发表了题为《金星过日》的科普文章，内容要点如下：

第一，提出观测此天象的意义，即为罕有奇观，"阅八年再见，自此百余年不复见矣"；为"验日距地之远近"，而非中国人所重视的"占星象、察灾祥，而判各国之兴衰治乱"。第二，介绍了西方国家对这次观测活动的筹划工作，"现在泰西各国选派精于天文者，分往各处观察，俄人往极北，英人往极南"，并特地以中国上古"帝尧命羲氏和氏宅南宅西"的故事比喻，使中国读者更易于理解。第三，简要说明西方科学家自哥白尼始知地心说，日益推算日地距离，"若日距地既准，则行星之远近可推。故测量天地，莫不由日距地始，而推测日距地，又莫不以金星过日之法为准……"。进而，简要介绍了"由一千六百三十九年始"，开普勒、哈雷、库克等各国天文学家对此现象意义的认识过程，配图介绍由此计算日地距离的方法。第四，简要介绍近三百年来，观测与计算推进实与"机器日精"关系密切，此次观测将使用"照像之法"，"乃以照像之法，而得其真影也。真影既得，然后可以徐加测算，盖近来照像之法，其于天文为助不少也"。①

这些关于金星凌日的科学介绍与西方报纸刊登的知识分量相当，主要原因是中西介绍报道均出自西人手笔。这些介绍性文章可以使得熟悉西方推算方法、倡导实学的中国士大夫、读书人更加准确地理解西方科学研究范式下金星凌日的观测历史和研究意义，在他们眼中的金星凌日就既不单纯是传统意义上的天灾人祸之兆，也不是市井底层会认为的天马行空了。

在此类世界性自然事件的报道中，中西传播的普及性信息知识点并无较大差异。中西都以大众媒介报纸为主要传播渠道，在述及事件背景、历史、近况等普及层次的知识点上大致相同。就金星凌日而言，从用以此次观测的"照相"新技术、法国和美国对这次观测活动的准备、美国投巨资派人到东半球的可见区域进行观测情况，到观测具体时间预测以及观测细节的告知等，中西对其实质内容的报道相差无几。这与

---

① 不详：《金星过日》，《中西闻见录》1873 年第 15 号。

《中西闻见录》《申报》《万国公报》等中文报刊大多由西方传教士或外籍人士主持有着密切关系，可以说他们在一定程度上把当时西方最重要、最大众化的知识文化介绍到了中国，对普及层次上知识的删减几乎没有，仅仅是转换了语言方式。在时间跨度上，从同治十二年（1873 年）的先期报道，同治十三年（1874 年）的观测报道，到凌日后的社会反响报道，再到光绪八年（1882 年）再凌日时间的预告，中西方新闻均有分布。

　　中国关于金星凌日方面的新闻报道，虽然在知识分量上不低于西方，但在数量和时效性上与欧美国家相比较却相形见绌。根据"英国 1800~1900 报纸数据库"（The British Newspapers 1800~1900）①检索统计，在 1870 年（同治九年），各国尚在为金星凌日观测做积极准备之时，英国就已有直接或间接关注金星凌日的新闻报道三四十篇。而在中国清末很长的一个历史时间段内，关于金星凌日事件的新闻报道数量也不过四十余篇。据吕凌峰统计，《中西闻见录》刊载与"金星凌日"事件有关的文章仅 14 篇，笔者另见《万国公报》转载、报道文章数篇。（表5.1）国内关于此事的报道远不如欧美西方世界。

表 5.1　19 世纪七八十年代中国报刊上刊发的"金星凌日"事件相关报道

文题	刊名	年	期、号
1. 杂事近闻：待见金星过日	《教会新报》	1873 年	第 246 期
2. 杂事近闻：来年日月食金星过日大略	《教会新报》	1873 年	第 266 期
3. 星命论	《中西闻见录》	1873 年	第 12 号
4. 续星命论	《中西闻见录》	1873 年	第 15 号
5. 金星过日（附图）	《中西闻见录》	1873 年	第 15 号
6. 代改正金星过日日期	《万国公报》	1874 年	第 309 期
7. 论月食与金星过日同为阴云所蔽事	《万国公报》	1874 年	第 316 期
8. 详述天津燕台长崎兵库横滨等埠金星过日事、并山东胶州示稿	《万国公报》	1874 年	第 317 期
9. 金星过日中西闻见录详论其理（附图）	《万国公报》	1874 年	第 302 期

---

① The British Newspapers 1800~1900, http://newspapers11.bl.uk/blcs/start.do.

续表

文题	刊名	年	期、号
10. 大日本国事：长崎信息：煤矿、看金星过日、电报不取费资	《万国公报》	1874 年	第 316 期
11. 金星过日面时（纪时分）	《万国公报》	1874 年	第 302 期
12. 大日本国事：横滨信息八则：高丽和约、钦差回国、台湾用款、看金星、开大书院、卖茶、造煤气灯、火患	《万国公报》	1874 年	第 316 期
13. 法国近事过海观星	《中西闻见录》	1874 年	第 21 号
14. 各国近事：又美国近事：观察金星	《中西闻见录》	1874 年	第 24 号
15. 金星过日（续）	《中西闻见录》	1874 年	第 25 号
16. 游览测天所略述	《中西闻见录》	1874 年	第 27 号
17. 寻觅新星，答金星过日时刻	《中西闻见录》	1874 年	第 27 号
18. 各国近事：京都近事：答金星过日时刻	《中西闻见录》	1874 年	第 27 号
19. 各国近事：京都近事：观金星过日并图	《中西闻见录》	1874 年	第 28 号
20. 各国近事：埃及国近事：观察金星过日虽在亚细亚东洋南海等处……	《中西闻见录》	1874 年	第 28 号
21. 占星辨谬	《中西闻见录》	1875 年	第 29 号
22. 法士来华观星记略	《中西闻见录》	1875 年	第 30 号
23. 日本近事三则观察金星	《中西闻见录》	1875 年	第 30 号
24. 读星命论及占星辨谬书后	《中西闻见录》	1875 年	第 36 号
25. 在沪西医略见金星过日	《万国公报》	1874 年	第 316 期
26. 请看金星过日：下礼拜四日即中国十一月初一日……	《万国公报》	1874 年	第 314 期
27. 互相问答：第三天津王君来书问及每逢金星过日能定日……（附图）	《格致汇编》	1876 年	第 1 卷 春
28. 大清国：天津各信：美国天文生测看金星过日两节	《万国公报》	1875 年	第 319 期
29. 大清国：相约观星：北京分有三处测观金星过日乃法英俄三国所设……	《万国公报》	1875 年	第 320 期
30. 再刊金星过日面时	《万国公报》	1874 年	第 314 期
31. 金星过日（选循环日报）	《万国公报》	1874 年	第 310 期
32. 书循环日报论金星过日后	《万国公报》	1874 年	第 310 期

续表

文题	刊名	年	期、号
33. 抄中西闻见录二十五号续金星过日	《万国公报》	1874 年	第 309 期
34. 大德国事：合观金星过日	《万国公报》	1874 年	第 312 期
35. 前月二十八日金星昼见解并图说（附图）	《万国公报》	1876 年	第 403 期
36. 金星晦望图	《小孩月报》	1879 年	第 5 卷
37. 各国近事：大法国：金星度日	《万国公报》	1881 年	第 668 期
38. 远镜测天、药局被火、金星过日	《画图新报》	1881 年	第 2 卷第 1 期
39. 金星过日、电线告成	《画图新报》	1881 年	第 2 卷第 1 期
40. 各国近事：大德国：测看金星	《万国公报》	1882 年	第 711 期
41. 各国近事：大英国：考测金星	《万国公报》	1883 年	第 728 期

资料来源：据"晚清民国期刊全文数据库""大成老旧期刊全文数据库""方正 Apabi 数字资源平台"《中国近代期刊目录汇录》检索结果整理。

　　郭嵩焘在金星凌日发生后数年至英国，见格林尼治天文台累积大量观测档案，后又议起金星凌日观测史，与凌日前后新闻关注点相差无几。亦可见，无论中西、是否身临其境，19 世纪以报纸为主普及信息、知识的能力，甚至在议题设置上是不存在鸿沟的。郭嵩焘从未忆起 1874 年自己对此事的亲身经历，在英国时也没有惊奇或深入探讨金星凌日一事，一方面与传播本体发行量数量少、时效性差有一定关系，另一方面与传播受体社会民众的知识素养有着必然关系。史学家熊月之早在《晚清社会与西学东渐》一书中断明，在晚清中国，"所谓对西学的反应，实际上主要是士大夫阶层的反应"。19 世纪，知识流通的方式主要依靠书籍流通和口耳相传，"这种方式决定了西学传播范围，主要限于士大夫中间。绝大多数平民百姓，既无阅读能力，又没有与士大夫优游论道的机会，也缺乏理解、接受西学的知识基础"。① 相同的传播方式，同层次的知识内容，面对西方市民社会却会有不同的知识普

---

① 熊月之：《西学东渐与晚清社会》，上海人民出版社 1994 年版，第 61 页。

及效果。据记"19世纪末，大不列颠社会成为世界上最城市化的社会，10个英国人中9个住在城市里。"① 此时，英国一份报纸的销售量已达到100万份。② 因此，从知识传播受体民众的知识素养高低来看，西方世界盛传的科学事件，甚至像1874年震动整个西方世界、中国也因其地缘而卷入的金星凌日事件，终归还是无法形成晚清社会的集体记忆，郭嵩焘在英国看到金星凌日观测数据时也没能回忆起往闻，这亦是近代科学尚未扎根中国的常态表现。

书籍、报刊等纸质传播媒介成为晚清时期传播西学知识的主要渠道，然而碍于近代交通、信息传播的不便以及晚清农业社会国民生活的局限，即使像金星凌日如此重要且富于娱乐性的科学事件被传播介绍到中国，也远远达不到普及平常百姓的程度。光绪年间，浙江的《石门县志》中记录"清穆宗同治十三年十一月朔，日中有黑子"③，"清穆宗同治十三年十一月朔"，这正是1874年金星凌日发生的那一天，即1874年12月9日④。远离京沪、沿海城市的民间百姓不了解金星凌日天象，将这次异常天象记录为"黑子"。

在西方，金星凌日对大众舆论界的影响就完全不同了。从1870年始，有关金星凌日的各种报道以及以往科学家的成就、事件与评论就充斥在报纸、杂志和科学期刊上，仅就英国国家图书馆收藏的19世纪英国报纸检索，粗略统计有近千篇关于金星凌日事件的报道。西方公众的兴趣被这百年一遇的事件调动起来，业余天文爱好者，甚至普通公众都可以亲眼去验证哈雷宣称的"再次光临"的预言，听科学家为观测凌日而经历环球探险的故事，关注日地距离——宇宙米尺绝对值疑问的解答等。除了报纸、杂志和科学期刊上有关天文学家成就及与此有关的报道

① ［法］德尼兹·加亚尔等：《欧洲史》，蔡鸿滨等译，海南出版社2000年版，第484页。
② ［英］艾瑞克·霍布斯鲍姆：《帝国的年代》，贾士蘅译，江苏人民出版社1999年版，第55页。
③ 林葆元、陈煊修、申正扬等纂：《石门县志》卷11，1874年版，第22页。
④ 北京天文台：《中国古代天象记录总集》，江苏科学技术出版社1988年版，第23页。

外，带动普通公众亲身投入观测的方式是坐进讲堂听天文学家讲解。科学讲座在 19 世纪成为最受公众欢迎的娱乐文化和提升自身知识素养的活动之一，有关金星凌日的讲座与黑滴效应模拟也不例外。

1874 年 12 月 9 日，人类一个世纪的期盼到来之时，《爱尔兰时报》（*The Irish Times*）评论：

> 来自许多观测者的天文报道也许是晦涩难懂的，但在地理教科书中尽管仅有十或二十行结论却是付出了巨额的金钱、人力和技能才被明确下来的。在此之后的百年中，无论是夏夜还是清晨，历法都将指引我们的孩子以及他们孩子的孩子满意地面对所有最可爱的星星发出的灿烂光辉——各国严肃的学者用他们精良的经纬仪去测量，让我们知道地球与太阳间的距离不再是一个梦想。①

1874 年出版的精装本《伦敦新闻画报》（*The Illustrated London News*）中刊登了许多关于天文学家凌日远征的探险故事和版画，吸引着每个公众的想象。

事实上，1882 年的观测结果对科学来讲并不是很重要，重点是如何使之大众化，《纽约时报》报道说：这是第一次让没有受过天文训练的大众都能够观测金星凌日。② 正如贝尔纳所说："事实上，科学家个人在工作中从来就逃不了密切联系其他三种人，即是：恩主、同事和群众。归根到底，科学的意义和价值的最后评定是出于人民。"③

相比之下，郭嵩焘以及中国民众对金星凌日天象事件的冷淡反应，很大部分原因在于这里缺乏科学植根的土壤，缺乏具有基本知识素养的民众，而西方科学发展的进程中从未停止培护民众这一土壤。此时在中国，固然可以看到《算学全书》《重学浅说》《天文略论》《地理全志》《大

---

① *The Irish Times*, Dec 9ᵗʰ, 1874.
② 苏明俊：《金星凌日观测史》，《天文教育》2004 年第 4 期，第 8 页。
③ ［英］贝尔纳：《历史上的科学》，伍况甫等译，科学出版社 1983 年版，第 8 页。

英国志》《植物学》《西医略论》等百余册比较全面涉及西方各门学科知识的书籍，另外西式学校、教会、医院也在大中城市、通商港口不断新建；但实际情况是：从总体上说，一般知识阶层对于西学仍茫然无知。熊月之根据 1842~1860 年间出版西书印数推算，道咸年间中国秀才以上的知识分子约为五十万人 ①。据此，我们可以认为，这一时期接触、接受西学的中国知识分子，当不超过总数的百分之一。能够直接阅读西文书刊的人，估计其总数不超过 100 人……1960~1900 年，中国知识层中最富西学素养的人，能够直接阅读西文书刊的知识分子，其总数估计不超过 1000 人。② 郭嵩焘、薛福成等出使官员也算作其中。在社会民众中，仅有少数人能够站在较高的层面上理解西学，一般知识阶层的西学素养则会叫今人哑然失笑，还有许许多多尚不能识文断字的底层民众更不知何为西学，"心智的木桶理论" ③ 对此给予了形象的比喻——心智是容器，公众的心智能够容纳多少科学，这些"科学事实"的意义对于作为社会个体的清季国民有多少是与他们生活直接相关的，对于整个社会民议来说亦仅有突兀拔高的几片木板，太多的短板又如何能祈望"公众的"心智能够容纳更多的西学。

　　近年来有学者借助哈贝马斯（Jürgen Habermas）关于"公共空间"的概念，对近代中国大众传媒与中国社会变迁的关系进行探讨④，然而从金星凌日在中国民议中招致冷遇来看，晚清社会中远未联系起西方社会中的公共空间，至少在科学、知识领域间就个别富有西学之人的出现、个别学术专著的译介、个别技术机械的行销、个别西式教育的兴

①　熊月之：《西学东渐与晚清社会》，上海人民出版社 1994 年版，第 282 页。

②　熊月之：《晚清社会对西学的认知程度》，载王宏志编：《翻译与创作——中国近代翻译小说论翻译与创作》，北京大学出版社 2000 年版，第 33 页。

③　[英]皮克斯通：《认识方式——一种新的科学、技术和医学史》，陈朝勇译，上海科技教育出版社 2008 年版，第 189 页。

④　国内学术界近年来对于近代中国的公共空间的讨论源自哈贝马斯的《论公共领域的结构转移》一书，海外汉学家借此范型对于近代中国的研究尤多。报纸杂志、善堂救济组织等作为公共空间的重要个案而受到论者的关注。（杨念群：《近代中国史学研究中的"市民社会"》，《二十一世纪》1995 年第 12 期。）

办，都无法在鸦片战争前后的几十年间，像西方一样通过大众媒介营造公众理解科学的"公共空间"。那么，所谓的"公共"，在晚清指的是落实在报纸、书籍、技术、教育等物上，对百余个富有西学的社会个体的影响，而不是多数民议的领域。可见，中西知识信息差异的鸿沟，不是由于传播内容的难易程度之别，而是因为清季社会无法聚拢出足够弥散知识信息的公共空间，就连郭嵩焘这般赞誉西学的知识分子亦时而在这百余人的"公共空间"之内，时而又疏离之外。

第三节　中西学界大相径庭的观测态度

郭嵩焘于 1877 年至英国，西方人对观测金星凌日的热忱未尽，原因显而易见，随着天体力学和太阳物理学研究在 19 世纪 60 年代的起飞，天体观测成为科学发展本身的一种狂热现象，科学界也期待通过各种新技术，验证猜想并获得新的发现。比起英国天文学家的津津乐道，郭嵩焘平淡的反应与 1874 年清廷官方对这一天文现象的无视没有多大差别。这也就可以解释，为什么时过三年，金星凌日仍然能成为西方人给郭嵩焘等中国使节设置的议题，而郭氏在两年出使间逐渐明白了观测背后调试新观测技术、精确天文单位数据的科学意义。

从 1874 年《中西闻见录》第 27 号《答金星过日时刻》一文可见，清官方天文机构钦天监并未对金星凌日一事置若罔闻，而是于《七政书》中记录下对这次天象事件的推算，认为凌日时刻应在夜间。

友人某以中西推算金星过日时刻少差，致书云：按《中西闻见录》载，西人推金星过日在十一月初一日，其始在早晨九点三十二分，其末在两点钟十八分。而钦天监《七政书》，谓在十一月初二日，子正初刻十四分云云。若依《七政书》，则在夜间，应于西半球见日之地观察，西人何必纷往东半球占视乎？且此番为测度而东来者，有英美法德俄五国。而专往京都者，则有法美俄三国之人。何以不约而同，不期而遇。似乎不至各国推算，皆有舛谬。计不过数日间，届期可自明也。彼时若无浓云密雾，必可立见，即此地有云雾，而他处亦不可见。占测之后，日与各行星之大小远近，皆可较量加准矣。其推算之法，略见于十五号中。而时日似有少差，其曰十月三十日，而不曰十一月初一者，盖因西国天文家推，推日自午正起，中历推日则自子正起之故，其实仍自无差也。至星过之时刻，则详载于二十五号中，兹不更赘。[①]

钦天监的推算与西方预测时刻大相径庭，引起中国读者的疑惑，以《中西闻见录》为平台通过书信往来方式进行相关讨论。该报道一则说明彼时谈论、关注金星凌日现象事件的中国人不在少数，而且能够在一些细节问题上相互切磋；二则这一事件形成了一定的舆论影响，记录下了清官方机构对此事的反应，弥补了"从目前已整理的钦天监天文档案中没有发现相关的预报和观测信息"[②]的遗憾，使我们得知彼时钦天监也有所推算。

从这则议论钦天监预报错误的报道来看，认为"对于这些观测活动，清朝官方文档中似乎没有记载"的观点并不确切。笔者通过查阅中国第一历史档案馆所藏《朱批奏折》发现，同治十三年，即1874年，钦天监监正奕諒曾上折《奏为查看金星过太阳度数事》，记载如下：

> 管理钦天监事务和硕惇亲王臣奕諒等谨奏，为声明事。窃臣监于本月十五日，接得总理各国事务衙门来片，法国驻京公使内称，本年十月初十日金星过太阳，届时到观象台查看度数等语。臣等查得，是日金星距太阳二十九度四十二分，未过太阳，十三日留退初，二十六日夕不见，其五星与太阳同宫同度，为合伏，为退伏，一年非止一次不能见星。臣监每年时宪科原有推算缮写月五星相

---

① 不详：《寻觅新星 答金星过日时刻》，《中西闻见录》1874年第27号。
② 吕凌峰、石云里：《科学新闻与占星辨谬——1874年金星凌日观测活动的中文记载》，《中国科技史杂志》2009年第1期，第143页。

距、凌犯、掩星书籍。年终十二月内恭呈题本外，向不入奏，理合声明，为此恭折，先行奏闻。[1]

同治十三年七月十七日

金星运行轨道位于地球轨道内侧，公转周期为 224.7 日，当金星位于太阳和地球之间，此时金星与太阳的角距离极小，加之金星朝向地球的一面几乎得不到阳光，因此金星下合日前后总会有 16 日看不到金星，中国古代称这 16 日为金星"伏行"。钦天监按照中国古代天文学思路认为金星凌日不过为金星视运动中"与太阳实行同宫同度为合伏为退伏"[2]的普遍现象，奏为"日光掩星"每年均有发生，时宪科每年测算记录。[3]这表明钦天监没有认识到金星凌日是百年一遇的天象奇观，赘述金星伏行，更不用说多点测量日地距离的观测意义了。钦天监错误理解"凌日"现象，究其根源是忽略或不知金星轨道面与地球轨道所在的平面（黄道面）尚有一个 3 度 23 分的夹角。对地球上的观测者而言，金星的运行轨迹与太阳轨迹（黄道）在天球上互相交错于两个交点，只有当"下合日"的同时，金星正好位于交点上，或在交点附近，才会发生"凌日"现象。

19 世纪末居住在北京的丁韪良，这样评价钦天监的天文工作和技术仪器：

那个观象台除了观察月食之外什么也做不了，而所谓的观察还包括定时的焚香击鼓，以便能吓走贪婪的龙王。……地球仪、地平经度仪、象限仪、浑天仪等设备放置在城墙的露台上，听凭日晒雨淋，已经有两百年了；但它们看起来还是焕然一新。虽然它们还在作为铸造工艺的奇迹供人参观，可是它们已经完全没有任何实用的

---

① 奕譞等：《奏为查看金星过太阳度数事》，同治十三年七月十七日，中国第一历史档案馆，宫中全宗 04-01-0927-008。

② 张其昀、萧一山、彭国栋等：《清史》550 卷，成文出版社 1971 年版，第 61 页。

③ 参见清代宫史研究会编：《清代宫史论丛》，紫禁城出版社 2001 年版，第 191 页。

价值，那些天文仪器中没有望远镜……①

由此可见，钦天监自然不会关注到通过金星凌日测定日地距离的重要意义了，《七政书》中的推算错误也是必然的。回到最初的问题，1877 年初郭嵩焘的无知也是在情理之中了。

西方人的矢志不渝正源于他们对"科学事实"意义的追求。1874 年 12 月 10 日，《芝加哥论坛报》（*Chicago Tribune*）这样评论：

> 所有科学家，以及那些充分理解并尊重科学追求的人们，将会为能够在世界各地同时成功观测金星凌日而欢欣鼓舞。幸运的是，这个大事件的准备工作是如此完备，万无一失。②

19 世纪的每一次日食天象都成为天文学研究中宝贵的观测机会，无论是政府支持的研究机构还是业余天文爱好者，都不惜为其投入大量的时间和金钱，每一个维多利亚时期的天文学家或是太阳物理学家，都不约而同地将观测一次日食作为自己有生之年的学术荣誉，并将其作为自己的主要研究兴趣。平均每两年或者三年有一次日全食或者金星、水星凌日的观测机会，对于 19 世纪以来天文学界愈发狂热的观测追求，1896 年的英国媒体甚至有报道开始反思几十年来的远征观测，提醒那些没有一流观测设备的业余天文爱好者坐在家中一样可以观测日食。③一个世纪仅出现一组，1874 年和 1882 年的金星凌日更是罕见的天文事件，由英、美、法等各国主导的天文学家们都积极参与其中。英国皇家天文学家艾里曾于 1857 年，即 1874 年金星凌日未来之时宣称："在未来的 25 年中，日地距离将得以进一步修正"，也将是"天文学中最

---

① ［美］丁韪良：《花甲忆记：一位美国传教士眼中的晚清帝国》，沈弘等译，广西师范大学出版社 2004 年版，第 209 页。
② *Chicago Tribune*, Dec 10th, 1874.
③ "Our Library Table", *The Bristol Mercury and Daily Post*, Nov 7th, 1896.

崇高的问题"。[1] 时人 19 世纪著名天文学家阿格尼丝·克拉克（Agnes Mary Clerke，1842~1907）也写道，测定日地距离是"丈量宇宙的标准……天文学中重要的基础数值，是空间的单位，其估计值若有任何误差，就会在行星和恒星系里以数以千种不同方式加乘、重复"。由 18 世纪两次金星凌日数据推算出的太阳视差范围 8.43 角秒 ~8.8 角秒并不令人满意，日地距离也从 9300 万英里 ~9700 万英里不等。[2] 19 世纪的天文学家反复分析 18 世纪的观测结果，但仍不能得到广泛的共识。这一是由于"黑滴"现象使得测量的准确度大受影响：俄罗斯天文学家米哈伊尔·罗蒙诺索夫（Mikhail Lomonosov，1711~1765）在 1761 年观测金星凌日时，发现"黑滴"现象，推断金星表面有大气层[3]；1769 年库克在塔希提岛观测回报同样的问题：判断金星和太阳接触的确切时间相当困难，因为两者的边缘似乎有好几秒钟是相连的，他猜测这是由于"金星周围的大气或尘埃云"[4] 造成的。二是由于观测数据的获取受到人为原因影响：德国天文学家贝塞尔（Friedrich Wilhelm Bessel，1784~1846）提出，任何两位观察者去计时同一个事件，都不会完全一致，至少也会有十分之几秒的误差，他认为这是个人心理和生理因素造成的，像视觉敏锐度、反应时间以及手眼协调性都有关系。[5] 三是另一些采用其他方法测量日地距离的天文学家认为，1824 年由德国天文学家恩克（Johann Franz Encke，1791~1865）根据 18 世纪金星凌日分析出的太阳视差 8.58 角秒，对应日地距离 9525 万英里这一数值太大。丹麦天文学家汉森（Peter Andreas Hansen，1795~1874）于 1854 年提出根

---

[1]　George Biddell Airy, *On the Means Which will be Available for Correcting the Measure of the Sun's Distance, in the Next Twenty-five Years*, Washington: Smithsonian Institution, 1857, pp.208-221.

[2]　Steven J. Dick, "The Transit of Venus", *Scientific American*, Vol.290, No.5 (May 2004), pp.102-103.

[3]　参见丁志萍：《俄罗斯科学院掠影》，《科学文化评论》2008 第 2 期，第 126 页。

[4]　Steven J. Dick, "The Transit of Venus", *Scientific American*, Vol.290, No.5 (May 2004), p.102.

[5]　苏明俊：《金星凌日观测史》，《天文教育》2004 年第 4 期，第 4 页。

据太阳重力对月球运行的扰动，[①]那么太阳应当要比恩克的估计值近得多，又由1862年测得的火星视差（比较相距甚远的两观察点所看到的火星位置得出）推算的日地距离远远小于9525万英里的估计值。因此，19世纪金星凌日前夕，日地距离的数值仍不准确，在金星凌日是否是测得这一数值最好的方法上也存在广泛争议，"黑滴""设备"等技术问题也在引燃着天文学家求证的热情。

天文学家迫不及待地尝试运用自己的新技术，以求解决18世纪观测中留下及经过一个世纪反思争论的问题，获得新的发现。"黑滴"现象的原因一直没有定论，数百篇英语、法语、拉丁语论文关于此问题进行争论，"黑滴"被认为是受金星大气影响、金星折射光进入地球时发生的衍射，或是人的视错觉，莫衷一是的现状亟待对19世纪的金星凌日再次观测和解释。天文学家用技术来消解问题，提前若干年开始观测、模拟如何精确地掌握金星凌日时的各接触时间，还为此发明新的仪器设备，应用调试照相技术，以把握这次测量日地距离的世纪机会。其一，各国天文学界有组织地提前筹备这次远征观测，艾里于1857年拟定一套观测计划书，1868年12月11日在皇家天文学会会刊上敦促学界筹划观测事宜[②]，1870年英国已经开始建造所需的仪器。其二，天文学家以器材模拟金星凌日过程，来训练观测员的敏锐度，引述阿格尼丝·克拉克的话来说："在英国、美国、法国、德国都安装了行星过境模拟装置，每个远征队的成员都经过严密的训练，以能精准辨识移动的黑色圆点与发亮圆盘相交或分离的不同阶段。每个观察者都以他自己的方式去平衡感官，遵守这种严密的纪律，尽最大可能地服务于这次世界性的观测。"[③]其三，天文学家们准备了口径更大更精密的望远镜，如消

---

① Steven J. Dick, "The Transit of Venus", *Scientific American*, Vol.290, No.5 (May 2004), p.102.

② G. B. Airy, "On the Preparatory Arrangements Which will be Necessary for Efficient Observation of the Transits of Venus in the Years 1874 and 1882", *Monthly Notices of the Royal Astronomical Society*, Vol.29, No.12 (1868), p.33.

③ Agnes M. Clerke, *A Popular History of Astronomy during the Nineteenth Century*, London: Adams and Charles Black, 1902, p. 235.

色差折射望远镜。这次观测还将投入自 18 世纪后研制的新技术，摄影新技术被认为是记录真实现象最好的方法，能弥补人类观测自身缺陷的秘密武器。天文学家在底片板夹上放置一个标准网格（蚀刻网格），这样每张照片上都会有网格线，以便通过测量玻璃板上的乳液收缩来精进获得的数据。[①]19 世纪的通信成就也被应用其中，电报用于为各地的观测者交流气象及观测信息使用，英国《图片报》就以图片形式记录了这一事实：一位正在使用赫歇耳反射望远镜的新南威尔士州观测员，正通过电报向新西兰基督城附近的观测指挥通报信息。[②]

　　金星凌日是西方天文学界迫切希望证明世界的规律性构建的真实证据，1874 年天象结束，获得数据对西方天文学界仅是个开始，处理数据、改进设备、建立新的假设和推论才是科学家在数年后亟须做的，1877 年当郭嵩焘参观格林尼治天文台时这些重要的后续工作正在进行。郭氏从不了解金星凌日，到凭借直观经验出发，用望远镜观星、亲身证实日心说，再到了解精确天文单位的观测意义，可以说是中国从古代天文学接受并走向近代天文学的缩影。初至英国时郭氏保持着与钦天监一致的宇宙图景认知范式，但他认识能力的提高正说明了近代天文学东渐，必先取决于宇宙范式的变更，其方法即眼见为实的直观经验观测，然而人们对科学知识的尊重及追求则需要循序渐进的影响，才能潜移默化地得其精髓，转至自觉的行动。

第四节　科学声誉竞争与道光下诏修省

　　科学以可证实的理性经验为径路，获得普遍的真理，创造一种信仰体系，运用经验的可证实性探求宇宙自然的物质成因。19 世纪，西方人对科学，或说是对真理追求的狂热登峰造极，除了人类阐释自然本能

---

①　Jessica Ratcliff, *The Transit of Venus Enterprise in Victorian Britain,* London: Pickering & Chatto Ltd, 2008, p.57.

②　*The Graphic*, May 23rd, 1875.

的内驱力外，人把自我的价值和命运系在工业文明的机器上，国家将各国间探索天上世界的竞争与地上的征服殖民相媲美，科学成为西方各国向世界殖民扩张角力的有效武器。金星凌日、日食远征的背后还隐含着另一层政治含义，郭嵩焘以及清廷不但无法透析西方人热情介绍背后的政治野心，反而将内忧外患系在了占测天人关系上。

民国十六年（1927 年）的一篇文章，回顾同治十三年（1874 年）金星凌日时中国的情形，这样写道：

> 在小说如《西游记》等，每为救苦救难澹灾释厄之万善尊神，在历史上则太白昼见，为专制帝王所厌见厌闻之不祥恶物，清代道光中曾见过二次，时正在鸦片战争外患压迫之时，清道光帝斋戒祈祷，下诏修省，诧为奇变，今六十年未见之热灾甫经过去，而观象台百余年未遇之太白昼见，又以怪异上闻，此事与群众之公安并无何等切身之关系，惟社会据于旧说，恒视为奇僻怪异而作种种不经之谈，观象台有见于此，乃援据科学以明其为世界之常事，不足为怪异之征，其报告略云。[1]

清廷一方面坚持使用第谷体系修历，一方面承袭古有的"天垂象，见凶吉"观念，官方从未轻易放弃传统的星占模式，直至清末，钦天监在记录异常天象时，每每都陈述有完整的星占解释内容。[2]

官方机构尚且如此，大多知道金星凌日即将发生的民众更是以天象喻国家兴衰灾变。金星因其颜色被称为"太白星"，白色代表霉运和不祥，太白金星的显现表示即将有战争和惩罚出现。按照通常的行星式运动规律，金星在接近最大距角的时候，会出现在光天化日之下，这意味着阴胜于阳，将出现犯上的乱事。1874 年西方各国科学家纷纷至中国观测，金星将横掠太阳的消息不胫而走，恰遇同治皇帝身染天花，民间

---

[1]　不详：《太白金星》，《东省经济月刊》1927 年第 11 期，第 32 页。
[2]　参见中国第一历史档案馆等：《清代天文档案史料汇编》，大象出版社 1997 年版。

流言四起,《申报》刊载出民众的占星猜测:

> （光绪元年正月初二日，1875 年 2 月 7 日）天津信息：字林印
> 有天津友人信云，此一礼拜内民间传闻，圣躬染恙，咸皆惶惶，缘
> 其病初发时，适当金星过日之日，岂真天象示意上应……[①]

同治十三年十二月甲戌（五日），即 1875 年 1 月 12 日同治皇帝驾
崩，历史惊人的巧合应验了金星凌日主犯上之事的占星谬误，太阳受到
其他星体的侵犯象征着帝王或者国家的统治受到了挑战。1874 年的金
星凌日在中国绝大多数民众心中都预示着非常严重的凶相，亦有灵验之
处，就连晚清积极倡导西学的维新派代表人物陈炽也无法抛弃占星观人
事的传统思想，他在给文廷式、李盛铎的信中写道“兄生平颇解测量，
而酷信占验，于同治十三年金星过日，毅皇帝宾天，而益信立竿见影，
悉数难终。西人谓无关休咎者，虑自不能应天象哉耳”[②]。金星凌日在中
国的报道和活动的展开，使得西方天文学知识普及民间，得以让民众了
解异常天象出现的科学原因，与此同时，历史的巧合与荒谬的灵验也让
晚清知识分子和民众隐隐对国家和社会的未来感到了担忧。

斯宾诺莎（Spinoza）在他的《神学政治论》一书中曾就人们对占
星术的迷信作过精辟的论述，他说:

> 人若是能用成规来控制所处的环境，或人的遭遇总是幸运的，
> 那就永远不会迷信了。但人常陷于困境，成规无能为力，又因人所
> 渴望的好运是不可必的，人常反复于希望与恐惧之间，至为可怜，
> 因此之故，大部分人是易于轻信的。虽然人心寻常是自负的，过于
> 自信与好胜，可是在疑难之际，特别是希望与恐惧相持不下的时

---

①　不详：《天津信息》，《申报》1875 年 2 月 7 日。

②　陈炽：《致云阁仁弟（未刊稿）》，载孔祥吉：《略论容闳对美国经验的宣传与推
广——以戊戌维新为中心》，《广东社会科学》2007 年第 1 期，第 98 页。

候，人心最容易摇摆不定，时而向东，时而向西。①

清人把国势衰微、外敌压境和人生命运置于天人关系的错误依托上，而西方各国则把国家崛起、个人价值追求依托于近代科学和工业化给人带来的前所未有的超越生物个体的力量。

在这幅当时的报刊插图中（图5.2），金星凌日的观测者们被夸张地冠以了国家特征，其中英伦形象和美国山姆大叔最为突显，各种仪器挤在一起指向太阳，人挨人翘首企盼。②

英国为1874年金星凌日的到来筹备了近20年，"每一个在科学界享有盛誉或争取声望的国家，都站出来参与金星凌日这场天文盛事"③，组建或继续派出远征队，俄国26支、英国12支、美国8支、法国6支、德国6支、意大利1支、荷兰1支……达八十多支。④西伯利亚和夏威夷群岛布满了观察员，"曾被称为'荒芜之地'的凯尔盖朗群岛（Kerguelen Islands）⑤，就有三

图5.2　西方人观测金星凌日

资料来源：*Punch*, Vol. 67, (January 1874), Cover.

————————

① ［荷］斯宾诺莎：《神学政治论》，温锡增译，商务印书馆2009年版，第1页。

② Jessica Ratcliff, *The Transit of Venus Enterprise in Victorian Britain*, London: Pickering & Chatto Ltd, 2008, p.55.

③ Agnes M. Clerke, *A Popular History of Astronomy during the Nineteenth Century*, London: Adam and Charles Black, 1908, p.279.

④ Steven J. Dick, "The Transit of Venus", *Scientific American*, Vol.290, No.5 (May 2004), p.103.

⑤ 印度洋南部的岛群，1772年为法国领地，陆地总面积6129平方公里。多高原和山地，由火山喷发岩形成。近海低地多湖沼，沿岸有陡峭的峡湾。岛上冰川极为发达，无永久居民。

个不同国籍的观测组扎营。"① 美国海军天文台天文学家西蒙·纽科姆力促美国国家科学院投入研究，他在 1870 年 4 月的美国国家科学院会议上宣读《观测即将到来的金星凌日的方式》(*On the Mode of Observing the Coming Transits of Venus*) 一文说："……尽管还有四年金星凌日才会出现，但欧洲各国政府和科学组织都已做了其观测的初步安排。我们的国家绝不能在为天文学家提供条件参与到观测科研活动中落后。我非常清楚，对未来的观测计划准备不足、缺乏良好的制度和多方合作是非常危险的。为此，我提请天文学界去讨论出一个能使我们期望获得准确数据的方案。"②

18 世纪、19 世纪因日食、凌日等天象引发的西方国家的远征活动，不仅仅是人们探索自然、追求科学荣誉的表现，亚历克斯·方（Alex Soojung-Kim Pang）认为尤其是 19 世纪的日食远征与这个世纪的文明冲突有着深刻的相互联系，远征的意义是随着维多利亚帝国的扩张、向技术殖民转变、文化殖民以及殖民思想的发展而形成和改变的。③

早在明末清初，就有欧洲占星术著作以及"占星不可以知未来"的观点传入中国。④1877 年郭嵩焘也曾有论英国星宿学说与天文学有别⑤，说明他清楚 19 世纪英国星宿学与天文学分野，那么为什么在郭氏回国后的日记中仍屡见他察天变以警世人的感慨？郭氏在"天文"与"占星"二者的认识上，一生都处于矛盾中。

① Stephen Joseph Perry, *Notes of a Voyage to Kerguelen Island to Observe the Transit of Venus, December 8, 1874*, London: H. S. King, 1876, p.33.
② Simon Newcomb, "On the Mode of Observing the Coming Transits of Venus", *American Journal of Science*, Vol.50, No.148(July 1870), pp.74-83.
③ Alex Soojung-Kim Pang, "The Social Event of the Season, Solar Eclipse Expeditions and Victorian Culture", *Isis*, Vol.84, No.2 (June 1993), pp. 252-277.
④ 韩琦：《明末清初欧洲占星术著作的流传及其影响——以汤若望的〈天文实用〉为中心》，《中国科技史杂志》，2013 年第 4 期，第 433-436 页。
⑤ （光绪三年三月）二十六日。次次〔衍一"次"字〕罗得威尔起立，言英国学问，而勒格斯起立酬答。勒格斯者，英国之宿学也，能熟知古今事要〔旁注：与定大等学问又别〕。（郭嵩焘：《郭嵩焘全集》第十册，梁小进主编，岳麓书社 2012 年版，第 193 页。）

成长于理学观念十分浓厚的湘湖文化中的郭嵩焘，同自古以来的儒者略同，视天为有意志、有感情的天，持"天人一体""天人感应"之论，推论感应消息之理，认为"天人者，互相为胜，迟久而后定，此古今之通局也"[①]。如于己一例，广东大旱，郭嵩焘与左宗棠抵牾万状，"以吾心之郁结，知天心之感召，以足以致旱无疑也。"[②] 于国家一例，"因久雨，略举前汉言灾异者一疏证之。"[③] 于民生一例，"末世之人心，乍水乍火，百出不穷，天时亦因之。天人感召之理，宜有然也。"[④]

郭嵩焘屡以天象示天人感应之理，但对天象却有自己客观和科学的认识，并且这样的认识不独见于他尽览西学之后的晚年生活。早在咸丰十一年（1861年）的彗星天象记录中，他就写道：

> （咸丰十一年六月）廿三日。……然彗之为星，其光直射，亦但以所见之长短为占应。西法言：彗本有星，隐见以时，其星大小不一。此理可信。阴阳占验家但据所见以定灾祥，不复论其本质也。[⑤]

可见，郭嵩焘早年即不悦苟同于"钦天监奏言众星西流，主大臣多死，人民流亡"[⑥]的占验。郭嵩焘在他37年的日记中，依实记载自己对天象的直接观测共四种八次（表5.2）：

表 5.2　郭嵩焘一生观测到的天象情况统计

时间	种类	原文记载
咸丰十年五月十七日（1860年7月5日）	彗星	见西北隅彗星见，长可三尺许，光隐约不甚明显。东南隅一星，正与彗星对，比常星为大，光赤如火。
咸丰十一年六月廿三日（1861年7月30日）	彗星	彗星出北斗下，其光竟天，愈上则光愈缩，顷出北斗六丈许，光可二三寸而已。……前岁彗星周天而横行，今兹彗星冲天而直上，二者行度昏极速，可畏怖。

① 郭嵩焘：《郭嵩焘全集》第八册，梁小进主编，岳麓书社2012年版，第128页。
② 郭嵩焘：《郭嵩焘全集》第九册，梁小进主编，岳麓书社2012年版，第131页。
③ 郭嵩焘：《郭嵩焘全集》第九册，梁小进主编，岳麓书社2012年版，第356页。
④ 郭嵩焘：《郭嵩焘全集》第十一册，梁小进主编，岳麓书社2012年版，第398页。
⑤ 郭嵩焘：《郭嵩焘全集》第八册，梁小进主编，岳麓书社2012年版，第415页。
⑥ 郭嵩焘：《郭嵩焘全集》第八册，梁小进主编，岳麓书社2012年版，第558页。

续表

时间	种类	原文记载
同治三年四月初一（1864 年 5 月 6 日）	日食	卯刻日食，行救护礼。
同治五年十二月初八日（1867 年 1 月 13 日）	流星	夜见流星，犹是秋初风景，世事殆不可问也。
同治六年十一月初二日（1867 年 11 月 27 日）	流星	流星如月，掠屋角斜飞而北，光始散。
光绪六年五月十五日（1880 年 6 月 22 日）	月食	日夕月食。
光绪六年十一月十五日（1880 年 12 月 16 日）	月食	是夕，月食至二时之久，天黑如磐，亦历来所罕见也。
光绪七年五月初一日（1881 年 5 月 28 日）	日食	卯刻，日食一分十三秒。

资料来源：郭嵩焘：《郭嵩焘全集》第八册，梁小进主编，岳麓书社 2012 年版，第 325、415 页。郭嵩焘：《郭嵩焘全集》第九册，梁小进主编，岳麓书社 2012 年版，第 13、250、310 页。郭嵩焘：《郭嵩焘全集》第十一册，梁小进主编，岳麓书社 2012 年版，第 269、330、375 页。

光绪十四年（1888 年），一生辗转各地、曾离父母之邦宦游西洋且即将走到人生尽头的郭嵩焘谓："吾尝以人事卜之，知必不足以迓天休，天象所不敢论也。"[1] 晚年的郭氏亦有"天人感召之理，宜有然也"的感叹，然而从另一层面上看，仰观天象对于郭氏来说，已不是中国传统意义上"以占知人事吉凶"的作用，可以说此时他已开始有意追求天外宇宙运行的本质。

郭嵩焘内心深处的矛盾和对"天人感应"的信仰，一方面来自他儒学基底的本能，一方面他看到西方势力强行进入，国势贫弱，触目惊心。国治民安、清平盛世，尤甚"治出于一，而礼乐达于天下"[2] 的三代盛世，才是儒士人臣最想看到做到的，而对于一身抱负、仕途多舛的

---

[1] 郭嵩焘：《郭嵩焘全集》第十二册，梁小进主编，岳麓书社 2012 年版，第 321 页。

[2] 欧阳修、宋祁编：《二十四史·新唐书》，中华书局 2000 年版，第 197 页。

末世清官郭氏来说，他只能把自己的忧国忧民之心寄寓于求索天道。这绝望的困难仿佛斯宾诺莎所指"即使毫无休止地追求命运的善意，但那是不确定的"①，当人无法以一己之力改变或无法阻挡前进时，人们的心理期望和需要便会转移而寻找替代物作为寄托。况且，占星点穴等方术堪胜其任，它在崇尚实学、经历西学洗礼的郭嵩焘这里时常是矛盾的显现，天人感应之论在他不过是末世忧心的无奈释怀；而在普通清人、卫道士以及奉天承运的皇帝心中却是积久成势的心理诉求，因此有道光帝"斋戒祈祷、下诏修省"。

这种外在的导向性力量不可避免且不知不觉地支配着社会文化和社会心理。如果说同样是价值依托，那么西方人在文艺复兴之后摆脱了占星学外在力量的束缚，以自我导向性的内在力量，即自身的力量和价值，追求对于国家、社会、人生的期望和理想；到了19世纪西人不知不觉地被科学主义、技术文明异化，科学技术成为帝国殖民侵略和统治的工具，普通人的命运和价值也重新归于外在力量，系在机器的每一个零件上。

郭嵩焘早年指出"阴阳占验家但据所见以定灾祥，不复论其本质也"②，至英明示星宿学与天文学大有区别，每每至此即止。西方占验与科学分水背后的历史推动力，是文艺复兴与宗教改革两大运动给予西人思想上的解放，从哲学上规定了"知识"来源于严格的概念规定、逻辑推理和明晰论证。中国则在温和渐进的文化特性中，自始至终沿着歧路哲学蹒跚徘徊——"道"对宇宙规律、天人关系的阐释，以自明性的观念为前提笼统含糊的附会、类比，导致了无数徒劳的思考与追求。道光帝下诏修省，是为道德修身，今者所谓"省"，应是解"天道"，回归事物之间的实在联系，科学远征之外别有帝国间的较量、经济入侵和文化传播；西媒提醒业余观测者不必远行，是一种理性的善意，今者说来应是警醒人们，人的价值和尊严正在被技术无声无息地异化，导向一种新的歧路。虽然郭嵩焘深知天文与占验两别，却不知二者同样会使人趋之若鹜。

---

① ［荷］斯宾诺莎：《神学政治论》，温锡增译，商务印书馆2009年版，第58页。
② 郭嵩焘：《郭嵩焘全集》第八册，梁小进主编，岳麓书社2012年版，第415页。

第六章　自我修正——郭嵩焘四记海王星

郭嵩焘重视考察西方科学技术，在英期间结识英国皇家学会科学家，受邀前往观摩他们的各种科学活动。在前面章节中，笔者分别从天文仪器、宇宙图景、光谱实验、天象观测等方面勾勒出郭氏对西方天文学的认识与改观。

认识是一种过程，而不是一种状态。诚如，新康德派纳托普（P. Natorp，1854~1924）所言：

> 认识的存在除去作为"形成"（Fieri）以外是无法理解的。只有"形成"才是事实。认识企图使其凝固的任何实体（或对象）都必须要在发展的潮流之中重新溶解。正是在这一发展的最后阶段，而且只有在这最后阶段，我们才有权利说：这是"事实"。因此，我们能够而且必须探索的东西就是位于这一过程背后的规律。①

作为深浸中国文化的儒士代表，作为一个拥有传统文化基底和个体思维的人，郭嵩焘对西方文化的认识充满着复杂性，在横向切块分析后，不免将郭氏知识吸收和思想变化的逻辑条理打乱，下面笔者将借郭

---

① ［瑞士］皮亚杰：《心理学与认识论》，黄道译，结构群文化事业有限公司1990年版，第2-3页。

嵩焘"四记海王星"一事，以时间顺序为导引，纵向综合分析。吴以义认为，郭嵩焘凭着他的颖悟，触及了科学研究的本质，提供了"国人对科学精神的最早的接触和品鉴"的例证[①]。接下来将就此例证予以阐述剖析。

第一节　郭嵩焘天文学认识态度的渐变

郭嵩焘在光绪三年至光绪四年（1877~1878 年）两年出使期间，以极大的热情关注和考察英法最新的科学发现和技术发明，直入英法精英界，结交社会名流，与科学家、工程师等人频相交流学习。这里在讨论"四记海王星"前，首先以时间为轴，梳理郭氏两年间有关天文学的交往活动（表 6.1），解析他思想异动的几个时间点，以供作为讨论郭氏"四记海王星"的思想维度的铺陈。

表 6.1　郭嵩焘出洋期间接触西方天文学情况表

日期	主要内容	宇宙图景	光谱知识	天文与占验	思想体悟
光绪三年二月初九日	参观大英博物馆见陨石标本。			陨石坠入地球，星象与占验无关。	
光绪三年二月廿六日	于机器店见幻灯示五星行度。	借助幻灯再现宇宙图景，天体运行。			学术集会上西人相与讲求热学、光学、化学之精微，可谓极学问之能事矣。
光绪三年三月十一日	詹姆斯·查理士讲日月五星及光谱测质。	了解天体物理性质，见五星图。	见测光气图，各物质对应各色光谱线。		因光气相应，知日地物质组成略同。
光绪三年三月廿六日	郭嵩焘言英占星与天文学有别。			占验与天文学有别。	

---

① 吴以义：《海客述奇》，上海科学普及出版社 2004 年版，第 105 页。

续表

日期	主要内容	宇宙图景	光谱知识	天文与占验	思想体悟
光绪三年五月廿三日	参观格林尼治天文台。			金星凌日数据的处理。	机械动力仪器，精求至秒。
光绪三年八月十八日	初谈海王星，论本有星，行度远不可测。	凡物相吸，以气相摄。			了解万有引力定律，错误理解海王星发现方法。
光绪三年十月初五日	参观天文学会，言英国今无占验术。				科学与迷信相区分。
光绪三年十月十六日	与李凤苞谈洋流、潮汐现象。	地球物理性质，地月关系中的吸力。			增进对宇宙图景、万有引力的认识。
光绪三年十月十八日	马格里讲伽利略立日心说。	了解地球及五星绕日运行，太阳居中统摄。			
光绪三年十月廿九日	参观牛津大学天文台，讨论中国古代天文记载，亲自观测金星。	亲自观测金星位相，金水二星皆绕日运行。			西洋推测精微，其用心勤矣。亲眼所见，信不虚也。
光绪三年十月廿九日	述欧洲近代科学始于培根。	伽利略地动说。			实学始于培根，天文窍于牛顿。欧洲各国富强溯源于学问考核。
光绪三年十一月十七日	记伽利略研究"摆"，西洋机器，其源皆自推算始也。				西洋机器，出鬼入神，其源皆自推算始也。
光绪三年十一月十八日	详述英国近百年来科学发展历程。	光学渐进，以望远镜、天文台观天。			推算之术经观测检验，实事求是兴起。
光绪四年正月初十日	见东京《开成学校一览》，记学科分类、学制、课程，基本都是务实之学。	记物理学考核要点，明确使用"力"。			

续表

日期	主要内容	宇宙图景	光谱知识	天文与占验	思想体悟
光绪四年正月十一日	谈以金星过日测量日地距离。	记由金星过日推测日地距离。			
光绪四年正月十二日	谈以光谱能知天体化学成分。		洛克耶以光学测天体成分。制一镜窥火色辨金属。		
光绪四年正月廿四日	记光谱寻未知元素及海王星测得方法。	因行星轨道吸力而发现新星。	化学元素六十四种，发现新元素镓，以光谱法寻找未知元素。		先凭空悟出，再寻得。见西人用心之锐，求学之精。
光绪四年三月初七日	严复纵谈西洋实学。	地球自西转，全球风向形成。			
光绪四年四月廿九日	严复谈西洋学术之精深。	牛顿见果落而悟地心引力。			英国学问乃各取所需，取之不尽。
光绪四年五月初四日	观光谱实验及谈太阳黑子。	太阳物理特征。	观分光实验。	太阳黑子与气候关系。	未敢深信。
光绪四年五月初九日	观月球照片及光谱图。		观光谱图，按图辨影，因色以知物质。		
光绪四年六月十六日	参观法国国立图书馆，见大天文地球二架。	以地心说构建的宇宙体系模型。		四十八星座以观星气。	忆起《梅氏丛书》有言。
光绪四年六月十九日	参观巴黎天文台。				
光绪四年七月二十日	马建忠言西洋实学之缘起。	伽利略地动说。			西洋实学信亲眼所见，推理所得。

续表

日期	主要内容	宇宙图景	光谱知识	天文与占验	思想体悟
光绪四年八月初一日	记天文发现，将宇宙图景。	由海王星发现做引，谈宇宙体系，发现火星卫星，寻找"火神星"。			以数理而得之者。
光绪四年八月初六日	谈月球。	月球物理特征。			
光绪四年十一月廿五日	马建忠谈数学及海王星发现，天文学。	谈海王星发现，日气摄统一世界。宇宙图景等。			其言似诞，然亦略见天地之广大矣。
光绪四年十二月初六日	中国各种学问皆精，而苦后人不能推求。		西人解释中国透光镜如何制成。		西人从天文、光学、化学、医学论中国学问之精，只是近人不思推求。

资料来源：本表据《郭嵩焘全集》第十册整理。

相较于其他西方科学门类来说，天文学较早地进入中国。就今天已刊的各种文献及实物证据来看，西方天文学向东方流动，是一个持续了至少两千多年——也可能更长得多——的历史。[1] 时至清代，帝王对天文学的浓厚兴趣无疑为士大夫直接提供了延展传统"天""气"概念的新议题。另一方面，清末国困民穷，儒者谈及"天文"自有认为"天象示警"之意。郭嵩焘解释其原因："因念天地之气，有通有塞，而人因之以为盛衰"[2]。郭嵩焘所以有这样的认识，是因为受到近代西方天文学东渐和历史环境的影响，在出国前与友人的交往中，他就已接触到一些西方天文学知识，并以自己的儒学自然观判断汲取。

咸丰六年（1856年），郭嵩焘在江浙之行中首次直接接触到西洋事

---

[1] 江晓原、钮卫星：《欧洲天文学东渐发微》，上海书店出版社2009年版，封一。

[2] 郭嵩焘：《郭嵩焘全集》第八册，梁小进主编，岳麓书社2012年版，第76页。

物。如前述"宇宙图景"一章所提及的，郭氏与浙江经学家邵懿辰谈论"日心说""宇宙体系"时，邵懿辰从佛学的文化视角解释西方天文学概念，郭氏没有随之应和，只是觉得"其说甚奇"。显然，就此看来，在开明与保守、西学与传统之间，中国知识分子纷纷调整自己的观看视角，使得异域文化中的新奇观念所带来的震撼不至过于强烈，而郭嵩焘的不同是一开始就选择了一种异乎常人的沉默且理性的态度。

数月后，郭嵩焘在与友人宋翔凤[①]的切磋中，明确分辨出友人以君民关系推岁差在代表君的日，而"古今皆此民，是以无差"故不在星的说法，源出"老成典则"的黄老之道，不足以驳梅文鼎据西法所言的"岁差当在恒星，不当在日"的说法。[②] 郭嵩焘之所以能做此判断不仅得益于他扎实的中学功底，更在于他对清代天文学发展历程的大致清楚。亦如他在法国国立图书馆见到地球及 48 星区模型时便感言："《梅氏丛书》亦言及之"。这些，至少说明郭嵩焘对梅文鼎这位"去中西之见，平心观理"的"历算第一名家"及其天文学著述的了解。又如王韬有云：

> 海内所知者，尚有李壬叔、邹特夫数人在也，是则中国之明西学者未尝无人。[③]

郭嵩焘与王韬所说的李善兰、邹伯奇都曾有过往来。同治元年（1862 年）李善兰来访，惠赠《谈天》十八卷，[④] 郭氏在记此事时字里行间流露出他的荣幸之感，和他对李善兰于近代西方天文学造诣及成就的赞赏。同治年间（1861~1875 年）郭嵩焘出任广东巡抚又结识精通天文历算者邹伯奇，见其"所藏地球行度图"，删改邹伯奇为冯桂芬《西算新法直解》所作的序，并道自己"于此学未窥门径，不能加改，略节其

① 宋翔凤，1779~1860，晚清学者，具经世致用心志，于时势感慨甚深，与龚自珍、林则徐等交往颇洽。
② 郭嵩焘：《郭嵩焘全集》第八册，梁小进主编，岳麓书社 2012 年版，第 49 页。
③ 王韬：《瓮牖余谈》，陈成国点校，岳麓书社 1988 年版，第 65 页。
④ 郭嵩焘：《郭嵩焘全集》第八册，梁小进主编，岳麓书社 2012 年版，第 564 页。

繁冗而已"①。从中亦可见，郭嵩焘与时人中通近代天文学者，其中也包括美国传教士丁韪良②，来往颇多，相谈天文甚欢。

邵懿辰以佛学解释日心说宇宙体系，薛福成也曾用邹衍大九州来解释新世界的地理观念，在西学东渐的历史进程中，传统中的遗存以一种独特的方式架起了中西文化会通的桥梁，或说以一种兴西学保中学的双重效应，推动着近代中国"变外来为内在"这一自我更新的历史进程。③所谓开明国人还在使用固有的"文化"拐杖处理自己所遭遇到的文化艰巨④，郭嵩焘则以一种令人惊异的冷静，接受了西方天文学知识。在"天文仪器"一章中，笔者将郭嵩焘的这种表现称作"一种客观持中的态度"，并视其来自郭氏认为中国有"道"，西方亦有"道"的哲学思想。从上来看，郭氏这种观看西学的认识态度在他出使之前就已形成。

那么，可以将郭嵩焘出使前作为他对西学认识的第一阶段。此时郭嵩焘对西方天文学的认识特点如下：一是他具有客观持中的态度，远超越主张"中体西用"之人；二是他对"日心地动"的宇宙体系形成最初印象，邹伯奇的《地球行度图》又为他建立起直观感受；三是他出使前已与国内西方学者有直接交流，其内容也并非坊间谈笑；四是他认为占星与天文学不可相提并论，黄老之学不足以驳西学。

郭嵩焘出使期间则可作为他对西学认识的第二阶段。根据上面梳理的两年间郭嵩焘在英法接触天文学的大事表来看，郭氏对西方天文学的认识过程，是从得知基本的宇宙观，到通过了解西方科学发展史从而在一定程度上获知科学发现方法，再到通过自己仅有的关于西方天文学的

① 郭嵩焘：《郭嵩焘全集》第九册，梁小进主编，岳麓书社 2012 年版，第 131 页。

② 郭嵩焘：《郭嵩焘全集》第十册，梁小进主编，岳麓书社 2012 年版，第 50 页。郭嵩焘光绪二年八月十二日（1876 年 9 月 29 日）日记载，在总理各国事务衙门"与丁冠西商派出洋官学生"；其诗文中《中西见闻录选编序》，应为出国前所作，丁韪良此书出版于光绪三年，序中道，"冠西之为人，为足任道艺相勖之资，为尤难能也。"

③ 丁凤麟：《薛福成评传》，南京大学出版社 2002 年版，第 344 页。

④ Harvey Levenstein, *Seductive Journey, American Tourists in France from Jefferson to the Jazz Age*, Chicago: University of Chicago Press, 1998，载郭少棠：《旅行：跨文化想象》，北京大学出版社 2005 年版，第 62 页。

知识，判断同僚畏友间所谈内容、对比反思中国学问近人不精的原因，循序渐进的。与第一阶段相比，在英两年间，郭嵩焘对西学无成见且不以中学阐释，其客观中立的态度是始终不变的。可以说，多元的文化价值观是郭氏能够看清中西文化差异、获知更多知识、反思国势渐微的思想根源。结合上面"郭嵩焘出洋期间接触西方天文学情况表"，为方便后文论述，笔者将郭嵩焘在英接触西方天文学的情况，以光绪三年十月（1877年11月）、光绪三年底（1877年底）、光绪四年（1878年）为关键时间节点进行阶段划分，则郭嵩焘出国前为第一阶段（1876年12月前），出国后至光绪三年十月前（1876年12月~1877年10月）为第二阶段，光绪三年十月到年底（1877年11月~1878年初）为第三阶段，光绪四年（1878年）为第四阶段。

从郭嵩焘出国前有关"日心地动"说论述来看，他尚没有明确地阐述认同西方宇宙图景，并且在第二阶段即光绪三年八月（1877年9月初）前，郭氏接触西方宇宙图景仅有两次：

> （光绪三年二月）廿六日。……机器店纽等与张听帆旧好，携式〔自〕制影镜相示，变化动移，出奇无穷，于日月五星之行度，及日月薄蚀、彗星隐见，皆测量其数，用影镜推之。
>
> （光绪三年三月）十一日。铿尔斯邀观显微镜及论天文。……其月〔室〕中悬五星图，又悬测光气各图，黄者为铅，青者为铁，向日照之，知日中所产与地球略同，以与其气相应也。①

与光绪三年十月十八日（1877年11月22日）郭嵩焘记马格里所言，伽利略"始推知五星及地球均绕日而行，太阳居中统摄之"②相比，这两次记录中，虽然出现了"日月五星之行度""五星图"等含混着西方

---

① 郭嵩焘：《郭嵩焘全集》第十册，梁小进主编，岳麓书社2012年版，第169、181页。
② 郭嵩焘：《郭嵩焘全集》第十册，梁小进主编，岳麓书社2012年版，第329页。

天文学知识的词语，但"日心地动"说却没有引起郭嵩焘的注意，他甚至没能详细描述出宇宙图景，至少没有充足的证据可以判断，郭嵩焘在光绪三年十月前已经认可并建构起了清晰的"日心地动"说的宇宙图景。

第三阶段时间至光绪三年年底，这一阶段的突出特点是，郭嵩焘密集接触到了许多有关西方科学发现的历史以及一些关于科学方法的讨论，最终通过阅读慕维廉（William Muirhead，1822~1900）中文译著《大英国志》"略考英国政教原始"[1]、英国海外殖民发拓史，以及包括大量天文学成果的各种科学发明，大发议论，言"西始盛于文艺复兴之后，哈雷测水星凌日而科学发现日趋得益于实验。日后天文仪器、讲求化学等科学研究，所具备的'实事求是'精神"，自此兴起。在这里，郭嵩焘特别提出了近代西方科学得益于实验的科学方法以及"实事求是"的科学精神。本章第二节"郭嵩焘以史论实学"中，将对此阶段形成的郭嵩焘实学思想作具体而深入的论述。

第四阶段为光绪四年，这一年中郭嵩焘接触西方天文学的态度一反上年，几次记述他与西方学者或友人谈天文学时提出自己的看法和质疑。在这一年内，郭嵩焘对西方天文学的记载一改光绪三年平铺直叙的叙述方式：特点一，归纳逻辑方法相近的科学发现一并论述。如：光绪四年正月廿四日（1878年2月25日），郭氏记化学镓元素的发现过程，又记海王星发现，二者都是"凭空悟出，则遂有人寻求得之"[2]；特点二，与学者或留学生交流时提出自己的有关判断。如：光绪四年三月初七日（1878年4月9日），与严复议论纵横，郭氏问"从南北纬度以斜取风力……其故何也"，"由地球从西转，与天空之气相迎而成东风，赤道以北迎北方之气，赤道以南迎南方之气，故其风皆有常度"。[3]光绪四年四月初五（1878年5月6日），洛克耶讲解以光谱法研究太阳和太阳黑子对天气的影响，郭氏问何故，洛克耶仅以太阳与其他行星物理特

---

[1]　郭嵩焘：《郭嵩焘全集》第十册，梁小进主编，岳麓书社2012年版，第354页。
[2]　郭嵩焘：《郭嵩焘全集》第十册，梁小进主编，岳麓书社2012年版，第413页。
[3]　郭嵩焘：《郭嵩焘全集》第十册，梁小进主编，岳麓书社2012年版，第452页。

征不同而无以存氧气的猜测和近年来太阳黑子与旱涝规律的归纳为答，对这一缺乏演绎和验证的结论，郭氏的判断是"未敢深信"①。光绪四年五月初九日（1878 年 6 月 9 日），郭嵩焘于德拉鲁处观月球照片及光谱图，此前他已学习到大量光谱学知识，此处极为精准地总结道"按图辨影，即可因色以知物质。西人知二曜及经纬诸星体质，是用〔用是〕法也"②。光绪四年八月初一日（1878 年 8 月 28 日），因发现火星的两颗卫星、寻测"水内行星"与海王星发现均系数理方法在先，再以观测为方法进行验证，郭氏记述先以海王星发现提缀引出后文，再列举数理方法相同的实例，他的叙事思路非常清晰。光绪四年十一月廿五日（1878 年 12 月 18 日），马建忠与郭嵩焘谈近时天文学界接连测得新星，皆积算而知；太阳由热所成，不能生人，日月对地球、五星之功用；月球的物理特性及其景观；流星、流星雨的形成。其中多有失误，郭嵩焘认为"其言似诞"。在今天看来，马建忠的说法错误颇多，例如：

> （光绪四年十一月）廿五日。……天文士测出各星，皆积算而知。英人侯实勒〔赫歇耳〕始推知天王星行度，至一千八百二十年，法人歪立爱〔勒维烈〕见其行度又有差，于是又推知其上更有巨星相摄，又测出海王星。至歪立爱又测出金星与日相距中又有一星。法国医士类斯嘎尔布〔累卡尔博〕闻而测量窥见之，犹未能定也。近年美国洼得生〔詹姆士·沃森〕、英国禄吉尔〔路易斯·斯威夫特〕始共寻得此星。③

其中也有"硬伤"："火神星"被预测在水星与太阳之间，而非"金星与日相距中"；勒维烈预测海王星的时间 1820 年，应是 1846 年。还有，其所讲"五星、地球承之以生物"，五星者因"水气上腾为雾，

① 郭嵩焘：《郭嵩焘全集》第十册，梁小进主编，岳麓书社 2012 年版，第 509-510 页。
② 郭嵩焘：《郭嵩焘全集》第十册，梁小进主编，岳麓书社 2012 年版，第 518 页。
③ 郭嵩焘：《郭嵩焘全集》第十册，梁小进主编，岳麓书社 2012 年版，第 679 页。

故测五星者不能得其高下纵横之势"，这种五星中有水及生命的说法确属无稽之谈；此外，关于肉眼观测流星角度以及流星必出现于夏秋"黄道、赤道相交处"也是错误的。[①] 尽管如此，郭嵩焘还是以"然亦略见天地之广大矣"总结这次谈话。

从叙述方式来看，以上四个阶段，郭嵩焘基本上采用了"展示"（Showing）的叙述方式，尽量少用"讲述"（Telling）的方式，以追求客观的叙述风格。这都表现出他对察乎天地、问求宇宙法则的兴趣和理性追求。

第二节　出使中郭嵩焘以史论西方实学

李约瑟认为，儒家思想对科学的负面作用是"把注意力倾注于人类社会生活，而无视非人类的现象，只研究'事'（Affair），而不研究'物'（Thing）"。[②] 尽管明清时期，实学盛行，研究如历史、地理、边疆、文字、音韵等经世致用、具体事物的学者较多，但对于一般的知识者离实际的自然知识还很远。中国古代的经验主义者以客观实在的态度对待自然，对经验没有产生过休谟式的怀疑，对经验的整理也缺乏程序和方法，而西方近代科学技术的发展与其背后的科学方法、科学精神的构建始终是统一的。郭嵩焘出使英法期间，亲身感受到了西方民众务实的态度和重实学的风气，尤其可贵的是，郭嵩焘认为西方"实学"即科技发达的认识论根源在于西方真正重视实事求是，并从哲学层面将中国考据学意义上的"实事求是"命题与西方的科学实证精神统一起来，明确提出"实事求是，西洋之本也"的鲜明观点。[③]

光绪三年下半年的数月中，即上节所指第三阶段，郭氏曾多次在日记中讨论西方"实学"，从深入探究西方科技发达背后的哲学根源，到

---

① 郭嵩焘：《郭嵩焘全集》第十册，梁小进主编，岳麓书社 2012 年版，第 680 页。
② 李约瑟：《中国科学技术史 中国科学思想史》，科学出版社 1990 年版，第 12 页。
③ 杨小明、甄跃辉：《郭嵩焘科技观初探》，《科学技术与辩证法》2009 年第 4 期，第 77 页。

实验科学方法、精神气质的悟及，再到明了近代世界文明格局的转变与"实学"在其中的作用。

郭嵩焘在日记中曾两次述论西方古近代交替时期的科学思想发展，称西方实学兴起于培根：

> （光绪三年十月）十八日。马格里言：二百年前意大里人格力里渥〔伽利略〕精天文，始推知五星及地球均绕日而行，太阳居中统摄之。时罗马教皇主教谓其与耶稣教书违背，系之狱，而其说渐行于西洋：治天文者皆宗之。百余年前英人瞻勒尔〔E. Jenner，詹纳〕以痘症为害，颇穷其旨，因见取牛乳人出痘皆轻，推知牛亦出痘，取其浆试之，亦起颗如痘，因推穷其脉络而创为牛痘之说。英国医者大哗，其说竟不能行。瞻勒尔既没，英人精医理者乃推衍其说行之，其法遂遍及各国。故以为心得之理，晦于一时，而必显于后世也。
>
> （光绪三年十月）廿九日。英国讲实学者，肇自比耕〔培根〕。始时，欧洲文字起于罗马而盛于希腊，西土言学问皆宗之。比耕亦习剌丁、希腊之学。久之，悟其所学皆虚也，无适于用实〔实用〕，始讲求格物致知之说，名之曰新学。当时亦无甚信从者。同时言天文有格力里渥〔伽利略〕，亦创为新说，谓日不动而地绕之以动。比耕卒于一年〔千〕六百二十五〔六〕年，格力里渥卒于一千六百四十二年。至一千六百四十五年，始相与追求比耕之学，创设一会，名曰新学会。一千六百六十二年，查尔斯第二崇信其学，特加敕名其会曰罗亚尔苏赛也得〔Royal Society，皇家学会〕。罗亚尔，译言御也；苏赛也得，会也。而天文士纽登〔牛顿〕生于一千六百四十二年，与格力里渥之卒同时。英人谓天文窍奥由纽登开之。此英国实学之源也。相距二百三四十年间，欧洲各国日趋于富强，推求其源，皆学问考核之功也。[①]

---

① 郭嵩焘：《郭嵩焘全集》第十册，梁小进主编，岳麓书社 2012 年版，第 328-329、340-341 页。

　　在以上两段有关"培根"的记述之前，郭嵩焘就对"实学"的西方意义做了明确的界定，他认为"实学，洋语曰赛莫〔英〕斯〔Science〕"①，也就是说他所指"实学"是西方近代科学技术。当朝野有识之士逐渐开始认识西方格致之学时，郭氏已关注到了格致赖以发展的指导思想和方法——现代西方文化贯穿着一切诉诸证据的务实精神，而与中国传统的奉古圣先贤为神明和空谈心性的虚妄状况迥异。伽利略冒天下之大不韪提出日心说，詹纳牛痘免疫法初起不得行世，而后被实践检验得到公认，郭氏称其为"心"得之理。光绪三年十月廿九日（1877年12月3日），郭嵩焘至牛津大学天文台参观，亲自做了一次金星位相的观测，称赞"西洋推测精微，其用心勤矣"，亲眼所见，"信不虚也"。②孟子区分耳目之观和心之观的认识不同，荀子进一步认为"心有征知"是对感觉印象进行分类、辨别和检验的方法。由此定义出发，郭氏的"心"得还仅仅停留在经验分析的层次上。而后他又倡培根开新学，不同于拉丁、希腊文化；久之英国人才领悟古代学问之"虚"，日趋崇信培根和其开创的"新学"。实际上，西方近代自培根大力提倡后，观察与经验方法成为一种重要的科学方法。如恩格斯（F. Engels）所说："在希腊人那里是天才的直觉的东西，在我们这里是严格科学的以实验为依据的研究的结果，因而也就具有确定得多和明白得多的形式。"③郭嵩焘虽言实学赞培根，认为欧洲富强为"学问考核之功"，却还未对科学理论与科学实验间的关系形成深刻的认识，其字里行间蕴含的是一种基于知行观对中国相袭成风的崇古宗经思维方法的反思。

　　马克思（K. Marx）称培根是"英国唯物主义和整个现代实验科学的真正始祖"④。光绪二年（1876年）林乐知在其《强国利民略论》中指

---

① 郭嵩焘：《郭嵩焘全集》第十册，梁小进主编，岳麓书社 2012 年版，第 164 页。
② 郭嵩焘：《郭嵩焘全集》第十册，梁小进主编，岳麓书社 2012 年版，第 339 页。
③ ［德］马克思、［德］恩格斯：《马克思恩格斯全集》第 20 卷，人民出版社 1971 年版，第 370 页。
④ ［德］马克思、［德］恩格斯：《马克思恩格斯全集》第 2 卷，人民出版社 1972 年版，第 163 页。

出："今中国率由旧章，动轻西人……，是盖今之中国与二千年前之西国无殊。我西国三百五十年来有识见迈众之大臣出，不敢谓古人尽非，亦不必尽信古人为是，于古人之事业择其是者存之，取其非者改之，反古之道不为悖，从今之法不为偏，于是格致之学传之今日而愈讲愈精矣。"①光绪三年正月至九月（1877 年 3 月至 10 月），慕维廉与沈毓桂合译培根《新工具》，以《格致新法》为名连载于《格致汇编》上，《万国公报》光绪四年（1878 年）第 505~5l3 期再转载。国内追随西方同一时间谈论培根，不能不说这是西方主导下晚清有识之士的有意之举，即通过介绍西方近代思维方式变革的历史经验，促使中国近代思维方式的生成，发生历史性的跃进。此时，郭嵩焘也谈培根，又于欧洲亲身体会，相较国人理解更加透彻，倍加推崇培根以及实学也属正常。

　　光绪三年十一月十八日（1877 年 12 月 22 日），郭嵩焘洋洋几千字逐年对比中英近百年来发展，尤其指出英国科学进步的历程，指出"立国千余年终以不敝，人才学问相承以起，而皆有以自效，此其立国之本也。……中国秦汉以来二千余年适得其反。能辨此者鲜矣。"②。至英仅仅一年，郭氏对英国政治、科学发展的了解之深入，令人叹为称奇。潘光哲认为《大英国志》的述说，是郭嵩焘有此认识的重要"思辨资源"之一。③郭嵩焘于光绪三年二月十八日（1877 年 4 月 1 日），从张听帆处借得慕维廉所著《大英国志》一部，他当时对该书的评价并不高，称该书"所论开国纪原，全不分明。又慕维廉故教士，尊所行教，奉之为宗主，以纪国事，皆据教为名，往往支离舛互，人名、地名，又多异同牵混，甚不易读。"④

　　《大英国志》使用编年体，"记载首重法律"，"英史有本纪而无列

① ［美］林乐知：《强国利民略论第三》，《万国公报》第 393 卷，1876 年 6 月 21 日，第 611 页。
② 郭嵩焘：《郭嵩焘全集》第十册，梁小进主编，岳麓书社 2012 年版，第 357 页。
③ 潘光哲：《追索晚清阅读史的一些想法——"知识仓库""思想资源"与"概念变迁"》，《新史学》2005 年版第 3 期，第 148 页。
④ 郭嵩焘：《郭嵩焘全集》第十册，梁小进主编，岳麓书社 2012 年版，第 161 页。

传（名人事迹具见他书），一代政教兵刑，事无大小，悉统于纪。体例既异，文字遂繁，观者勿讥其凌杂无节也"。[①] 两大册史志，凡例自述初看之下，一般人确实会有郭嵩焘所评价不易读的感觉，然而他一年读下来竟将两册十二万五千余字内容浓缩成两千余字，由西方议院、文化、交通发展之始论起，"略考英国政教原始"与各种科学发明、海外殖民开拓的记录，大发议论[②]。除去议会政商等史实记载，此处抽吸出郭氏述英国史中科学技术发展：培根著《新工具》论，使后学愈知考察象纬术数；哈维（W. Harvey）证实了动物体内的血液循环现象；哈雷记录水星凌日，而天文观测日精；郭氏赞"观象仪器，及格物家讲求化学，实事求是，多兴于其时"[③]。他以时间为序写道：1660 年，皇家学会成立，集天文学者、数学者，资助科研；牛顿著《光学》；开普勒造望远镜；弗拉姆斯蒂德（J. Flamsteed）创制星表；哈雷考察彗星的运行轨道；1675 年始建天文台；瓦特发明蒸汽机；1769 年，开煤矿，以蒸汽机汲水；1785 年，发明蒸汽动力织布机；1781 年赫歇耳发现天王星；1789 年，发现土星两卫星；1796 年，詹纳创种牛痘法；1807 年，制煤气灯；1811 年，造蒸汽轮船；1816 年，戴维（H. Davy）设计出安全矿灯，挽救矿工生命；1829 年，造蒸汽动力火车；1838 年，设电报通信；1840 年，成立通信公司；1851 年，营造玻璃博物馆。[④] 发现、发明的顺序井然，加之郭氏能够按照自己的论点立意简述，说明他已准确了解了英国科学发展的成果和英国"长技"的由来。

> 〔郭嵩焘〕（光绪三年十一月）十八日。……其后查尔斯第一即
> 位，国变多故，而学艺始盛。哈尔非〔哈维〕为血络周流之学，而
> 医术益精。哈略〔哈雷〕测水星过日，而推测之术益验。观象仪

---

① ［英］慕维廉：《大英国志》上，鸿宾书局 1902 年版，凡例。
② 邹振环：《西方传教士与晚清西史东渐》，上海古籍出版社 2007 年版，第 144 页。
③ 郭嵩焘：《郭嵩焘全集》第十册，梁小进主编，岳麓书社 2012 年版，第 355 页。
④ 原文见郭嵩焘：《郭嵩焘全集》第十册，梁小进主编，岳麓书社 2012 年版，第 355 页。

器，及格物家讲求化学，实事求是，多兴于其时。[①]

〔《大英国志》〕……自一千六百二十九查尔斯第一立政，自王出之政，至一千六百六十年，高门宄见废之日，三十有一年。国中士人考察之学，以及词章著述彬彬日甚。格物家测验天地功用，万物化生，实事求是，不尚悬揣。哈尔非〔哈维〕始为血络周流之学，实性命之要，理甚易明，其始显鲜有信者，至一千六百五十七年，其说大行，医术为之一变。观象仪器，其制更精，其术益验。无何，而哈略〔哈雷〕测日面有黑点，又有人测水星过日面，为今时新法之证。[②]

对比郭嵩焘转述和原文，可以发现，郭氏理解的准确性和深度在一般国人之上，且将一年来在英国考察中所吸纳的知识都加入其中，并在行文中熟练地精简变换概念。"学艺"在这里分别指代，"学"指代科学，"艺"则指代文学艺术，因原文其后又平行分述"国中语言文字博习精通"，而非清季主流言论中所认为的"科学为艺"[③]。哈雷推测水星凌日之后而推测之术益验，假说与推测最终会以观测手段来验证，由培根开启的"理论必须获得自然的验证的科学方法"可以说此时已经深入郭嵩焘的思想。"格物家测验天地功用，万物化生"被郭嵩焘转述为"观象仪器，及格物家讲求化学"，与他在这一年中观天文台巨镜，以及了解化学和光谱学有极大关系，他进一步指明研究"万物化生"的学科为"化学"。王兴国等郭嵩焘研究者认为："郭嵩焘最大的贡献是把'实事求是'这样的思想和西洋的'科学'精神结合起来"[④]，"实事求是"四字在郭嵩焘关于西学的首次应用，实际上是从《大英国志》转述而来，但据以上对转述细节的分析可见，郭嵩焘在思想和行动上用"实

① 郭嵩焘：《郭嵩焘全集》第十册，梁小进主编，岳麓书社 2012 年版，第 355 页。
② ［英］慕维廉：《大英国志》下，鸿宾书局 1902 年版，第 10—11 页。
③ 严复：《中国现代学术经典 严复卷》，河北教育出版社 1996 年版，第 622 页。
④ 吴铭能：《晚清"湖湘经学研究"座谈会纪录》，《中国文哲研究通讯》2004 年第 1 期，第 21—22 页。

事求是"理解和阐释了西方"科学精神"。他敏锐地突显出西方"实学"即科学发达在认识论和方法论上的原因：西方人真正重视实事求是。曾国藩将"实事求是"与宋儒提出的"即物穷理"统一起来，改造考据学的命题为哲学认识论上的命题。① 由此而言，郭嵩焘的"实事求是"对于西方"科学精神"来说实在是哲学意义上的泛泛而谈。爱因斯坦认为："即使是最明晰的逻辑数学理论，它本身也不能使真理得到保证，要不是自然科学中的最准确的观察来检验，它也是毫无意义的。"② 在方法论上，郭嵩焘通过了解大量科学发现及发明的历史，至少对科学方法中"验证"这个必须的孤立环节已经了然于心。

最终，郭嵩焘通过推究英国政教发展和科学文明发展的历史，并以中国朝代为时间轴重视，认为资本主义的议会民主制度是西方社会长治久安、稳定发展和日益富强的政治基础，他指出：

> （光绪三年十一月）十八日己巳。……推原其立国本末，所以持久而国势益张者，则在巴力门〔Parliament，英国国会〕议政院有维持国是之义；设买阿尔〔Mayor，市长〕治民，有顺从民愿之情。二者相持，是以君与民交相维系，迭盛迭衰，而立国千余年终以不敝，人才学问相承以起，而皆有以自效，此其立国之本也。③

郭嵩焘言："小民之情难拂而易安也。中国秦汉以来二千余年适得其反。能辨此者鲜矣！"④ 上文中仍有一层意思，君民相系的社会制度是维护人才学问相乘以起的保证。其后，郭氏在给沈宝桢的信中，强调了教育是国家振兴的迫切需要：

---

① 李开、刘冠才：《晚清学术简史》，南京大学出版社 2003 年版，第 84 页。
② ［美］爱因斯坦：《爱因斯坦文集》第 1 卷，许良英、范岱年等编译，商务印书馆 1976 年版，第 488 页。
③ 郭嵩焘：《郭嵩焘全集》第十册，梁小进主编，岳麓书社 2012 年版，第 357 页。
④ 郭嵩焘：《郭嵩焘全集》第十册，梁小进主编，岳麓书社 2012 年版，第 357 页。

嵩焘读书涉世垂四十年，实见人才、国势关系本原大计，莫急于学。[①]

在欧洲出使的两年中，郭嵩焘看到了"新学"使英国民众素质提高，还使这个被认为是"夷狄"的民族，成为近代世界"文明之道"。郭嵩焘一席话，道出了近代世界文明格局的转变与"实学"在其中的作用。他说上古中国，"皆以中国之有道制夷狄之无道"，而今：

> （光绪四年二月）初二日。……西洋言政教修明之国曰色维来意斯得〔Civilized，文明的〕，欧洲诸国皆名之。其余中国及土耳其及波斯曰哈甫色维来意斯得〔Half Civilized，半开化的〕。……其名阿非利加诸回国曰巴尔比里安〔Barbarian，野蛮的〕，犹中国夷狄之称也，西洋谓之无教化。三代以前，独中国有教化耳，故有要服、荒服之名，一皆远之于中国而名曰夷狄。自汉以来，中国教化日益微灭，而政教风俗，欧洲各国乃独擅其胜，其视中国，亦犹三代盛时之视夷狄也。中国士大夫知此义者尚无其人，伤哉！[②]

上述文字是传世解惑，是寻觅古鉴，抑或是对历史进程的全面反思，其中心都是贯穿一条连接当下与过去及未来的时间轴线。"计英国之强，始自国朝，考求学问以为富强之基，亦在明季。……推原其立国本末，则在巴力门议政院有维持国是之义……人才学问相承以起。"[③]"以古为鉴"与"为后世法"，以时间作为思维的参照系，注重事物之间的因果联系，这种思维方式以及内外交困的国势或说文化定式赋予了郭嵩焘一种强烈的理性精神，使他看到了西方"实学"繁荣背后支撑的君民相挟、教化民众的政教体系。时间—因果思维框架中的追本溯

---

① 郭嵩焘：《郭嵩焘全集》第十三册，梁小进主编，岳麓书社 2012 年版，第 351 页。
② 郭嵩焘：《郭嵩焘全集》第十册，梁小进主编，岳麓书社 2012 年版，第 419-420 页。
③ 郭嵩焘：《郭嵩焘全集》第十册，梁小进主编，岳麓书社 2012 年版，第 357 页。

源与求实疾虚，是理性精神的体现，依赖于事实的清晰明了，于是科学理性的本质所在——建立在对"预期的验证"之上的因果关系的认识方法进入了郭氏的视线。然而，郭嵩焘所氤氲的儒家文化使他关注的重心始终是偏重于社会人事的，这使得郭氏对"实学"本体思维方法中逻辑反问这一基本方法刚刚探知，就转言社会治乱的枢机了。

第三节　郭嵩焘四记海王星发现及舛误

在郭嵩焘宦游英法的短短两年中，他喜谈西方天文学之最新发现，每每与西士名家来往时多以天文近事为谈资，感慨之时便赞：由此"略见西人用心之锐与求学之精"[①]。郭嵩焘关于海王星发现一事，在其日记中就有光绪三年八月、光绪四年一月、八月、十一月四次记录，可见他对于科学史上这次迸发思想火花事件的共鸣。对郭嵩焘这四次记录，笔者依次录于下文，并作溯因探微。

1877 年 9 月 24 日，郭嵩焘见新报载"法国利非里亚死"，因而他对这件曾经震惊西洋学界和一般民众的事件有所关注，在当日日记中记录如下：

> （光绪三年八月）十八日。……法国利非里亚〔勒维烈〕死，亦见新报。询之，为法国精习天文者。二十年前推去〔出〕海王一星，与英国阿达曼斯〔旁注：阿斯莤人〕〔亚当斯〕相为印证，两人故不相识也。其占法以墨尔曲里〔Mercury，水星〕、纽兰拉斯〔Uranus，天王星〕二星行度稍失常，若有物吸之者，其行速而直。凡物之相吸，必其大者之吸力足以摄小者。以此二星之行度，推知其上必有一星，其气足以相摄，而不辨为何星也。久之而德人始察出一星，名曰勒布登〔Neptune，海王星〕，译言海王也。往闻曹柳溪〔旁注：籀〕论海王星最大，西人近始测出。盖即利非里亚、阿

---

① 郭嵩焘：《郭嵩焘全集》第十册，梁小进主编，岳麓书社 2012 年版，第 413 页。

达曼斯所推出者也。然何以历数千年谈天文者皆未及之？西洋谓天河皆星之聚气也，其行度远不可测。或其中诸星行度有由远至近，天文家得以窥测，遂谓某星间又添出一星，其实皆星之行度由远而近者也。[①]

正如郭嵩焘开篇所言，日记摘自《每日新闻》，吴以义认为郭氏的叙述中"稍有几处不太准确，如把墨尔曲里即水星也扯进了这个故事"[②]，笔者查找1877年9月24日报纸，见两条关于勒维烈去世的讣告，如下：

　　勒维烈，基础天文学家，在与病痛抗争许多年后，于本周日在巴黎病逝。他出生于1811年的圣路易斯，以计算出水星及天王星的轨道最为著名。因后者不规则运动，使他预测出海王星的存在和位置，于三个月后被加勒准确观测到，于是"勒维烈"受到世界关注。1849~1851年，他成为保守派的一员，并致力于教育和科学研究，1852年成为法国高等教育普及的委员和检查者。1853年，阿拉果（D. F. J. Arago）逝世后，他继任巴黎天文台台长，1870年2月离任，他的部下们一直想念着他。勒维烈和法兰西第三共和国首任总统梯也尔有着深厚的友谊。[③]

勒维烈之死

　　我们遗憾地宣布巴黎国立天文台的天文学家勒维烈于9月23日，星期日，上午七点逝世。勒维烈首先被认为是这个国家最为著名的数学家，由于他在皇家天文学会对地球和金星的运动长期不平衡现象的调查上显现出的严谨的测算。但是，如果不是通过法国数

---

① 郭嵩焘：《郭嵩焘全集》第十册，梁小进主编，岳麓书社2012年版，第282页。
② 吴以义：《海客述奇》，上海科学普及出版社2004年版，第63页。
③ "Births, Deaths, Marriages and Obituaries", *Daily News*, Sep 24th, 1877.

学家普尔森与约翰·赫歇耳的沟通，这次测算是不会被立即引起关注的。然而，勒维烈自身的观测能力很快被展现出来，并且通过理论计算获得与亚当斯（J. C. Adams，1819~1892）相近的结果震惊世界。他们独立地预测同一的新行星的运行位置，后被称为海王星。这种以理论首先获得发现并成功观测的能力得到了广泛承认。

以相同的行星原理分别独立预测并没有减损两位数学家的声誉，他们都确定了研究指出的空域，并且在此获得了发现。我们无法在这里枚举勒维烈对天文学，特别是引力天文学所做的各种贡献，但是我们不能忽略他已从事多年，并在他去世前几个月中已取得相当进展的太阳系行星表和理论体系等工作。有史以来，对于天文学来说，没有比这项工作更重要的；作为一个著名的引力天文学科学家，勒维烈的名字也将流芳百世。

勒维烈任巴黎天文台台长，他的离任，以及他在德劳内（Delaunay）死后又继任，我们不做讨论。但是我们认为，尽管勒维烈最初不是一个应用天文学者，但是他的努力指引天文台成为一个被认可的机构，并且他给予了建设性的意见和指导。

勒维烈所关注的科学领域，绝不仅限于天文学。可以说，他是科学研究会的最早发起人，研究会对法国各个领域的科学研究机构成果的激励和采集起到了极大价值。[1]

第一则属中规中矩的讣闻，向公众介绍天文学家勒维烈的生平成就以及表达深切的缅怀。相比之下，第二则主要对勒维烈在科学特别是天文学领域的工作加以评述。英国天文台台长艾里自传所记载的个人生平作品中，可见 1877 年 9 月 24 日艾里在《每日新闻》上发表了一篇《勒维烈的工作讣闻》[2]。上述两则有关勒维烈讣闻，第二则很大可能出自艾

---

[1]　"London, Monday", *Daily News*, Sep 24th, 1877.

[2]　George Biddell Airy & Wilfrid Airy, *Autobiography of Sir George Biddell Airy*, London: Cambridge University Press, 1896, p.399.

里手笔。由此讣闻原文对比郭嵩焘所记，再结合上节对郭嵩焘接触认识西方天文学的阶段性时间划分，大可看出郭氏在第一次谈论海王星发现时的知识结构和理解程度。郭氏记述发现海王星一事，大致过程是，首先关注海王星的发现者之一勒维烈病逝，随之讲解摄动计算的发现思路，联想自己初闻"海王星"是从友人曹柳溪处，最后集合自己所有的知识发表评论。

下面有必要对这一过程详述。

郭嵩焘当日所见的勒维烈死讯主要出自第一则，由此便显而易知郭氏为何在记述中扯进"水星"了。两则讣闻中，对勒维烈成就的评述，并不如今天科普知识中仅仅连篇累牍地讲述和盛赞其在笔尖上发现新星一事，而是指出勒维烈在科学研究机构建设、政治、教育等诸多领域都足以引人关注。实际上，1843 年勒维烈加入法国科学院，起先研究的是水星运行理论；但是，这项初步观测，到 1859 年才被精确完成。中期，随着水星理论的研究发现了海王星。[1] 水星近日点偏离现象的研究思路并非重复天王星摄动与海王星发现，二者本身就是同一理论研究中观测讨论的实际现象。原文中同时提及水星与天王星轨道计算正是由此意而出，郭嵩焘将水星摄动一起并入海王星的发现原因中，可见是此时还未理解到"理论"之所以成立，在于其因果性、规律性、重复性的特征，即重复验证得越多，则所概括的理论便越有可能接近客观真实的准确性。

讣闻中并没有具体介绍发现过程，而郭嵩焘记述了经数学推断发现海王星的基本事实，指出这一发现是源于在观测纽兰拉斯星，即天王星的位置与预推不相合，由逆向思维从摄动效果推求未知摄动星的发现思路。这些内容应该来自郭嵩焘的翻译马格里。由"推出"到"相为印证"的词语使用，可见在他的思想中，勒维烈与亚当斯计算巧合的重点并不集中于一起简单的"发现者之争"，固然他对于"印证"的理解，有可能是读过新闻报道和翻译者耐心解释的先入为主，但这一段在描述基本事实的同时，也简短地表述出了近代西方科学由假设到验证的认知

---

① 　E. Dunkin, "M. Le Verrier", *The Observatory*, Vol.1, No.7 (October 1877), pp.199-206.

过程。郭嵩焘在随后描述中又使用了"吸""摄"两个动词，今人看来也足以辨得近代西方决定论科学观的物理框架，即牛顿力学的因果解释链条。

如前述所讲郭氏在出使前就十分留意西方天文学，与友相论，不妄下评论。郭氏能够很快地调动记忆中的相关内容，"往闻曹柳溪〔旁注：籀〕论海王星最大，西人近始测出"，一方面表明他平日中关注西学之勤，另一方面也体现出他日记中的内容基本不是出于被动地接受，而是经过自己的思考和转换才记录下来的。因此，关于曹柳溪，郭氏"何以特别留意他的意见"①，表层看来郭氏与其交往甚好，他启程时曹柳溪还至上海相送，出使间二人亦有书信往来，②于是郭氏自发性地联想到身边好友的谈论；实际上，就理解本身而言，郭氏根据所闻中词汇和句子等表层形式，并以之为线索，激活自己记忆中的相关世界的知识，连贯成自己的认识。

其后，郭嵩焘阐发议论，串联起西方天文学界借助高倍数天文望远镜观银河提出"白色光芒均为小星"的观点。同时代人阮元在《畴人传》中，细数西方近代早期天文学发展后，这样讲：

> ……自伽离略创造远镜，见天空之界最远，故测天更精，其视物已大一千倍，近三十余倍，冠远镜诸器上，为今大远镜之祖。格里留、舍尼、格勒哥里、海更士、弗浪德继造之，更精于前。侯失勒维廉又继造之，视力率一百九十二，较目力所及远一百九十二倍，能测定天河为无数小星，并测见诸星气。至罗斯伯之大远镜，继弗銮斛拂、梅特勒而出，虽维廉之仅见为星气者，亦知为无数小星聚而成，更别见无数星气及星气诸奇异状，其视力大于侯氏之境，又不知若干倍也。③

① 吴以义：《海客述奇》，上海科学普及出版社 2004 年版，第 63 页。
② 郭嵩焘：《郭嵩焘全集》第十册，梁小进主编，岳麓书社 2012 年版，第 185 页。
③ 阮元：《畴人传汇编》，广陵书社 2009 年版，第 933 页。

　　唐代僧一行说："目视不能及远，远则微差。其差不已，遂与术错。"[①] 尚未接受科学思想的中国人，是以目力直觉分辨天体的远近，试图站在一个平面上以视力所及解释一切宇宙万象。郭嵩焘认为新近发现的这颗星体——海王星，原来在天河中遥远目不能及的地方，因不能看到而不知其存在，但当它移动到近处时，天文学家才看到了，尽管如此，但也不能以"添"来否定这颗星体一直以来的存在。如果从郭氏的立场上看，他是力图在一个比感官直觉更高的层次上，以"物"自古以来的客观存在，批评源于人对遥远天体和广袤天空的直觉印象，然而他这种以观者为中心，忽视三维空间位置为条件的判断，本身就是一种带有主观性质的假想。如果从科学方法上看，郭氏说这颗星体由天河中来，完全脱离"预期验证"的科学方法论，既不是证伪，又不存在特异性，这是一种自说自话的驳难。归根结底，是此时的郭嵩焘没有明白科学上的观测并不是普通意义上的"看"，其意义在于根据理论的预期去有目的地寻找指定的现象，而"看见"这一颗星是被预期的，是对理论的证实，并不在于多看见了一颗星。[②]

　　置入郭嵩焘对西方天文学认识的第二时间阶段，首先，郭氏依据直觉印象的以上诘难，是在尚未建构起清晰的日心地动宇宙图景的背景下提出的，因此，他对宇宙现象的理解，仍是通过直观经验对眼界中球形天幕的直觉感受。例如，在郭氏那里，"星体"与"我"的距离是存在于平面上的，然而在近代西方学者眼中的距离是存在于三维空间中的，而今的相对论中的宇宙则是弯曲的四维时空。此时，郭嵩焘第一次谈论海王星的发现，他的宇宙概念相对于近代西方天文学还处在前范式阶段，正如相对于弯曲的四维时空，近代西方学者竭力证明"火神星"是水星近动的原因却始终未果的前范式行为一样。毫无疑问，郭氏更是不可能遵守近代的科学方法论规矩做出证伪，因此，水星也只能被误认为是海王星发现的直接原因，事实上郭氏难以理解的是，近代科学是从

<hr />

① 刘昫等：《旧唐书》，中华书局 1975 年版，第 1306 页。
② 吴以义：《海客述奇》，上海科学普及出版社 2004 年版，第 64 页。

实践检验到逻辑推理，再从逻辑推理回到实践检验，这样循环上升的过程。

半年后，当郭嵩焘接触到门捷列夫元素周期表的工作时，又议起上面新报所述的新星发现，他在日记中写道：

> （光绪四年正月）廿四日。……因忆往年英人阿达摩斯〔亚当斯〕、法人雷非里亚〔勒维烈〕相与测天文，以为应尚有一星当见。已而意大里人测出之，名曰勒布登，译言海王星也。〔旁注：近见新报，意大里人色启，尤精天文之学。《魔宁波斯》报其病故，相与惋惜。意大里人最讲求天文，由来久矣。〕其法视日轮上下五星相联次，而测其中空缺处，以求其行度与其左右行星吸力。盖其星视日轮为远，则其周天之度亦愈加广阔，是以历无测及者。西洋天文士凭空悟出，则遂有人寻求得之。即此二人〔事〕，亦略见西人用心之锐与其求学之精也。①

吴以义表示十分吃惊，仅仅半年后郭嵩焘的看法何以有这样大的变化：

> 他这时虽然不见得领悟到了我们所说的"科学方法和科学精神"，他毕竟注意到了是因为发现"空缺处"在先，而后得以"悟出"，进而"有人寻求得之"。他还修正了他以前关于这颗星来自遥远的天河的猜想，正确地指出之所以以前没有被观察到是因为"其星视日轮为远，则其周天之度亦愈加广阔，是以历无测及者"。郭嵩焘何以会有这进一步的看法，或者甚至可以说是有此意味深长的改变，史料无考。但他当时身厕英伦首都，或从人言，或得之于新闻报道，都不是不可设想的。②

---

① 郭嵩焘：《郭嵩焘全集》第十册，梁小进主编，岳麓书社 2012 年版，第 413 页。
② 吴以义：《海客述奇》，上海科学普及出版社 2004 年版，第 64 页。

　　当一个人对某些知识现象产生强烈欲望和感情时，容易产生与此相关的想象，其激情越丰富，想象就越活跃，思维创造性也就越能得以充分发挥。郭嵩焘于"先悟后求"的认识转变及作为"自我"所领悟到的意义，不是仅靠耳闻目见可以完整解释的，这应是先建立在一种对西学、西人信服和赞誉的情感上。即便是第一次听闻海王星发现一事，郭氏也想到了曹柳溪曾有所言，并从自己的日常经验出发去理解这件事。

　　理解和联想是生成领悟和意义的基础，理解来自自身全部的知识结构。郭氏将化学元素"推求六十四品中应尚有一种，而后其数始备"，即先测得"镓"性质而后发现的事实，与海王星由发现"空缺处"后得以"悟出"的事实，前后相继记录；述至"意大里人测出"时，郭氏案，见报"意大利人色启"病故。短短一段记录中，郭氏两次由一事一物联想到他事他物，将脑海中相关的观念和表象串联起来，彼时大部分中国人还在用生活常识、中国自然哲学知识譬解西学，而郭氏却准确地联系起了相关的西学事件。

　　理解和联想建立在主体对与自身相关联、相契合的观念，产生认同、接受和融合的基础上。怀特海（A. N. Whitehead）认为，理解从来就不是一个完全静止的精神王国，它总是呈现出一种洞察——不完全的和部分的——过程的特点。[①] 郭嵩焘从第一次记录时，由自己的自觉经验出发，到基于日心地动宇宙图景，理解海王星在太阳系中的运行轨迹，回顾科学发现的历史，为自己认知的西方实学史续上发现海王星一则，他始终在积极吸取和学习的过程中理解、串联相关知识，才使他有了新的领悟。时隔半年，郭嵩焘第三次记录海王星发现一事，仍然是郭氏主动理解、串联自身知识结构努力的例证：

　　　　（光绪四年八月）初一日戊寅，为西历八月廿八日。……西洋天文家尤以寻测向所未见之星为奇。所知数十年前赫什尔寻出一星，即名赫什尔〔旁注：赫什尔为威妥玛之妻父〕；类非里尔寻出

---

① ［英］怀特海：《思维方式》，刘放桐译，商务印书馆 2004 年版，第 56 页。

海王星〔旁注：巴黎类非里尔、铿百里治阿达摩斯同时测星，云有一巨星，为历来天文家所未见。其后美人始寻得之，相与名之海王星。〕①

这段文字记载起于近来天文二事，一为"以数理而得之"火星有两卫星，一为对水星轨道内尚有一行星的测算。这与郭嵩焘的第一次认识相比大有改观，说明他在撷取科学所阐发出来的新鲜事物方面，的确跨出了一大步②。郭氏第三次述海王星发现，他理解和联想的起因自己说得再清楚不过——"西洋天文家尤以寻测向所未见之星为奇"。郭氏的理解过程是不断深入和修正的，从"诸星行度有由远至近，天文家得以窥测"的直观印象，到"周天之度亦愈加广阔"，再到"其光为日所掩，终古无见者"，显然郭氏的进步来源于他对西方宇宙图景的正确认识。身在英伦，或从人言，或得之于新闻报道固然重要，却也是外在的知识传播途径与他获取知识的机遇，领悟在于其自身的理解和联想，甚至认为天王星的发现者是威妥玛（T. F. Wade）妻父约翰·赫歇耳，实际是其父威廉·赫歇耳。西方实学之用心，犹如他身边发生之事亲眼所见，因而他不仅信服所获新知，还尽力用三维宇宙空间视角去领悟数学寻测海王星的意义所在。

然而，郭嵩焘也终究是浅识西学，刚刚建立起西方宇宙图景，对西方实学发展史仅有梗概了解，相比他竭力理解和联想并领悟在新星和新元素的发现方法上的殊途同归，他的观看和思考仍受知识局限，在日记中有未尽和误记之处。第二段记录中，郭氏由"用心求学精矣"联系旁注，提到意大利病故天文学家"色启"，即安吉洛·塞奇（Angelo Secchi，1818~1878）。塞奇是早期进行光谱巡天工作的天文学家之一，从1864~1868年研究了四千颗恒星的光谱。由于基希霍夫已经明确了光谱线的含义，所以恒星光谱的这种差别，就意味着它们的化学组成有所

---

① 郭嵩焘：《郭嵩焘全集》第十册，梁小进主编，岳麓书社 2012 年版，第 581 页。
② 吴以义：《海客述奇》，上海科学普及出版社 2004 年版，第 64 页。

不同①。在此，郭嵩焘忆起海王星发现，惋惜意大利天文学家去世，而郭嵩焘第三次记录海王星之前的日记，讲得恰是以光谱寻找未知元素的新进展，这则日记开篇言："西洋治化学者推求天下万物，皆杂各种气质以成。其独自成气质凡六十四种。……于其光之左右疏密，以辨知其为何品。制三角玻璃镜测日星之光，即知其中所产凡得若干品。"②而天文学家塞奇的终身成就，正是根据恒星物质组成差异，开创了恒星光谱线分类法，最终引向了恒星演化的设想研究。郭氏受自身知识局限，没能道清其间的这一层联系。

第四段记录与前三次有所不同，不是郭嵩焘的自述，而是记录谈话中留学生马建忠所言。马建忠以天文测算皆有赖计算来阐述"法国数学尤胜"，其中道：

（光绪四年十一月）廿五日。……天文士测出各星，皆积算而知。英人侯实勒始推知天王星行度，至一千八百二十年，法人歪立爱见其行度又有差，于是又推知其上更有巨星相摄，又测出海王星。③

表6.2 郭嵩焘四记海王星发现基本情况表

实际情况	法国 勒维烈	英国 亚当斯	德国 加勒
第一次	利非里亚	阿达曼斯	德人始察出一星
第二次	雷非里亚	阿达摩斯	意大里人测出之
第三次	类非里尔	阿达摩斯	美人始寻得之
第四次	法人歪立爱		

资料来源：本书据《郭嵩焘全集》第十册整理。

上表（表6.2）集合郭嵩焘四次记录海王星发现一事的关键人物及

---

① 雷素范、周开亿：《173位光谱学家、化学家和物理学家等名人传略》，《光谱实验室》1990年第7期，第201页。
② 郭嵩焘：《郭嵩焘全集》第十册，梁小进主编，岳麓书社2012年版，第412页。
③ 郭嵩焘：《郭嵩焘全集》第十册，梁小进主编，岳麓书社2012年版，第679页。

国籍，每次译名和观测人国家都有或大或小的差异。语言必为中外交往的前提，不论是语言文字所呈现出来的字面意思，还是其后深涵的语境文化，在不同的国家和文化领域传播时都会产生巨大的差异和隔阂，这必然会造成交往间有意或无意的曲解。西语是西学的基础。郑观应在其《盛世危言》里指出：然西学根本必以语言文字为先，虽不必数十国尽能了然，而英俄德法四大国实乃不可偏废，其次则格致之学，再次则五洲之事，循序渐进，融会贯通。[①]

语言隔阂尚且难逾，更何况文化，吴以义称"两个完全独立的文化在这种无公度的领域里的沟通是多么困难"，他甚至更为大胆地认为"几乎可以说这种沟通是近乎不可能的。平庸如志刚也好，颖睿如嵩焘也好，在这儿的差异不过是志刚胡乱说了一通不可索解的话，而嵩焘则保持了明智而谨慎的沉默。"[②] 然而，从理解的时间过程来看，所谓无公度性的现实并非是无法根除的和不可改变的。郭嵩焘首先使用以史为鉴、考镜源流的理智传统去理解和信服西方实学，然后逐渐学会另一领域的语言，这种"语言"即是在出使前后郭氏逐渐接受的西方宇宙图景。这一理解和运用陌生"语言"的过程，也包括他实际锻炼自己使用联想的方式与新的信念和判断达到一致的能力。如果说，持西学中源论的晚清士大夫，是在用自己传统的语言翻译对方陌生的语言，那么，郭嵩焘在时间的过程中，试图学会用对方的传统规范来说话、思维和行动。郭嵩焘四记海王星发现，呈现出的认识嬗变，说明了他正尝试生活在对方的环境中，利用一切自我和社会可以调动的意志资源、想象资源和理解资源，进行富于探索性的对话，尽管其中仍有深浅沟壑。

第四节　截取个别知识片段与视角转移

郭嵩焘在英国出使期间，对于应接不暇的西洋天文新知，虚心求

---

① 郑观应、夏东元：《郑观应集》，上海人民出版社1982年版，第484页。
② 吴以义：《海客述奇》，上海科学普及出版社2004年版，第82页。

教，自己有了长足的长进。正如上文所述，郭氏也相当程度地了解了海王星的发现对西洋学界及其民众的震撼；他能知中西观星本质用意之不同，或能从中洞察中国学术思想发展之瓶颈。

吴以义认为中国文化认识西洋科学及其观念，有猎取其个别成果、接受系统知识和理解其文化内涵三个层面，三个层面是纵横交错、叠加替代、渐次更新的。郭氏大抵属于第一层面，他在英国学习西学的困难，常在于他的整个认知结构和知识体系与现代科学全不相容，对于科学精神更加难以掌握。而他的知识来源，多是来自于第二层面的罗稷臣、严复等留学生的介绍。而严复晚年进行西洋著作翻译，则进入了第三个层面。

前述邵懿辰言"大千世界"附和日心恒星体系，薛福成牵强附会地将五大洲凑成战国末期邹衍所说九州来解释新世界地理观念①；曾纪泽听西人理雅各谈论《易》为卜巫之书后的回答，透露出他挥之不去的文化优越感，还曾不厌其烦地指出中国圣人早已预言了"电线之理""西医之说""礼教之数"，乃至"火车汽机""亦于千年前独见之矣"。②郭嵩焘则与他们的态度相距甚远，在明了了海王星发现功归于测算后，誉"亦略见西人用心之锐与其求学之精也"③。

"发生认识论"把"同化"定义为主体将他的感知——运动的或概念的格局应用于这些客体的过程。当一个自然主义者对动物进行分类时，他把他的直觉同化于一个先前的概念系统；当一个人或一个动物直觉一个客体时，他认为这个客体是属于某个概念上的或实际上的范畴，这个范畴给予认识客体以意义。这样，主体就可能应用以前的经验来对待新的情境。④邵懿辰、薛福成以原有的概念系统应用于对新知识的吸收与接纳，即是一种同化行为；曾纪泽不同于前者，他的说法隐含了一个哲学命题认为，中国文化所达到的成就早就是人类文明的一个

---

① 原文见薛福成：《出使英法义比四国日记》，岳麓书社 1985 年版，第 77-78 页。
② 原文见曾纪泽：《出使英法俄国日记》，岳麓书社 1985 年版，第 228-229 页。
③ 郭嵩焘：《郭嵩焘全集》第十册，梁小进主编，岳麓书社 2012 年版，第 413 页。
④ ［英］皮亚杰：《发生认识论原理》，王宪钿译，商务印书馆 1981 年版，第 8-9 页。

高峰①。郭嵩焘以诸如海王星发现众多所见西学为据赞誉西人勤于治学，其后转言社会治乱的枢机，认为"西洋政教、制造，无一不出于学"，在中国提倡格物致知之实学应为当务之急。依照前言郭氏与薛福成、曾纪泽同是处于猎取个别知识成果的第一层面，但他接触新知后的反应却和同治、光绪时期通习洋务人士大相径庭，甚至招来同代文人士子的攻讦批评。郭嵩焘的突破幅度与前进步伐真的超出众人太多，这是认识层面的错位，还是从不同视角出发引起的"借位"？

郭嵩焘对西方的认识由器物层面跃升至制度层面，是在他者与自我的历史对照过程中完成的，他说：

> （光绪五年三月）初八日。……西洋政教、制造，无一不出于学。中国收召虚浮不根之子弟，习为诗文无实之言，高者顽狴，下者倾邪，悉取天下之人才败坏灭裂之，而学校遂至不堪闻问。稍使知有实学，以挽回一世之人心，允为当今之急务矣。②

然而，他的这种认识，并不是在将他的眼光投向外部世界后才得出的，出使前郭氏就曾有过类似中西对比之言论。咸丰十年（1860年），夷人入京师，始开同文馆局，而国体全伤矣。好友黄冕建议郭嵩焘将这些"人世所未闻"之主张记录下来，郭氏提到手边正著的《绥边征实》，"正为此等"。郭氏在书序中明白指出，书名的"征实"之意，就是欲用此书"以砭南宋后虚文无实之弊"。郭嵩焘"以经世致远之略，粗有发明"的读书观理心得，是用"实学"相对取舍宋以来"虚学"的思考。③同治六年（1867年），恭亲王奕䜣等人上折，议同文馆添设天文算学馆，选正途五品以下京外官员入馆肄习天文算学，聘西人为教习。保守者大哗，倭仁言"立国之道，尚礼仪不在权谋，根本之图，在人心

---

① 李扬帆：《走出晚清：涉外人物及中国的世界观念之研究》，北京大学出版社 2005 年版，第 253 页。

② 郭嵩焘：《郭嵩焘全集》第十一册，梁小进主编，岳麓书社 2012 年版，第 72 页。

③ 郭嵩焘：《郭嵩焘全集》第十三册，梁小进主编，岳麓书社 2012 年版，第 96 页。

不在技艺"，郭氏则认为"倭公理学名臣，而于古今事局多未通晓"，杨廷熙《同文馆十不可解疏稿》，"无一中窾语"，他再观宋史以对峙：

> （同治六年）七月初一日壬子。……宋世太学得人不如明初之盛者，宋世专袭虚文，明初能取以济实用故也。文艺者，蹈虚之学，实用之而实效。天文算学，征实之学也，而可以虚应乎？[1]

郭嵩焘是由观史中看到国内官员学者推行政务、思行谏言时，不能从实际需求处着手，办事敷衍了事的。咸丰九年正月廿四日（1859 年 2 月 26 日）咸丰帝召见，郭嵩焘谏言"通下情为第一义，事事要考求一个实际"。与李鸿章畅谈时，他亦有提及"近百余年居官者，为粉饰蒙蔽为善诀，习为故常，非从征实处力加振刷，亦无所据以为挽回人心风俗之具。"[2] 郭氏的出洋亲身见闻印证了他"经世之学"要以"实学"相辅的观点，他的出发点始终是"治世""致用"。光绪四年二月（1878 年 3 月），郭氏看到瑞典报道一消失 70 年青鱼又被发现，对于其国连一种鱼的生衍皆能指掌，他称赞"西洋各国，事事推类考求如此"。光绪四年九月（1878 年 10 月），又见英人针对凤尾草做深入研究，洋洋五巨册，他惊叹西洋每样东西都拿来做学问的治学精神："是以西洋言地塙者，别有考求凤尾草一种学问。盖亦无奇不探，无微不显矣。"[3] 不难发现，郭嵩焘对近代西方科学的所有赞誉，都始终离不开"治学态度"一层面。至于这种治学态度，也是在目的论的引导下才得以表现。西学对天地万物，微至一草的考求，出于何种功用。这个问题郭嵩焘从未提出，直到归国途遇英人海洋考察专家布类里，才忍不住问道："海中生物无关国家大计，考求何为？"布类里回答："是有大用。凡生物皆

---

[1] 郭嵩焘：《郭嵩焘全集》第九册，梁小进主编，岳麓书社 2012 年版，第 279 页。

[2] 郭嵩焘：《郭嵩焘全集》第八册，梁小进主编，岳麓书社 2012 年版，第 184、560 页。

[3] 郭嵩焘：《郭嵩焘全集》第十册，梁小进主编，岳麓书社 2012 年版，第 424、635 页。

有宜，……得其生物之性，亦可辨之知其水土之用"，并举海底电缆被海底硫黄破坏，查明后改用铜线之例，郭氏由衷赞叹"西洋格致之学，所以牢笼天地，驱役万物，皆实事求是之效也。"[1]中国的思路大都是目的论的，按照目的论去问它是为了什么，另一种思路则是由于什么原因。何兆武认为：前者似乎是伦理的路，后者似乎是科学的路，这是两条不同的路。[2]近代西方科学思维方式，是按照数学模式建构宇宙的解读，海王星的发现则是郭嵩焘所在时代对宇宙解读中最受鼓舞的完美例证，而郭嵩焘想要革除的是"人尚虚浮，士鲜实学"[3]的历史遗风，改变古老中国在现代化局势中所扮演的弱势角色。回到起初的问题，郭嵩焘尽管不同大多数时人以具体的机器技术、声光化电为学习西方的主要考量，也不如一些时人固守文化本位，而是洞悉、承认自己国家的缺失，对传统价值观里的政教规范、根本之学进行质疑和挑战，并提出"见贤思齐"的解决途径，实质上正是从"是什么"到"为什么"的视角转移。当"个别知识"遭遇郭氏"征实致用"的经学治国大纲时，他的思路便随即脱离了原有科学的本然之路，转而回归到东方伦理的应然之路。

---

①　郭嵩焘：《郭嵩焘全集》第十一册，梁小进主编，岳麓书社 2012 年版，第 19-20 页。
②　何兆武：《西方哲学精神》，清华大学出版社 2003 年版，第 46 页。
③　郭嵩焘：《郭嵩焘全集》第四册，梁小进主编，岳麓书社 2012 年版，第 720 页。

第七章 天文教育——讲求征实致用之学

郭嵩焘以其传统的学术背景观世变，持中正平和的心态读书观史、揣悟西学、游历西方，加上他所处的现实环境状况及生活历练，他反复思考，逐渐找出其中的道理，在尝试学习的过程中，逐步修正自己的观点及脚步。

遗憾的是，记录着郭嵩焘出使见闻、最能刺激清廷的《使西纪程》遭毁版，郭嵩焘的日记在他生前也未出版，从其事无巨细、直言不讳的记述笔调来看，他的日记也未曾在友人间传借过，因而错失发挥更大影响力的时机。可以说，这些记录没能起到传播西学的效用。

然而，旅西亲历使得郭嵩焘更加崇尚西学，他晚年退归而忧学校，力倡湘水校经堂、思贤讲舍开天文算学科，对西方科学引入晚清正途教育有所贡献。郭嵩焘曾一再强调"西洋之法，通国士民，一出于学"[①]，唯有从教育着手，国家富强才有希望。本部分通过历史发展的鉴证之法，列举郭嵩焘参与天文算学教育的表现，包括他首倡同文馆、复建湘水校经堂并开设艺堂、创办思贤讲舍，聘请算学名师执教、重视实学的精神，以及与西学之首天文学教育有关的思想和所作的各种努力。

---

① 郭嵩焘：《郭嵩焘全集》第四册，梁小进主编，岳麓书社 2012 年版，第 781 页。

第一节　主张京同文馆开天文学算学科

郭嵩焘任粤抚时，曾在学海堂加开算学科[①]，不过这是在私塾的教育改革。同治年间（1866年12月~1867年8月）京师同文馆制定开设天文算学馆计划，算是中国官方早期引进西学中的"古今一大变局"。费正清认为，总理各国事务衙门事前曾"作出了一个实在大胆的计划，此计划的激进性质，通常为历史学家所忽略"。[②] 所谓"激进"，从侧面说明了开设天文算学馆计划在当时所引发的风波和将西方天文学纳入正规教育格局期间受到的排斥。

同治六年正月（1867年2月），恭亲王奕䜣等人上书，建议同文馆添设天文算学馆，并招正途出身士人学习，造成保守派大哗，大学士倭仁等多方阻挠。上文中郭氏对"征实之学"的认识，已述及京师同文馆添设天文算学馆风波及郭氏态度。

从总理各国事务衙门所上相关各奏折来看，郭嵩焘自增设天文算学馆议起之日，就是支持主张者，甚至可以说是发起者之一。尽管郭嵩焘对《同文馆学习天文算学章程六条》中数条都有商榷，但在是否增设的大议题上郭氏非但不是奕䜣的反对者，还是支持和建议者。

总理衙门密上《奏陈招考天文算学之苦衷等情折》，请求重新确认"所有现议开办同文馆事宜是否可行"：

> （同治六年三月）初二日。……总理各国事务衙门奏，为沥陈臣衙门招考天文算学不得已苦衷，据实密奏，仰祈圣鉴事。……第苟且敷衍目前则可，以为即此可以防范数年、数十年之后则不可。是以臣等筹思长久之策，与各疆臣通盘熟算，如学习外国语言文字，制造机器各法，教练洋枪队伍，派赴周游各国，访其风土人

---

① 陈元晖主编：《中国近代教育史资料汇编 鸦片战争时期教育》，上海教育出版社2007年版，第285页。

② ［美］费正清编：《剑桥中国晚清史》卷上，中国社会科学出版社1985年版，第582页。

情，并于京畿一带设立六军，借资拱卫；凡此苦心孤诣，无非欲图自强。又因洋人制胜之道，专以轮船、火器为先，从前御史魏睦庭曾以西洋制造火器不计工本，又本之天文度数，参以句〔勾〕股算法，故能巧法奇中，请在上海等处设局训练。陈廷经亦请于广东海口设局制造火器。臣等复与曾国藩、李鸿章、左宗棠、英桂、郭嵩焘、蒋益澧等往返函商，佥谓制造巧法，必由算学入手，其议论皆精凿有据。左宗棠先行倡首，在闽省设立艺局、船厂，奏交前江西抚臣沈葆桢督办。臣等详加体察，此举实属有益，因而奏请开设天文算学馆，以为制造轮船、各机器张本，并非空讲孤虚，侈谈术数，为此不急之务。[①]

总理衙门以天文算学为制造西洋机器的学理基础，敦促清廷懿旨开设天文算学馆，试图通过摘录曾国藩、李鸿章、左宗棠、英桂、郭嵩焘、蒋益澧等历次奏稿信函，伏祈圣明独断。

同治六年三月十九日（1867 年 4 月 23 日），奕䜣等又上《总理衙门密陈奏覆倭仁所奏并未体会招考天文算学之意折》称：

> 窃维臣衙门设立同文馆，招考天文、算学，前因倭仁条奏，谓此事窒碍难行，经臣等沥陈举办情形，实具不得已苦衷，并系与各省疆臣悉心商筹，非臣等私见。……当兹权宜时势，预筹制胜，既经疆臣曾国藩、左宗棠、李鸿章、郭嵩焘、蒋益澧等与臣等往返函商，必须从此入手。[②]

尽管郭嵩焘身处湖南，但在开设天文算学馆争论中，郭氏言论始终作为设馆意义的例证屡次被总理衙门呈送清廷以做说服。几经周折，开

---

① 徐继畬：《徐继畬集》第三册，白清才、刘贯文主编，山西高校联合出版社 1995 年版，第 934 页。

② 徐继畬：《徐继畬集》第三册，白清才、刘贯文主编，山西高校联合出版社 1995 年版，第 935-936 页。

设天文算学馆计划才获官方认可实施。然而，郭氏认为《同文馆学习天文算学章程六条》也有不对或荒谬处，于日记中逐条辨之①。第一，面向生源不当：人才并不尽在正途，郭氏反对"专取正途人员，以资肄习"，他认为这就如同封疆大吏由军功保升，并非通过科甲筛选。第二，作息管理不当：对于"请饬各员常川住馆，以资讲习"②一条，郭氏参考洋人从八点到三点的工作时间，反对严格限制学习人员的作息，强调学习时间应重质甚于重量，所谓"用力专而又有余力以资游息，故能久而不倦"，认为强迫学习反而会引起廉耻自立者反感。第三，郭氏对考核制度提出建议：认为不但学生应"按月考试，以稽勤惰"，同文馆教习也应与学生一同学习考核。第四，郭氏反对"限年考试，以观成效"的结业制度：认为天文、算学大考不应与翰林大考相当，学习天文、算学应以三年为期，学习表现优秀者可给高等与优职，但若非别有委任，亦都留馆，以资讨论。第五，郭氏认可"厚给薪水，以期专致"的待遇适宜，但提出每月给银十两属正常待遇，谓之"厚"给，会遭之翰林笑谈。③第六，入馆就学诱因不当：郭氏认为"优加奖叙，以资鼓励"此点不应作为招生的强调重点，毕竟"以利禄为名而眩使就之，君子必引以为耻"。郭嵩焘身边有许多懂算学天文之士，因此郭氏是相当了解实际状况的。天文算学是与传统科举迥异的专门学问，真的花工夫在算学上钻研者，通常都未能于科举上有好表现、甚至抱定绝意科举功名仕途登进的决心④，所以必须要政府采取破格拔擢的方式，才有可能找到真正需要的人才，这是他反对从正途取人的主要原因。然而，郭嵩焘的目的还是极力促成，为避免正途之士的反对阻力，他对现实状况做出让

① 同治六年七月初二日记（1867 年 8 月 1 日）。郭嵩焘：《郭嵩焘全集》第九册，梁小进主编，岳麓书社 2012 年版，第 276-280 页。
② 指一概留馆住宿、饭食备给，出入由提调设立号簿，随时登记，以便稽查。
③ 当时许多家贫好学之子弟因此诱因入同文馆学习。
④ 如曾国藩的三子，曾纪鸿，1848~1881，字栗诚，屡次科考不中，后被特赏举人。他是以丁取忠为首的白芙堂数学团体的成员之一，曾与丁取忠、左潜、吴嘉善、李善兰、黄宗宪合著多部数学著作，后收入《白芙堂算学丛书》。对于自然科学也有广泛兴趣，其《电学举隅》可能是我国最早之电学编著。

步，他建议：

> （同治六年七月）初一日。……开同文馆算学，召海宁李善兰
> 为之都讲，而择西人精算学者二人，分东西两斋课之。大员子弟及
> 各省州县才俊，皆准保送，斋各二十人为额，缺者补之。期年而小
> 成，三年而大成。听西人教算学者，量才进退，而都讲主之。三年
> 一试，别其等第，授以职司。高第者得授官，而仍兼司馆职，总理
> 衙门主之。而于火器营添设西洋制器局，其职司由同文馆生叙补。[①]

总理衙门极力引进西学课程，通过扩大京师同文馆开设天文算学
馆，来建立西学在中国的官方教育，可惜时人观念不易扭转，加上外在
环境因素也多未能获得支持[②]。郭嵩焘的办法较为实际可行，认为总理
衙门所拟章程"不过以虚文相应而已"[③]，施行过程中果然如郭氏预期，
办学遭遇困难，随后的事态发展也不自觉地偏移到郭氏的建议和解决方
案上。

第一，正如郭嵩焘分析的，数月争议、诱因不当，必然出现正途投
考被乡邻儒士所不齿的情况。通政使于凌辰折称：

> 窃臣历观前史，汉、唐、宋、明皆有党人名目，此端一开，未
> 有不立见其祸者。我朝二百余年，从无此习。乃自议设天文、算学
> 馆以来，验之人心，考之士气，窃有大可虑者。天文、算学招考正
> 途人员，数月于兹，众论纷争，日甚一日。或一省中并无一二人愿
> 投考者，或一省中仅有一二人愿投考者，一有其人，遂为同乡、同
> 列之所不齿。夫明知为众论所排，而负气而来，其来者既不恤人
> 言，而攻者愈不留余地，入馆与不入馆，显分两途，已成水火，互

---

① 郭嵩焘：《郭嵩焘全集》第九册，梁小进主编，岳麓书社 2012 年版，第 279 页。
② Paul Cohen & John Schrecker (eds.), *Reform in Nineteenth Century China*, Cambridge: Harvard University Press, 1976, pp.96-98.
③ 郭嵩焘：《郭嵩焘全集》第九册，梁小进主编，岳麓书社 2012 年版，第 279 页。

相攻击之不已，因而互相倾复，异日之势所必至也。①

第二，随之而来的问题是生源不足，应考者寥寥无几。为扩大生源奕诉等于同治六年六月初二日（1867年7月3日）上折：

> 两月以来，投考之人，正途与监生杂项人员相间。臣等以此举既不能如初念之所期，不敢过于拘执，因而一律收考。②

同治六年十一月初六日（1867年12月1日），时过半年天文算学馆才传学生到馆学习天文③。直到翌年因傅兰雅（John Fryer，1839~1928）到馆任教及上海优秀学子入京就读的相关条件配合，天文算学馆得以重新开馆。④

第三，天文算学馆教习难觅，总理衙门再次请旨，催促郭嵩焘同治四年时举荐专精数学的邹伯奇、淹通算术尤精西法的李善兰来京赴任，时隔两年，总理衙门也再无有其他能够考虑启用的人选。

> 惟该生等据郭嵩焘保荐，均系熟精数算。现在同文馆添设学习天文、算学一馆，该生等到此，驾轻就熟，正好与所延西洋教习及考取学习各员，讨论切磋，以期互有进益，现距该生报病之日为期已久，自必调治就痊。相应请旨饬下两广总督、广东巡抚、浙江巡抚，迅即剀切晓谕生员邹伯奇、李善兰，务宜仰体朝廷需才孔亟，作速束装北上，力图报效，以副国家作养人材之意。⑤

---

① 陈元晖主编：《中国近代教育史资料汇编：洋务运动时期教育》，上海教育出版社2007年版，第19页。

② 陈元晖主编：《中国近代教育史资料汇编：洋务运动时期教育》，上海教育出版社2007年版，第77页。

③ 翁同龢：《翁同龢日记》，中华书局1989年版，第568页。

④ 苏精：《清季同文馆及其师生》，自刊本1985年，第30-31页。

⑤ 陈元晖主编：《中国近代教育史资料汇编：洋务运动时期教育》，上海教育出版社2007年版，第64页。

同治七年（1868 年）李善兰作为教习正式入天文算学馆，关于教习究竟取自本国还是西洋的争论终与现实妥协，郭嵩焘择西人教习的建议被天文算学馆发展史实证为中肯。实际上，李善兰的确在数学方面天赋极高，在墨海书馆翻译西书时，他接触到许多西方数学内容。他与伟烈亚力合译数学著作《几何原本》后九卷（1856）、《代微积拾级》十八卷（1859）、《代数学》十三卷（1859），天文学著作《谈天》十八卷（1859）；还与艾约瑟合译《重学》二十卷（1859）。[①] 李善兰入职墨海书馆期间，伟烈亚力把李善兰判定素数的方法，即"中国定理"（Chinese Theorem），介绍到西方。尽管当时大部分欧洲人对此持批判态度，但李善兰依旧努力钻研，修正其中错误，又发表《考数根之法》，可谓清末素数研究的重要成果。[②] 这亦说明，郭嵩焘慧眼识才，对国中天文数学人才特别看重。

由上可见，对于同治六年恭亲王奕䜣请开天文算学馆的争议，郭嵩焘的态度并不是一面倒的，他既以实际言论支持请开，批评奕䜣对立面倭仁、杨廷熙等人的议论乃袭宋代以来浮阔无当之论，徒博流俗称誉，无补实际[③]；又对奕䜣等拟定的章程逐条提出真知灼见，可称剀切。而后郭嵩焘又屡次于不同学校，实践他开设天文算学科的主张。

第二节　筹设湘水校经堂天文学算学科

清道光十三年（1833 年），湖南巡抚吴荣光在岳麓书院山长欧阳厚均、城南书院山长贺熙龄的支持下创办湘水校经堂，附设于岳麓书院内。其目的是要矫正当时书院教育重科举仕进的陋习，另辟蹊径，培养

---

① 韩琦：《传教士伟烈亚力在华的科学活动》，《自然辩证法通讯》1998 年第 2 期，第 57-70 页。
② 韩琦：《李善兰"中国定理"之由来及其反响》，《自然科学史研究》1999 年第 1 期，第 7-14 页。
③ 参见郭嵩焘：《郭嵩焘全集》第九册，梁小进主编，岳麓书社 2012 年版，第 293-294 页。

通经史、识时务的通经致用人才，建设新的学风和文风。因此，湘水校经堂专课经义、治事、词章，不课制举之业，它的学术宗旨是："奥衍总期探郑许，精微应并守朱张"，汉学和宋学兼容并蓄，没有门户之见。① 湘水校经堂的学生，多为岳麓、城南两书院中之高材生及湖南各地选拔的优秀士子，这里培养和造就了大批有用人才，如王先谦所说："湘水校经堂于省城之旧城南书院拔取高材肄业其中，一时造就人才，如周自庵侍郎、郭筠仙侍郎昆弟、孙芝房侍读、凌荻舟中翰，号称极盛"。②

道光十六年（1836 年），吴荣光因事落职离任，湘水校经堂名存实亡。光绪五年（1879 年），湖南学政朱道然 ③ 和出使英国归来的郭嵩焘恢复办学。对比西方教育人才兴国，郭嵩焘心焦于书院学术风气，听闻书院学生屡言书院之弊 ④，看到岳麓、城南等书院习时文（八股文）之弊相当严重，因此郭氏确定乞病开缺后，立即重拾同治年间因他赴京出英搁置的复建湘水校经堂计划 ⑤，协助湖南学使朱道然复建。如果说任教城南书院时建船山先生祠，是郭氏部分教育理念的初次实践，那么复兴湘水校经堂，就可算是他第一次将所吸收的西学教育精神，直接透过自己的影响力进行突破性改革的尝试，也再次证明他对务实治学精神的重视。郭氏对官学增设天文算学科的遗憾，也再次践行于湘水校经堂的重建中。

---

① 不详：《湘水校经堂》，《湖南大学学报》，1990 年第 6 期，第 140 页。
② 王先谦：《虚受堂书札》第 2 卷，文海出版社 1973 年版，第 1876 页。
③ 不详：《湘水校经堂》，《湖南大学学报》，1990 年第 6 期，第 140 页。
④ 光绪五年十一月初九日（1879 年 12 月 21 日），涂祝三来访，年老耳聋，为诸生四十余年，言三书院之弊。（郭嵩焘：《郭嵩焘全集》第十一册，梁小进主编，岳麓书社 2012 年版，第 197 页。）
⑤ 道光十三年（1833 年），湖南巡抚吴荣光创立湘水校经堂，附属于岳麓书院。岳麓书院主要传授理学和汉学，吴荣光是阮元的门生，其仿阮元诂经精舍、学海堂的"专勉务学"精神办学，以经义、治事、词章分科试士。使校经堂成为汉学研究的重镇。但吴氏离任之后，此堂名存实亡。咸丰末年，巡抚毛鸿宾重新整顿，黄冕观察为其集资，订立章程，但持续时间并不长。此时乡居已六年的郭嵩焘，虽忙于有校正一省之治之效的编纂县志工作，但毕竟这是透过著作间接性地对士绅们进行教育。

湘水校经堂的办学章程由郭嵩焘初为酌定，郭氏参考了严复寄来英法学校章程，按照西方学校制度优点摘取大要[①]，拟出一份合并中西学制优点的章程。按照校经堂后续的发展，足见郭氏对照兼收所制定的办学章程在当时是先进之举，可以说是他实践的一次突破创新，也再次证明他对务实治学精神的重视。然而只是酌定谋划，地方人士就马上抨击，视郭氏为内奸痛骂：

> （光绪五年九月）初八日。早接刊刻匿名书，云《伪校经堂奇闻》，訾及鄙人商量张力臣开设校经堂，不讲时文试帖，而讲天文算学，其计狡毒。……谋为韩文公火书污宫之一法。末言清内奸以杜外患，当各出高裁卓见，筹善后之规。[②]

此论与同治六年反对者言论同调，郭嵩焘认为其人"文笔似非愚民所能为"。郭氏见识西方教育体制后的想法更与反对者形成鲜明的对比。于是他与当地士绅商量欲借曾国藩祠（浩园）一角，恢复曾经就读过而今荒废的湘水校经堂，希望借由以文会友、共相讲习的学校团体力量，找回教育的真正精神。[③]

首先，湘水校经堂名为"校经"，在郭嵩焘看来就是要矫正经学研究在宋明以后发展偏向的问题，改书院习时文（八股文）之弊。郭嵩焘出使前，参与复建就是有鉴于湖南"于学问源流本末，全失所以为教，直使败坏人心风俗"的学风现状，而"求一挽学校之陋"、让士子皆能"骛于学"[④]，他曾提及过有关校经堂章程拟定的设想：

---

① 郭嵩焘：《郭嵩焘全集》第十一册，梁小进主编，岳麓书社 2012 年版，第 150 页。
② 郭嵩焘：《郭嵩焘全集》第十一册，梁小进主编，岳麓书社 2012 年版，第 175-176 页。
③ 光绪九年二月十一日（1883 年 3 月 29 日）禁烟公社会讲，郭嵩焘再次强调的复学宗旨。
④ 郭嵩焘：《郭嵩焘全集》第十一册，梁小进主编，岳麓书社 2012 年版，第 556-558 页。

（同治十二年九月）初一日。……张力臣属于舟次拟校经堂章程。因思此举为修曾文正公祠倡为之说，不得空名校经堂。拟名曰思贤讲舍。为议章程八则，专课生章程八则，董事经理章程八则。自谓语皆征实，较胜先儒学约也。[1]

自参与校经堂重建开始，郭嵩焘就以此为实现征实之学的经世实践，他还为校经堂拟取新名为"思贤讲舍"[2]。

其次，郭嵩焘向来主张重视实学，又体验过西学的务实治学精神、参考了西方学馆课程，他认为经学研究应是为了经世济民，而时下缺的正是天文算学的实学人才，可惜众人不能看到这一层意思。郭氏曾与张力臣述及建复校经堂事，"议分建四堂，曰经，曰史，曰文，曰艺"[3]。此"艺"堂，汪荣祖认为指"工艺"[4]，王兴国则认为是自然科学。[5]天文算学实学科目含于"艺"堂，即为"技艺"之学。郭氏在编制上增添"艺"之一堂，也是郭氏为广推西学改革与传统力量所做的妥协。

终究，湘水校经堂旧名沿用，郭嵩焘也没能坚持思贤讲舍的主张，对于士子动谋聚众称乱，抨击天文算学开设忤逆，他也只能"惟能付之不问而已"[6]。然而，在《重建湘水校经堂记》一文中，郭氏提醒学子勿忘为学真正的目的："学者之治经，将自事其身与心，以俟用于天下。而或以学资其陵猎，以长其傲慢之心，则视空疏之弊为尤烈，是又在学者之自审耳。"[7]

---

① 郭嵩焘：《郭嵩焘全集》第九册，梁小进主编，岳麓书社 2012 年版，第 594-595 页。郭嵩焘这段时间常忙于往返外地勘查欲购墓地，所以张自牧要他利用舟行空档拟章程，可见校经堂的筹备工作已在进行。
② 郭嵩焘：《郭嵩焘全集》第九册，梁小进主编，岳麓书社 2012 年版，第 595 页。
③ 郭嵩焘：《郭嵩焘全集》第十一册，梁小进主编，岳麓书社 2012 年版，第 142 页。
④ 汪荣祖：《走向世界的挫折——郭嵩焘与道咸同光时代》，台北东大图书公司 1993 年版，第 346 页。
⑤ 王兴国：《郭嵩焘评传》，南京大学出版社 1998 年版，第 556 页。
⑥ 郭嵩焘：《郭嵩焘全集》第十一册，梁小进主编，岳麓书社 2012 年版，第 176 页。
⑦ 郭嵩焘：《郭嵩焘全集》第十五册，梁小进主编，岳麓书社 2012 年版，第 664 页。

复建后的湘水校经堂以通经致用为宗旨，招收学生二十人。[①]主持校经堂的经学大师成蓉镜[②]，设立"博文"和"约礼"两斋，生徒须"遍读经世之书，以研究乎农桑、钱币、仓储、漕运、盐课、榷酤、水利、屯垦、兵法、马政之属，以征诸实用"。光绪十六年底（1890年），校经堂更名为校经书院，新址落至湘春门外，分设经义、治事两斋，"务期多士沈潜向学、博达古今，养成有体用之才，以备他日吏干君谘之选。"[③]至光绪二十年（1894年），学政江标于院中新建书楼，以藏中西学书籍，改革课程，以经学、史学、掌故、舆地、算学、词章六科课士，添置天文、舆地、测量仪器、光化矿电试验器具，"俾诸生于考古之外，兼可知今"，别创算学、舆地、方言（指外语）三个学会，鼓励生徒学习和研究西学。《湘学报》亦在该书院刊行。[④]

湘水校经堂发展为校经书院，教授课程中西兼备，走上一条求实学以致用于天下的道路，一如郭嵩焘自同治年间参与筹办、初制订章程所努力期望的那样。

筹设湘水校经堂，特别是天文算学科开设的努力，对湘湖学风和教育影响极大，以至于"湘中士大夫争自兴于学"，郭嵩焘言"湖南校经堂课实开偏隅风气之先"[⑤]并不为过，往后许多人办学，如沅州

---

① 学生科考表现不错，例如：光绪八年九月十一日。"乡试发榜，……校经堂生中试六人，曰陈嘉言〔即梅仙〕、曰夏时济〔即彝恂〕、曰罗芳成〔字伯詹〕、曰罗以礼、曰陈兆琛〔学使送入校经堂，而未赴馆〕、曰徐树景。由学使挑选送入，人才固较优也。"光绪十一年校经堂肄业生李卯生中乡试，十二年参加会试未中。（郭嵩焘：《郭嵩焘全集》第十一册，梁小进主编，岳麓书社2012年版，第519、320页。郭嵩焘：《郭嵩焘全集》第十二册，梁小进主编，岳麓书社2012年版，第125、168、169页。）

② 成蓉镜，1816~1883，字芙卿。江苏宝应人。为学不专一家，凡历算方舆典礼音声训故之属，旁及古文辞，靡不洞微穴幽；有所纂述，而折中于程、朱。与弟子论学，亦以"主敬穷理"为宗。著《心巢文录》《大清学案》等，其中《禹贡今地释》一书，首取今地释汉地，更取汉地证禹迹，期补前书之未备。

③ 湖南省志编纂委员会编：《湖南省志 湖南近百年大事纪述》第一卷，湖南人民出版社1959年版，第113页。

④ 撷华书局编：《谕折汇存》光绪丁酉（1897）二月，撷华书局1897年版，第1-2页。

⑤ 郭嵩焘：《郭嵩焘全集》第十五册，梁小进主编，岳麓书社2012年版，第664页。

知府朱其懿在英江创立沅水校经书院等，其课试内容，均仿效湘水校经堂。①

最值得一提的是，谭嗣同在《浏阳兴算记》开篇表达了他对郭嵩焘尊敬又同情的心情，其收入《兴算学议》中的写给老师的信《上欧阳中鹄书》，则表明他反对用夷变夷、重商、推崇王夫之等主张都受郭嵩焘重算学之感召，他于光绪二十一年（1895 年）创办算学馆，效法西人办学，并试图将西式学校与科举合而为一，希望在实质上改变科举制度，为中国培养"自奋于实学"之人才。②

第三节　从倡导天文学算学来观其教育思想

郭嵩焘作为西方科技的矢志倡导者，他在行动上扶植西学教育在中国的实践，两次力主开天文算学科，均未能如愿。尽管郭氏没有与阻碍者直接对峙，但从其"退归而忧学校"的情怀和一生的教育思想来看，他与反对者的思想观念确实是针锋相对。

同治六年，御史张盛藻反对开天文算学馆上奏说"朝廷命官，必用科甲正途者，为其读孔孟之书，学尧舜之道，明体达用，规模宏达也。何必令其习为机巧，专明制造轮船洋枪之理乎？"③他认为学习西洋的天文算学应该"责成钦天监衙门，专取年少颖悟之天文生、算学生送馆学习"。"若以自强而论，则朝廷之强，莫如整纪纲、明刑政、严赏罚、求贤养民、练兵筹饷诸大端"，而不在天文、算学等机巧之事。④

---

① 彭平一、陈先枢、梁小进编：《湘城教育纪胜》，湖南文艺出版社 1997 年版，第 85 页。

② 郭嵩焘、谭嗣同二人虽均推崇王夫之，但因历史背景不同，侧重有别。参见王兴国：《从郭嵩焘到谭嗣同：从一个侧面看浏阳算学社产生背景》，《求索》1995 年第 6 期，第 62-67 页。

③ 陈元晖主编：《中国近代教育史资料汇编：洋务运动时期教育》，上海教育出版社 2007 年版，第 10 页。

④ 《同治六年正月二十九日掌山东道监察御史张盛藻折》，《筹办夷务始末（同治朝）》卷四七，第 4540-4541 页，载孙广德：《晚清传统与西化的争论》，台湾商务印书馆 1982 年版，第 39-40 页。

反对者言"朝廷命官，必用科甲正途者"，是将科举作为获取功名利禄的必然也是唯一上升途径，学校书院的开设自然沦为了科举的工具，郭嵩焘就从办学目的上痛陈天下之学均以科举为法式的现状以及清代学校教育的弊端：

> 汉兴，广厉学官，以文学掌故为利禄之阶，则司马迁非之。……嗣是诸经并立于学，传习者少，师儒之道益衰。于是始有书院，会天下之学者，以道相承，以业相劝规，济学校之穷而广师儒之益。君子之学大防有必辨者，义利而已矣。尽天下之学一出于科举，其所谓书院者，亦以是为程，泛然不知圣人之教，与其所以学者之为何事，是岂立学之本意然哉！[①]
>
> 国家治经之儒，旷越汉、唐以上，而前代讲学之风至是而尽废，遂使天下之民一无所系属。奸民之雄者，乃假会堂为名，私立名目，以相勾结。《书》曰：天降下民，作之君，作之师。君、师二者，一不足以联属其民，乃相奖以急入邪，亦势之所必趋也。乾隆以后，各县皆立书院，学校为最盛。而一以利诱之，于学问源流本末，全失所以为教，直使败坏人心风俗，有损无益。[②]

郭嵩焘不满汉武帝"广厉学官"的做法，言《史记·儒林传》中论"读功令，至广厉学官之路，未尝不废书而叹也"。[③] "于是三代学校之制荡焉无存，其高者务为虚文，而于本之心、被之身者既有所不暇，及其下者，于古人游于艺之文又一皆薄视之，以为无与于大道而不屑为，是以终日读书为学而不知其何事。"[④] 由此可见，郭氏所立有益于天下的学校之制，是以"三代"为标准，而自武帝"广厉学官"之后，以利禄之途为诱，于是儒者之道以熄，三代圣王之留贻涣散溃亡，天下不再

---

① 郭嵩焘：《郭嵩焘全集》第十五册，梁小进主编，岳麓书社2012年版，第646页。
② 郭嵩焘：《郭嵩焘全集》第十一册，梁小进主编，岳麓书社2012年版，第557页。
③ 郭嵩焘：《郭嵩焘全集》第六册，梁小进主编，岳麓书社2012年版，第9页。
④ 郭嵩焘：《郭嵩焘全集》第十三册，梁小进主编，岳麓书社2012年版，第351页。

有。既然三代之后"学校既废",士人失其所养,然后"趋时规利",科甲正途出身的儒士官吏在郭氏看来早已不是《论语》中与孔子同时代能"成其才而定其志"的"奇士"。① 可见,郭氏是从根本上不认同择选朝廷命官的方法,以及"科举"中所涉及"学问"的范畴。

出使英国期间,郭嵩焘曾应理雅各邀请赴牛津大学参观访问,他观看了该校的硕士学位典礼、大学考试并了解其学位授予方式:

> (光绪三年十月)廿五日。……给已试举人冠服,兼考试秀才……凡三试。初曰博秩洛尔〔Bachelor,学士〕〔旁注:犹秀才之意〕,次曰玛斯达〔Master,硕士〕〔旁注:犹举人之意〕,次曰多克多尔〔Doctor,博士〕〔旁注:犹翰林之意〕……所给执照,虚为之名而已,并不一关白国家。……三试章程,盖亦略仿中国试法为之。所学与仕进判分为二。而仕进者各就其才质所长,入国家所立学馆,如兵法、律法之属,积资任用,终其身以所学自效。此实中国三代学校遗制,汉魏以后士大夫知此义者鲜矣。②

郭嵩焘对西洋学校为学问而教、为知识而学的办学教育之目的,颇有感叹,而中国自"广厉学官"之后,士人把学问当成获得功名利禄的工具,学校为政治服务,造成"著为功令,……而于本之心、被之身者既有所不暇,及其下者,于古人游于艺之文又一皆薄视之,以为无与于大道而不屑为,是以终日读书为学而不知其何事,意以为苟习为虚文以

---

① 郭嵩焘:《郭嵩焘全集》第十一册,梁小进主编,岳麓书社 2012 年版,第 514 页。
② 郭嵩焘:《郭嵩焘全集》第十册,梁小进主编,岳麓书社 2012 年版,第 335-337 页。郭嵩焘的牛津参访行程中,最感欣慰的是参与理雅各讲解《圣谕广训》课程。理雅各将原本分四次讲毕的课程,特别留下最后四条,以候郭嵩焘来游时参与。理雅各安排郭嵩焘宣读汉文条目,而后以英文申讲,郭嵩焘记录:"每讲至佳处,则群鼓掌唱喏,亦足见我圣祖德教流行之远也。"《圣谕广训》是康熙亲政后,于九年(1670 年)颁布的十六条圣谕。经雍正帝于雍正二年(1724 年)逐条细加深解,并定名的,嗣即推广全国,成为清代民间销行最广、朝野最为熟知之书。

取科名富贵，即学之事毕矣。"①

反对者认为应以"读孔孟之书，学尧舜之道，明体达用"为士大夫之道，"何必令其习为机巧"。对于士人之学的内容郭嵩焘则认为应"明伦广识"，他曾批评朝廷大臣"心术尽正，人品尽高，终坐无学识"②。郭氏立论之基仍在三代，指出"并农、工、商三者，圣人皆自任之。三代学校之制，七岁而入小学，十五入大学，至二十成丁；任为士者，修士之业，任农、工、商者，修农、工、商之业。"③换言之，三代时的士、农、工、商没有区别，他们均是通过学校教育学会一种立足社会的才能。

郭嵩焘认为成为士大夫必须从学校教育中获得广博的学识，而非空谈虚文。他强调德才兼备、兼容并蓄的教学方针，在比较中西学制后称：在"泰西而见三代学校之制犹有一二存者，大抵规模整肃，讨论精详，而一皆之实用，不为虚文。"④因此，郭嵩焘表面上在效仿西方学制教育，实际是在恢复三代学校之制，正如他晚年实践的于"湘水校经堂"设"经、史、文"并立"艺"，教授近代自然科学；于"思贤讲舍"，"设算学制造一人"⑤向学生传授格致之学。

反对者认为天文数学等自然学识的功用与国家大政无关，郭嵩焘则视此类学问为日用常识，不仅有利于解经时心顺而易入，又有利于经世致用。他说：

> 夫学之始，必辨知夫天地万物之宜，古今贤否之别，然后反之于身心，道之于礼义，其心易顺以入。世之学者，骛于博而略于常，穷于所难知而忽于所习知，至有读书取科名、为声律之文，而成夏不辨其世，并凉不测其方，往往耳目近易，茫然若未有闻。是

---

① 郭嵩焘：《郭嵩焘全集》第十三册，梁小进主编，岳麓书社 2012 年版，第 351 页。
② 郭嵩焘：《郭嵩焘全集》第八册，梁小进主编，岳麓书社 2012 年版，第 464 页。
③ 郭嵩焘：《郭嵩焘全集》第十一册，梁小进主编，岳麓书社 2012 年版，第 514 页。
④ 郭嵩焘：《郭嵩焘全集》第十三册，梁小进主编，岳麓书社 2012 年版，第 351 页。
⑤ 郭嵩焘：《郭嵩焘全集》第十一册，梁小进主编，岳麓书社 2012 年版，第 352 页。

书也，子弟初学所宜。有事推其极，考古以知事，观物以审宜，自少逮老，莫能越也。①

郭嵩焘认为，士人只读经书而不了解自然和社会常识，是不利于经世致用的。同治五年（1866 年），郭嵩焘在《保举实学人员疏》中将所推举的人员专长大体分为经学及算学两类。他认为经学探讨的是治国大纲，而算学就是治国所需的实际工具，举凡人口数目、土地丈量、税收分配等等都需要精密的算学制度才能运作。而在官场生活中，郭氏往往看到官员的算学能力之差，山东查税之行，他就惊讶于此，地方财税计算的混乱还导致中央对于地方情形的不清楚。对于西洋算学，郭嵩焘早在咸丰十一年（1861 年）就听友人介绍过"西洋算学近尤精，有《代比微积拾级》一书最佳。代、比、微积者，数学三法也"。②西洋之行，更加深了他对数学功用的认识。如"西洋机器，出鬼入神，其源皆自推算始也"；房屋坚固，是因"其制造之法，探考推算，穷极微妙，未尝稍有宽假也"。由此他特别强调算学的基础作用："吾谓西洋一切以数字为基。……工艺无大小皆得学问之益，是岂中国所能几哉？"③西方算学乃至自然科学学以致用的社会实况，让郭嵩焘感到"实事求是，西洋之本也"，认识自然的本质、掌握其规律对利民强国有实际功用，士人必须通知一二。

由以上反对者针对天文算学的观点，反向分析郭嵩焘教育思想，可见从教育目的来看，所学应与士进判分为二，学校应为学问而教，学子应为知识而学；从教育内容范畴来看，自幼应为通识，广学而后分，士大夫应明伦广识，且重视实学；从教育功用来看，以西方自然科学为代表的实学，属于"观物以审宜"④的经世致用之学，是士人应该了解的

---

① 郭嵩焘：《郭嵩焘全集》第十四册，梁小进主编，岳麓书社 2012 年版，第 332 页。
② 郭嵩焘：《郭嵩焘全集》第八册，梁小进主编，岳麓书社 2012 年版，第 478 页。
③ 郭嵩焘：《郭嵩焘全集》第十册，梁小进主编，岳麓书社 2012 年版，第 354、647 页。
④ 郭嵩焘：《郭嵩焘全集》第十四册，梁小进主编，岳麓书社 2012 年版，第 332 页。

自然和社会常识。面对解决今世礼崩乐坏、国力衰微的景况，郭嵩焘教育思想的论述从六经、诸子引发，又援引亲眼所见的西方教育成就，排诋"广厉学官"，抱经世之志，引用西方学制来追求"三代之治"的理想。换言之，郭氏认为西方的教育学制所体现的是三代的治学理想，他主张开西学正是因他所援引的是古儒三代之治理想的立场。

第四节　退归忧学校，以望塑人心、立国本

自耶稣会士将西学带入中国以来，有关西方实现了"三代"理想的思考，不独为郭嵩焘所有。康熙认为西学"源出自中国，传及于极西"[①]，对此多有附和者，如沈大成说："天圆地亦圆之说，见于《大戴礼》……三角之算法，本夏禹之勾股，见于《九章》，皆吾儒之法也"[②]；也有如邹伯奇引经据典，借此倡导学习西方科技者。于是，从"西学中源"的观点出发，亦有士人论证西方政教源于中国"三代遗风"。徐继畬说唯西方尚得"三代之遗意"[③]；王韬大讲西洋"以礼义为教""以仁义为基""以教化德泽为本"[④]；薛福成在西方看到《尚书》中所言"有德者天下共举之"，西方以民主推选治理国家之人才，"民贵君轻"，而中国却一直延绵着"家天下"的传统。[⑤]

与此同时清季又有调和传统与西化的"中体西用"说，"清末具有改良倾向的思想家言必称三代，文必据元典"，一方面他们和康有为一样，为"布衣改制"能顺理成章必假古人"孔子"；另一方面"这批求

---

① 此语出自康熙《御制三角形推算法论》（1703），康熙指出历法源自中国，传于极西，明确提出"西学中源"说。后由于康熙的宣讲和以梅文鼎为代表的诸多文人的迎合响应以及转述，使"西学中源"说成为影响学界的重要论说。参见韩琦：《康熙帝之治术与"西学中源"说新论——〈御制三角形推算法论〉的成书及其背景》，《自然科学史研究》2016年第1期，第2页。

② 张舜徽：《清人文集别录》，华中师范大学出版社2004年版，第140页。

③ 徐继畬：《瀛寰志略》卷9，上海书店2001年版，第277页。

④ 参见钟叔河：《走向世界——近代中国知识分子考察西方的历史》，中华书局2000年版，第60-70页。

⑤ 薛福成：《薛福成日记》，吉林文史出版社2004年版，第712页。

学、致仕、著述于咸丰、同治、光绪间的进步士人，都是从中古走向近代的过渡型人物，他们的学养决定了其思想的新旧杂糅、中西合璧"。①

郭嵩焘对西方认识亦是以三代理想为基，与持"西学中源""中体西用"者相比，他学习西方的主张是建立在理想的伦理制度之上的，不像"西学中源"说在引进西学的过程背后是自我吹嘘、炫古耀今，认识程度多停留在对技艺器物的勉强接受；也不像"中体西用"说在一种形式上坚持东方精神与西方物质，将技艺器物与制度装配一体，却约束了制度西化的进行。但是不得不承认的是，郭嵩焘经历了出使西国、观览西器的两年，尽管一样是生活、读书、致仕于道咸同光四朝，但他的思想显现出了如上所说的新旧、中西杂糅的特点。

三代这个概念具有强烈的"非现实性"，儒家运用此概念，注入想要的意义内涵，企图以这种赋"历史"以新意的方式，使历史经验对"现在"产生冲击并指引"未来"。郭嵩焘就是借助三代这个"非现实性"的概念，将西学对于中国儒家修补的合法性归于了形而上学之前。这在一定程度上，就像西方在自然规律不断被发现的情况下，将上帝作为自然规律的创造者和终极原因，如果说上帝习惯用自然的原因塑造世界，那么哲学家、科学家则要探求上帝的方法即是探究自然规律，也就是将三代的理想之治看作治世的终极追求，而这些升平盛世的理想正是人性普世性的追求，它既高于道更胜于器。无论是西方所行的体和用，还是中国的体用观都是为了实现三代之治中升平盛世的理想，当然就无中西之分，体用之别了。

郭嵩焘以三代理想作为自己崇尚西学的立场支撑，西方社会今日之升平是中国过去三代的体现，那么从过去历史中为现在汲取智慧和灵感是理所应当的。郭氏明确地说："三代以前，独中国有教化耳……自汉以来，中国教化日益微灭。而政教风俗，欧洲各国乃独擅其胜。其视中国，亦犹三代盛时之视夷狄也。"②孔子不满于彼时社会，认为礼

---

① 冯天瑜：《中华元典精神》，上海人民出版社 1994 年版，第 419—420 页。
② 郭嵩焘：《郭嵩焘全集》第十册，梁小进主编，岳麓书社 2012 年版，第 420 页。

崩乐坏，那么郭嵩焘认为自此之后教化在中国日益被毁灭并无不妥之处。自然郭氏在英国所见便是三代之景象：西方社会法制严明，"公理日伸"[①]；民主选举"所用必皆贤能"；朝野两党"推究辩驳以定是非"，"各以所见相持争胜，而因济之以平"；言论自由，"直言极论，无所忌讳，庶人上书，皆与酬答"。总而言之，在郭氏眼中这个国家就是至圣先师描绘的礼仪之邦，"彬彬然见礼让之行焉，足知彼土富强之基之非苟然也"。[②]他甚至说，英国"仁爱兼至"，赢得"环海归心"。[③]

　　郭嵩焘羡慕西方之极，不仅在于他对孔子言及三代种种美政的向往，对"道过三代谓之荡"[④]的认同，更是由于郭氏有感于自己的官场境遇多舛，几度遭人构陷，怀才而不遇，欲挽狂澜而无人鼎力。咸丰十年（1860年），郭氏检查烟台等处海口贸易税收私隐情况，欲废二百余年积习而拟定章程，为国家增税三百万，结果遭僧格林沁蜚语弹劾，"忍苦耐寒，尽成一梦。"[⑤]郭氏规划"溃败决裂"，殃及诸绅，"私心痛惮"，"浩劫干戈满，驰驱益自伤"，"微才多病甘归隐，愿睹唐虞酿太和"。[⑥]同治五年（1866年），郭氏任广东巡抚，在军事部署上与进粤剿匪的左宗棠生了龃龉，左宗棠连上四折参劾，称郭筹饷不利，且提供广东巡抚的候选人，他面对广东省内和左宗棠的双重压力含恨离任，数年后他仍说左"其言诬，其心亦太酷矣"[⑦]。赋闲八年后，光绪二年（1876年），郭氏顶着侍奉鬼佬的骂名，"不敢不凛遵"[⑧]执行重任，虽说行前

---

①　陈宝琛：《清故资政大夫海军协都统严君墓志铭》，载《严复集》第 5 册，中华书局 1986 年版，第 1541 页。严复每逢假日，辄至使馆，与郭嵩焘论析中西学术和中国富强之道，并论及去英国法庭的收获，说："英国与诸欧之所以富强，公理日伸，其端在此一事。"郭嵩焘深以为然。

②　郭嵩焘：《郭嵩焘全集》第十册，梁小进主编，岳麓书社 2012 年版，第 376、372、377、101 页。

③　转引自李慈铭：《越缦堂读书记》中册，中华书局 1963 年版，第 482 页。

④　荀子：《荀子》，南京大学出版社 1997 年版，第 41 页。

⑤　郭嵩焘：《郭嵩焘全集》第十五册，梁小进主编，岳麓书社 2012 年版，第 761 页。

⑥　郭嵩焘：《郭嵩焘全集》第八册，梁小进主编，岳麓书社 2012 年版，第 346 页。

⑦　黄濬：《花随人圣庵摭忆》第 1 卷，霍慧玲点校，山西古籍出版社 1999 年版，第 176 页。

⑧　郭嵩焘：《郭嵩焘全集》第十册，梁小进主编，岳麓书社 2012 年版，第 46 页。

慈禧表示理解他的畏难，却不料首先呈送总署的考察日记《使西纪程》，遭何金寿和张佩纶围攻①，郭氏成为"清流"②围攻的目标，何金寿直斥"大清无此臣子"③，张佩纶视其为汉奸，指责他"泄言纳侮"④。加之刘锡鸿在英栽赃破坏，横遭巨卿厌烦、同僚构陷，使他任期未满即被召回，仕途戛然而止。郭嵩焘仕途三起三落，都是由其眼光远大、见识不凡所致。对比西方言论自由，人品学问蒸蒸日上，郭氏指出西洋"风教实远胜中国"⑤，而他的这种溢美之论正是针对中国官场"猜嫌计较之私"太多而发出的⑥。

　　清末官场上多见为个人利益的明争暗斗、认知上钩心斗角，而少有郭嵩焘所谓的西洋有不同政见者能开诚布公、思想上互质问题的景象。郭嵩焘认为办理洋务为时下当务之急，然"清流"正是顽固传统阶层在舆论思想上反对洋务的手段，郑观应曾在他于光绪七年（1881 年）写的《西学》一文中言："今之自命清流者，动以不谈洋务为高。见有讲求西学者，则斥之曰：名教罪人，士林败类。"⑦面对这种仍停留在不"求知"，只顾惜顶上乌纱的官场状态，自己的洋务思想又不断招来许多非议，郭嵩焘给帝师翁同龢写信，抨击官场中流行的以诋毁洋人为快、不求知之的愚昧：

---

① 何金寿：《奏为兵部侍郎郭嵩焘所撰使西纪程一书立言悖谬失体辱国请饬严行毁禁事》，光绪三年五月初六日，中国第一历史档案馆，军机处录副光绪朝 03-5663-118。

② 光绪九年（1883 年），郭嵩焘记："李兰生〔李鸿藻〕主张清流，贻害国家，大祸在眉睫间而不知悟，则亦真无如之何矣。"（郭嵩焘：《郭嵩焘全集》第十一册，梁小进主编，岳麓书社 2012 年版，第 602 页。）郭嵩焘把"清流"看作是一种言论，一种政治主张，而不是指具体的人群。郭嵩焘此处用"清流"一词批评政治对手，其含义与李鸿章所用的"清议"称谓是一样的。（王维江：《谁是"清流"——晚清"清流"称谓考》，《史林》2005 年第 3 期，第 10 页。）

③ 郭嵩焘：《郭嵩焘全集》第四册，梁小进主编，岳麓书社 2012 年版，第 833 页。

④ 张佩纶：《请撤回驻英使臣郭嵩焘片》，载沈云龙主编：《近代中国史料丛刊》第 10 册，台北文海出版社 1967 年版，第 71 页。

⑤ 郭嵩焘：《郭嵩焘全集》第十册，梁小进主编，岳麓书社 2012 年版，第 488 页。

⑥ 王兴国：《郭嵩焘评传》，南京大学出版社 1998 年版，第 508 页。

⑦ 郑观应：《郑观应集》上册，夏东元编，上海人民出版社 1982 年版，第 272 页。

方今十八省与洋人交涉略少者，独湖南与山西耳。能知洋情，而后知所以控制之法；不知洋情，所向皆荆棘也。吾每见士大夫，即倾情告之，而遂以是大招物议。为语及洋情，不乐，诟毁之。然则士大夫所求知者，诟毁洋人之词，非求知洋情者也。京师士大夫不下万人，人皆知诟毁洋人，安事吾一人而附益之？但以诟毁洋人为快，一切不复求知，此洋祸所以日深，士大夫之心思智虑所以日趋于浮嚣，而终归于无用也。[1]

郭嵩焘指出中国向西方学习的"本"，应是先研究其国政、军政、经济的得失，而后才是学习兵制备器的方法。不学习西方之本，只师其"末"，只能是益其侵耗。当代学界普遍认为：郭嵩焘的思想认识始终是处于领先地位的，个别观点甚至超越了时代水平。[2] 由上可见，郭氏对于"本"的见识之所以超越了时人对器物文明的艳羡，首先是由于西方立国之本是中国三代美政的现实体现，因此大凡学习西方之处，无论政教都不违儒家道统，然后从自己对中国社会心理的观察和切身蒙辱受到倾轧的遭遇出发，他批判士大夫政治上"以诟毁洋人为快"的实质是井中之蛙、自命不凡；学术上，圣人之教流为涂饰之具，儒生习虚文求功名，"事至而不暇深求其理，物来而不及逆制其萌"[3]；经济上，大多数国人"性不朴则浮伪百出，心不实则侵盗滋多，浮伪侵盗盈于天下"[4]。这些西方政教优于中国的"本"，不是表面所反映出的单纯的运行体制问题，而是背后人的问题。郭嵩焘直言不讳："推原其立国本末，所以持久而国势益张者"是由于近代民主政治体制"有顺从民愿之情"，因此，"立国千余年终以不敝，人才学问相承以起，而皆有以自效，此其立国之本也"。他钦羡西洋文明，称"西洋一隅"才是"天地之精英所

---

① 郭嵩焘：《郭嵩焘全集》第十册，梁小进主编，岳麓书社 2012 年版，第 10 页。
② 王兴国：《郭嵩焘评传》，南京大学出版社 1998 年版，第 11 页。
③ 郭嵩焘：《郭嵩焘全集》第十三册，梁小进主编，岳麓书社 2012 年版，第 350 页。
④ 郭嵩焘：《郭嵩焘全集》第十五册，梁小进主编，岳麓书社 2012 年版，第 690 页。

聚"，而自己的仕途抱负又怎奈百世千龄后才有识得之人。①

　　郭嵩焘的诸多观点是转向"人"，即"国民"的角度来阐发的。郭嵩焘最早在论述海防事宜时提出"故夫政教之及人，本也"②的观点，把社会活动的主体"人"视为根本，随着对中西社会更加深入的观察和认识，郭氏又进一步反复地强调人心风俗为立国根本，"人心风俗政教之积，其本也。要之，国家大计，必先立其本……本者何，纪纲法度，人心风俗是也，无其本而言富强，只益其侵耗而已。"③到晚年，他更是强调道德和习俗的重要性，曰"国家所以存亡，在道德之浅深，不在乎强与弱；历数所以长短，在风俗之厚薄，而不系乎富与贫。""强而无道德，富而无风俗，犹将不免于危乱。""是以风俗之美恶，全系之人心。"④郭嵩焘谈论洋务，谈及国家兴亡，每每以正"人心风俗"为核心，有学者甚至认为他晚年所强调人心风俗思想是一种倒退，说他几乎回到了正心诚意、修身齐家、治国平天下的老路上，与向洋务派发难的理学经世首领人物倭仁所主张的"立国之道，尚礼义不尚权谋；根本之图，在人心不在技艺"没有什么本质区别。⑤笔者以科技史为立论的阐释，显然驳倒了这种单纯从社会史来谈的误解。郭嵩焘看似少理洋务的晚年，却在极力推行西方教育制度，正如前述他为校经堂翻检"英、法两国学馆课程，摘取其大要"；特别倡行天文算学科教育；又思"予谋别立书院，讲求征实致用之学"；主持思贤讲舍，矫正引导人心风俗；等等。⑥总之，郭嵩焘以"三代"为思想源头平复儒家道统危机，根据孔子"为政在人"的观点发微，通过多渠道密切接触西方文明，最终领

---

① 郭嵩焘：《郭嵩焘全集》第十册，梁小进主编，岳麓书社 2012 年版，第 357、377 页。

② 郭嵩焘：《郭嵩焘全集》第四册，梁小进主编，岳麓书社 2012 年版，第 782 页。

③ 郭嵩焘：《郭嵩焘全集》第十三册，梁小进主编，岳麓书社 2012 年版，第 367、472 页。

④ 郭嵩焘：《郭嵩焘全集》第十一册，梁小进主编，岳麓书社 2012 年版，第 301 页。

⑤ 袁洪亮：《中国近代人学思想史》，人民出版社 2006 年版，第 102 页。

⑥ 郭嵩焘：《郭嵩焘全集》第十一册，梁小进主编，岳麓书社 2012 年版，第 150、161 页。

悟到"人"是整个国家社会的根本，而后他又运用这些传统语言把他的观点表述了出来。

　　面对三千年未有之变局，洋务派忙于学习西方的船坚炮利，希望实现君主立宪，郭嵩焘则从自身遭遇反射出的晚清官场社会中结党营私、故步自封，阻碍实学洋务人才上升的乱象出发，寻到了他以为国养才为首务、改人心风俗为核心的救国兴国的方略。郭氏的知识结构和知识增长毕竟停留在传统文化领域内，他接受西学、赞赏西学、倡导西学，却已无力使西学知识系统浸入自身。仅仅两个月的知识遨游，"良亦可喜"之际，他最先感受到的就是自己年事已高不能通晓诸事，有负重托，继而指出"和辑人民，需以岁月，汲汲求得贤人用之，其基也"。① 这条通过教化，把人的品行浸淫成为一种社会心理和行为方式的道路，正是基于人性向善和社会前进的本质提出的。在郭嵩焘看来，西方自然科学以及社会文明发展本然也是要与三代理想殊途同归——人性趋于至臻至美，从这一点上，可以说郭嵩焘解开了现世道统的掣肘，找到了人作为社会群体属性的教育力量，补足个人力量的局限性，希冀以教育倡导西学、重塑人心、救世兴国。

---

① 郭嵩焘：《郭嵩焘全集》第十三册，梁小进主编，岳麓书社 2012 年版，第 430 页。

第八章 循环进化——传统自然观再阐释

考之以中国近代思想史，但凡谈到近世抨击近古、复归远古以求新求变的中国先进人物时，都离不开郭嵩焘。郭嵩焘驻英期间，每于客座称述西洋政教之美，主张学习西方科学技术，办铁路，开矿山，整顿内政，"以立富强之基"。他的言行著述颇招物议，他因受同僚倾轧，黯然归国。从他的日记中可以看到，他晚年在湘阴故里，主讲书院，着力著述，却很少再论及驻外时的科学见闻。但笔者还是在他光绪九年（1883年）日记中发现一段关于自然生成、毁灭和再生循环系统的论述。对比郭嵩焘在不同时期对自然循环观念的认识，其中既流露出早期他对船山哲学的继承，源于《周易》自然生灭内容的理解内化；又反映出他晚年，受驻外时西方天文学所闻所感的影响，使他的自然循环观中的"退化"观点打上了近代西方天文学的印迹。

本部分即从郭嵩焘日记中对世界毁灭而又再生的构想展开，探讨他自然循环观的思想脉络，分析他对中国传统自然循环观的继承和发展；进而在"循环与进化"的视野下，解读其著作中的"生物—社会"演化径路，并考察这种演化径路在近代中国思想界从自然循环观走向进化观过程中起到的铺垫作用和影响。

第一节 郭嵩焘对世界生灭变化的构想

郭嵩焘归国后，卸职回籍，致力于《湘阴县图志》的编撰，与好友游兴湘阴山水，很少再谈驻外时的科学见闻。然而，笔者在他光绪九年十一月二十五日（1883 年 12 月 24 日）日记中发现，一段他与友人艾式成 [①] 关于"世界毁灭而又再生"的探讨：

> （光绪九年十一月）廿五日。微雨。泊三叉矶。舟行甚滞，终日见后行之船超越而前，戏成一绝云：顺风不进船身劣，偶滞泥沙底已穿。人与此船同偃蹇，故应三日与周旋。艾式成言：邵子元运之说，推至十二万中〔年〕，察其实不然。天地之运不过二万年。天行一周而有岁差，积至二万年而复如是，天运不逾二万年也。积大易之数，亦不逾二万，是可以测天运矣。由伏羲至今，不过五千年。上推至盘古，其数不可知，然亦必相距无几日，至多不过万年。而天地之机，已将尽泄。下此殆将不及万年，必归于浑沌矣。此言极为有理。吾意天地之合有两义：其一，西人所云彗星遇星球辄扫而灭之，恐地球亦将有破裂之一日。其一，西人开矿，深或数百丈，远辄数十百里，其法渐行于中国，地气一泄有余，必将有掀腾崩裂之一日。其间或有缘崖谷以幸免者，必皆目不识丁者也，其人遂为盘古氏。盘古氏之人，其数必多，而皆不识文字，不明理道，以力相与雄长。积之久，又将有圣人者起，开而明之。此亦天地自然之会合也。[②]

---

① 艾作模，？~1898，字式成，清溆浦人。1883 年与艾式成这段谈话前，即光绪九年八月十五日郭嵩焘日记称"闻其人通天文之学，亦知堪舆小术，辰州近时一学者也"，可见此时郭嵩焘与艾式成交往不多。

② 郭嵩焘：《郭嵩焘全集》第十一册，梁小进主编，岳麓书社 2012 年版，第 624 页。

艾式成所说的"邵子元运之说",是宋儒邵雍[①]《皇极经世书》中的核心内容。邵雍使用易学象数理论,以阴阳消长认识春夏秋冬的自然运行,按照月、日、辰的关系规律,发展编制了 1 元 =12 会 =360 运 =4320 世 =129600 年的宇宙时间体系,说明天地万物的变化规律。朱熹概括为:

> 以元统十二会为一元,一万八百年为一会。初间一万八百年而天始开,又一万八百年而地始成,又一万八百年而人始生。邵子于寅上方始注开物字。……他说寅上生物,是到其上方有人物也。有一元十二会、三十运、十二世,十二万九千六百年为一元。岁月日时,元会运世皆得十二而三十而三十而十二,至尧时会在巳午之间,今渐及未矣。至戌上说闭物,到那里则不复有人物矣。[②]

由此可知,邵雍的天地成毁循环,是指从宇宙的生成"开物",到宇宙毁灭"闭物",为一元 129600 年,宇宙以此周期循环往复。其循环主体,既是实体的天地万物,也是高度抽象的宇宙。他把绝对精神的"道"和主体精神的"心"同作为宇宙的本原看待。"心为太极,又曰道为太极"[③],"道"和"心"生成"太极"。"太极"乃处于一种清浊混沌的状态,其间已有气的存在,其后天地万物的生成是一个演化的过程。[④]

---

① 邵雍,1011~1077,字尧夫,谥康节,后世称邵康节,北宋学者,理学象数学派创始人。与周敦颐、张载、程颢、程颐并称"北宋五子",同为理学创始人。根据《周易》太极、动静、阴阳和八卦之义,结合道教宇宙生成图式和孟子"万物皆备于我"的思想,建立了繁杂、庞大的先天象数学体系。作《先天图》,认为"生天地之始者,太极也","太极一也,不动。生二、二则神也。神生数,数生象,象生器"。并依太极生两仪,两仪生四象,四象生八卦,"八卦相错,然后万物生"的模式,把"一分为二"无限推衍,愈细愈繁,"衍之斯为万",即"合一衍万",人为安排了一个象数系列。又以"道"和"心"规定太极,把宇宙万物视作"心"的表象。提出"元会运世"的宇宙循环论和"皇帝王霸"的历史退化论。
② 张久韬:《理学类编》卷一,载陈美东:《中国科学技术史 天文学卷》,科学出版社2003 年版,第 460-461 页。
③ 邵雍:《皇极经世书》,中州古籍出版社 2007 年版,第 522 页。
④ 陈美东:《中国科学技术史 天文学卷》,科学出版社 2003 年版,第 460 页。

对于天地关系，邵雍认为"（天地）自相依附，天依形，地附气，其形也有涯，其气也无涯。"① "天覆地，地载天，天地相函，故天上有地，地上有天。……天之体，无物之气也。"② 在他看来，天与地是直接相互依附的，有形的大地悬浮于天中，天为无形的元气。进而，天地被视为宇宙存在的表征，从宇宙空间看地球，开物寅中、闭物戌中，从地球视角看宇宙，宇宙则是目力所及天地的延展。天地是以一元，显示了宏大的宇宙循环。在这个大循环周期里，人类社会的历史发展又是一层循环："自极乱至于极治，必三变矣。三皇之法无杀，五伯之法无生。伯一变至于王矣，王一变至于帝矣，帝一变至于皇矣。"③

邵雍利用天文循环、生物循环等来自常识的类比和比喻，借助先天象数为根据，主张天地自然和人类历史的发展，都是经历生长、顶峰、衰退和灭亡的过程，呈现出强烈的循环论色彩。但他认为凡有消长必有终始，而这一时间历程所具有的客观规律则被先天六十四卦圆图所决定，天地万物最终仍是回到一片混沌，因而他的循环观是封闭圆环式的绝对循环，具有悲观的宿命论特点。

就郭嵩焘这段日记对"天地之合"的释义来看，与邵雍的绝对循环观念相比，郭嵩焘同样承认天地自然的盛衰循环，但并不是邵雍和艾式成所讲的宇宙一生一灭的二分循环，而是一个在大宇宙空间下地球生态的相对循环。这与郭嵩焘在英国期间遍览名胜、详细考察西学有着不解的关系，西游使得他对天地关系有了全新的认识，接受近代西方天文学意义上的宇宙图景，让他知道地球不过是宇宙中的一分子，地球和其他行星都有各自产生、生长、灭亡的周期。他解释"天地之合"的原因：其一"彗星遇星球辄扫而灭之，恐地球亦将有破裂之一日"，显然这种建立在太阳系概念、同等看待地球与其他星体的观念上，得出的彗星因摩擦而消亡的预言，为他带来了启发式的类比，似乎隐喻了地球破裂的

① 邵雍：《〈皇极经世〉导读》，常秉义注释，中央编译出版社 2011 年版，第 676 页。
② 邵雍：《皇极经世书》，中州古籍出版社 2007 年版，第 524-525 页。
③ 邵雍：《皇极经世书》，中州古籍出版社 2007 年版，第 501 页。

结局；其二，因开矿带来的"地气一泄有余，必将有掀腾崩裂之一日"的推测，也是针对"地球"自身而言的，并非邵雍在"天圆地方"传统宇宙结构观下认识的"宇宙"，根据郭嵩焘所说的其后或有"幸免者"来看，崩裂的结果自然不能等同于宇宙毁灭，也不是地球的完全毁灭，只是可能会引发地质灾害。并且，这两种原因，既带有郭氏相信"天地自然之会合"走向新的发展循环的必然性，也说明了实际发生时的偶然性。

也就是说，邵雍使用"元会运世"这些时间单位和先天六十四卦圆图中的卦象相对应，由此卦象的意义便决定了天地循环的周期规律，以及各个时间单位的历史特征和基本事件；而郭嵩焘尽管承认在自然和历史的变迁中会出现循环往复的规律性特征，但在近代西方天文学的指导下提出了一些合理的解释。

邵雍的宇宙循环观念附会于《先天图》，托道家秘传，所谓伏羲创制，后朱熹及元明时代的一些儒者将《先天图》尊崇为圣物。同时也有一些儒者持否定态度，如明末归有光认为《先天图》为邵雍的自创，而非伏羲；明清之际王夫之严厉批评先天学中的天地方位，会导致宿命观点，"天地万物生杀兴废，有一定之象数"，"则君可以不仁，臣可以不忠，子可以不尽养，父可以不尽教，端坐以俟祸福之至……"。[1] 钱大昕、惠士奇等儒者则认为先天图与实际观物不符。郭嵩焘把这些前人的反驳之词辑录为《驳道家所传伏羲四图说》和《伏羲作易初无所谓先天》两篇[2]，来表达他的观点：其一，《先天图》是因《皇极经世书》而作，不是源自伏羲；其二，邵子以及被朱熹所发展的以动静阴阳刚柔易两仪四象之名，郭氏按"此说似觉可疑"，伏羲画卦"有天道焉，有地道焉，有人道焉"，[3] 暗指两仪四象的变化中缺少"人"以及人与天、地的关系；其三，批评汉儒"泥象而忘义，又滥及卦气爻辰"[4]，邵子"强

---

① 郭嵩焘：《郭嵩焘全集》第一册，梁小进主编，岳麓书社 2012 年版，第 499 页。
② 郭嵩焘：《郭嵩焘全集》第二册，梁小进主编，岳麓书社 2012 年版，第 6-11 页。
③ 郭嵩焘：《郭嵩焘全集》第二册，梁小进主编，岳麓书社 2012 年版，第 502-503 页。
④ 郭嵩焘：《郭嵩焘全集》第八册，梁小进主编，岳麓书社 2012 年版，第 522 页。

以图牵之，不可通已"①，邵雍以易图囊括天地诸事发展规律，正如王夫之所反对的，邵雍采用的"加一倍之法"是机械式的衍化，否定了世界变化的多样性、复杂性与无限性。

郭嵩焘认为"天地自然之会合"后，万物在形态上并没有实质性的改变，既不是邵雍所预设的开物前的混一状态，也不是艾式成所说的"必归于浑沌"。这是由于郭氏承续了王夫之"易有太极"的观点，他在《周易异同商》中表明了"盖有易而后有太极，非有太极而后有易也"②的判断。

王夫之和邵雍、朱熹最大的分歧就在于他们对"太极"与天地万物化生关系的认识上。王夫之《周易外传》中说："在天者浑沦一气，凝结为地，则阴阳分矣"，而气的"阴阳分判"，使"物之法则立焉"。③他认为："汇象以成易，举易而皆象，象即易也。"可见，"易"被赋予了天地间具体事物形象的总和。阴阳二气交感相通所产生的相继相转的易之作用也可称之为"易"。他对"易有太极"注曰："易有太极，不谓太极有易也。唯易有太极，故太极有易。"④故太极不可如朱熹所谓"只是个理字"。唐君毅说："理之名不孤立，道之名亦不孤立。……阴阳二气浑沦齐一之太极，并非在天地之先，存在于宇宙初开辟之时，万物由之以次第化生，如汉儒与邵康节之说；而是即在当前之现实宇宙中者。船山极反对先有一浑沦之太极，分为乾坤，化为天地万物之说。"质言之，太极与易的关系在王夫之及其追随者郭嵩焘看来是相互依存的。太极不能独立于万物之外，也不能超越性的存于万物之先，所以不能在时间的先后意义上，表述太极和万物的关系，宇宙也不可能以"先有一浑沦之太极，分为乾坤，化为天地万物，如汉儒与邵康节之说"。⑤

---

① 郭嵩焘：《郭嵩焘全集》第二册，梁小进主编，岳麓书社 2012 年版，第 547 页。
② 郭嵩焘：《郭嵩焘全集》第二册，梁小进主编，岳麓书社 2012 年版，第 502 页。
③ 王夫之：《张子正蒙注》，中华书局 2011 年版，第 29 页。
④ 王夫之：《周易外传》，中华书局 2009 年版，第 213、199 页。
⑤ 唐君毅：《中国哲学原论 原教篇 宋明儒学思想之发展》，台湾学生书局 1990 年版，第 525 页。

第二节　承王夫之易理思想的哲学思辨

显然，郭嵩焘的自然循环观念的形成，不仅与他读史通今、感慨西方文明社会的现实情怀有关，与他阅读《庄子》《周易》等古代经典中收载的天、地、人以及易数等自然哲学思辨有关，更是由于他深受王夫之易理思想的影响。

郭嵩焘关于周易论著《周易内传笺》《周易释例》《周易异同商》，前两部是他读王夫之《周易内传》的体会，《周易异同商》中他"汇集先儒说易精义，而评骘其异同得失"①。《周易内传笺》开篇《叙》说："船山王氏《周易内传》以爻系卦，即卦明象，辨吉凶得失之原，明象辞变占之学……汉宋诸儒未有能及之者。不敢谓其书于圣人赞《易》之本旨无稍出入，而其大体则已纯矣。"《周易释例》凡例："往先兵左读船山王子《周易内传》，颇有评释，足可述证。因谨刺三事录于篇"。② 这三部周易著作均显露出他对王夫之批评汉宋诸儒释易的认同，并以己意为断，"详为辩驳，而列之存异"③。此外，郭嵩焘注《庄子》，十分推崇王夫之的《庄子通》。他曾说："壬秋见示所注《庄子》，极有见解，看得《庄子》处处皆有实际，足与船山注相辅而行。"④ 可见，郭嵩焘的易理思想与王夫之一脉相承。

其一，郭嵩焘从王夫之易学出发，继承了常与变的自然循环思想。

易学虽以卦象卦位推断事物的变化，但"不可为典要，唯变所适"是易学的精神主旨。郭嵩焘对王夫之《周易内传》的摘录，正是他在感于邵雍"元会运世"说后，在阐述天地会合中所表现出的不易与变易思想。但是，他并不认同邵雍所说的天地循环，但又遵循《周易》中

---

① 中国科学院图书馆：《续修四库全书总目提要经部》上，中华书局 1993 年版，第 16 页。
② 郭嵩焘：《郭嵩焘全集》第一册，梁小进主编，岳麓书社 2012 年版，第 3 页。
③ 邓李志：《郭嵩焘的文献学成就研究》，载王继平编：《曾国藩研究》第 6 辑，湘潭大学出版社 2012 年版，第 802 页。
④ 郭嵩焘：《郭嵩焘全集》第九册，梁小进主编，岳麓书社 2012 年版，第 462 页。

"日月运行，一寒一暑""日往则月来，月往则日来，日月相推而明生焉""寒往则暑来，暑往则寒来，寒暑相推而岁成焉"的周期性循环规律，[①]承认自然变化及其规律的客观性，视天地万物"循环无端"为不易；然而周易"大含细入"，在涵盖天地规律的同时，其中也概括了极微小的事物，"阴阳之气，絪缊而化醇，虽有大成之序，而实无序。以天化言之，寒暑之变有定矣，而由寒之暑，由暑之寒，风雨阴晴，递变其间，非日日渐寒，日日渐暑，刻期不爽也。"[②]郭嵩焘借王夫之的论述，说明自己坚持的阴阳变易思想，从天道循环到人事发展，一方面存在着必然的进程；另一方面又存在着偶然的因素和突然的变易。郭嵩焘根据周易的周期性易变法则，提出了他所认为的天地之合，亦根据"神无方而易无体"[③]的易学精神，推断了这种变化发生的原因，同时他对社会、历史的构想之中也存在着常与变的思想。

其二，郭嵩焘从王夫之"日新而富有"自然化育说推导出社会发展规律。

郭嵩焘说："有首有趾，人物之所同也；无心而不能虑事，若鸟兽是也；无耳而不能闻声，若虫鱼是也，其动止，其死生，其废起、一皆天地之化机也。化机之在天地，不穷于物，无形无状，推移生荡天地之中者，皆化机也"。[④]此言大化日新，万物顺应自然规律、化育演进，正如《庄子·秋水》所言，万物的变化日新，并无外力的促使，是各物依据自身的状态而运行发展的。故郭嵩焘说："尸居龙见，不见而章；渊默雷声，不动而变；神动天随，无为而成。"[⑤]

《周易》把人之道与天之道合起来看，俯仰观察，用自然界生育万物的法则阐释人世间的道德。《系辞下》中说"吉凶者，贞胜者也。天地之道，贞观者也。日月之道。贞明者也。天下之动，贞夫一者也。"

---

① 郭嵩焘：《郭嵩焘全集》第一册，梁小进主编，岳麓书社 2012 年版，第 463 页。
② 郭嵩焘：《郭嵩焘全集》第一册，梁小进主编，岳麓书社 2012 年版，第 463 页。
③ 郭嵩焘：《郭嵩焘全集》第一册，梁小进主编，岳麓书社 2012 年版，第 397 页。
④ 郭嵩焘：《郭嵩焘全集》第十五册，梁小进主编，岳麓书社 2012 年版，第 802 页。
⑤ 蔡元培：《诸子集成》第 4 册，岳麓书社 1996 年版，第 181 页。

王夫之亦引《易》以证人事，"占者、学者不可执一凝滞之法"，"《易》之为书，言得失也，非言祸福也"，"《易》之为道本如是，以体天化，以尽物理，以日新而富有"，鲜明地反对像邵雍那样以机械的模式认识事物的变化。郭嵩焘也同样认为周易一书不是为卜筮而作，而是凭借易对客观规律的认识，用于推测未来事物变化的趋势。他在《周易内传笺》中继续申发王夫之的观点，案："下筮之用，使人趋吉避凶而已矣。圣人示之以贞胜，体刚柔之用，研动静之机，以心通于神明而贞其大胜。吉凶者，非可以趋避之术测之者也。下二语以天地日月证之人事之动而发明之。"①

《周易》的目的在于要在宇宙生化的大法则中，发现人的价值所在。《彖》曰："蛊，刚上而柔下，巽而止蛊。蛊，元亨而天下治也。利涉大川，往有事也。先甲三日，后甲三日，终则有始，天行也。"②社会达到蛊坏的程度，必然告一结束，转入全新状态；旧的告终，便是新的开始。利于涉越大河，说明治蛊要勇往直前，有所作为。社会除弊治乱，犹如终则有始的自然运行规律循环往复。王夫之在其中看到的宇宙历史之变，是不断日新而富有的，他将变革看作是历史发展的必然规律，他说"道莫盛于趋时"③，"趋时应变者惟其富有，是以可以日新而不困"。④而且，"万物生化"不仅仅只是直线式的"迎来"与"新生"之"顺往"的发展过程，而是在发展中继承前者之道以启后来者，这才是王夫之所说的宇宙历史的"日新而富有"。

《系辞》曰"变化者。进退之象也。"⑤王夫之没有跟随大多数思想者停留在循环甚至倒退的观点上，而是将这种进退、屈伸等异质的事物作为一切变化的根源，即阴阳相推，"天地之化日新"⑥。郭嵩焘则引孔

---

① 郭嵩焘：《郭嵩焘全集》第一册，梁小进主编，岳麓书社 2012 年版，第 404、463-464、441 页。
② 郭嵩焘：《郭嵩焘全集》第一册，梁小进主编，岳麓书社 2012 年版，第 117 页。
③ 王夫之：《思问录 俟解 黄书 噩梦》，中华书局 2009 年版，第 243 页。
④ 王夫之：《张子正蒙注》，中华书局 2011 年版，第 29 页。
⑤ 郭嵩焘：《郭嵩焘全集》第二册，梁小进主编，岳麓书社 2012 年版，第 471 页。
⑥ 王夫之：《思问录 俟解 黄书 噩梦》，中华书局 2009 年版，第 38 页。

颖达《周易正义》指出事物变化的过程有进有退："万物之象，皆有阴阳之爻，或从始而上进，或居终而倒退。以其往复相推，或渐变而顿化，故云进退之象也。"① 可见，郭氏对《周易》"进退"的理解，暗含了事物或历史发展倒退的观点。由此他认为相对于恒久的自然发展，社会历史的发展呈现出"递盛递衰，递推递衍，更代而兴，若循环然。"②

其三，进而郭嵩焘发展出"人承天地之运开先"的思想。

> 庶物繁兴，各成品汇，乃其品汇之成各有条理，故露雷霜雪各以其时，动植飞潜各以其族，必无长夏霜雪，严冬露雷、人禽草木互相淆杂之理。③

阴阳不能混杂，那么由其所称的露雷霜雪各种现象各有时节，动植飞潜也各有类别，"万物之形"的特性不能混杂。人又与山川草木以及自然界的其他动物有所不同，郭嵩焘曾在同治元年（1862 年）将王夫之"禽兽终其身以用其初命，人则有日新之命矣"④的论断抄录在自己的日记中。王夫之指出："人之所以异于禽兽者，唯志而已。不守其志，不充其量，然则人何以异于禽兽哉？"⑤ 王夫之从人心反省人的能力，从"心"的角度出发，指出草木禽兽仅有天然而生的能力，而人心有探索自然规律、改过向善、追求进步的能力。

人与山川、草木、禽兽的区别，使得郭嵩焘的循环观念中有了乐观的一面。他认为地球的崩裂并不一定意味着自然万物的毁灭，终结的是礼崩乐坏后的社会观念，因此，虽然有幸免于难者，但必然是"目不识丁者"，代表着旧文明的陨落，圣人再起，新文明的重建。这样形成了一个乐观的预设，人的幸存与回到野蛮时代的因果关系被悬搁起来，成

---

① 郭嵩焘：《郭嵩焘全集》第二册，梁小进主编，岳麓书社 2012 年版，第 471 页。
② 郭嵩焘：《郭嵩焘全集》第十四册，梁小进主编，岳麓书社 2012 年版，第 401 页。
③ 王夫之：《张子正蒙注》，中华书局 2011 年版，第 5 页。
④ 郭嵩焘：《郭嵩焘全集》第八册，梁小进主编，岳麓书社 2012 年版，第 529 页。
⑤ 王夫之：《思问录 俟解 黄书 噩梦》，中华书局 2009 年版，第 57 页。

为一种寓言，他所谓的循环只不过是人类发展史的更迭。郭嵩焘在《罗研生^①七十寿序》开篇道：

> 是以山川草木，凡物之生，终古未有易也，独其于人，递盛递衰，递推递衍，更代而兴，若循环然。天地之生才，至于人，其力亦有所穷，而常有一二巨儒名德，起而承天地之运，以开之先，则天亦遂畀之以老寿聪强，使之博通厚积，迟久以导人之信从。故曰：天地之道，贞胜者也。^②

这里同样也暗含了《周易》对万物循环的高度概括。第一层，人的发展或者说社会的变迁，代表了三种互不矛盾的"易"："递盛递衰"的更替代表"简易"，"递推递衍"的直接变化指出"变易"，而整个发展史中只有"更代而兴"这一种循环方式，又是"不易"。更高一层，"山川草木"代表着自然固有秩序的不可改变，人类社会的兴衰变迁、文明的积累又是循着变易而发展的，则是体现在万物生长中的变与不变。在中国传统文化中，山水与人才之间似乎有着天然的联系，此时他又说："天地之气郁之久而将泄，天且迟回审顾，而以魁杰寿考授之先生，董而率之。"^③天地之气郁久而独钟于罗汝怀，并由罗氏传授开来，对后学产生作用。郭嵩焘的循环中所带有的变易因素来自"人"的作用，如罗汝怀这般的巨儒名德，纵使力量有限，亦能承天地之运或者遵循自然规律建立规则，引导人们跟从效法。郭嵩焘以山川奇气推显圣人出世、卓尔不群，从而在自然循环中隐喻人对推动社会变迁及历史发展

---

① 罗汝怀，1804~1880，字研生，晚号梅根居士，湘潭人，清代学者。青年时治汉学，颇有"国朝经师之遗风"（曾国藩语）。尝主讲渌江书院。道光二十六年（1846年）以后，绝意仕进，专治经学。受曾国藩影响，反对汉学、宋学门户之争。其治学，一以崇实，对六艺故训、地理沿革、古今水道源流分合、历代法制、民族、金石篆隶，均有较深造诣。重经世致用，其论团练、积谷、保甲、禁烟等文，颇为湖南当道所重。
② 郭嵩焘：《郭嵩焘全集》第十四册，梁小进主编，岳麓书社2012年版，第401-402页。
③ 郭嵩焘：《郭嵩焘全集》第十四册，梁小进主编，岳麓书社2012年版，第402页。

的重要作用。

第三节　始于人禽之别的社会演化路径

王夫之的许多哲学观念都与人有关，他的自然观与历史观的连接也是从"人禽"之别开始的。正是他对邵雍"元会运世"说的批判，引出了他对世界演进历程的猜想：植〔直〕立之兽—夷狄—文明，由生物进化到社会进化的演进。

> 谓"天开于子，子之前无天；地辟于丑，丑之前无地；人生于寅，寅之前无人"；吾无此邃古之传闻，不能徵其然否也。……吾所知者，中国之天下，轩辕以前，其犹夷狄乎？太昊以上，其犹禽兽乎？禽兽不能全其质，夷狄不能备其文。文之不备，渐至于无文，则前无与识，后无与传，是非无恒，取舍无据。所谓饥则呴呴，饱则弃余者，亦植〔直〕立之兽而已矣。魏、晋之降，刘、石之滥觞，中国之文，乍明乍灭，他日者必且陵蔑以之于无文，而人之返乎轩辕以前，蔑不夷矣。文去而质不足以留，且将食非其食，衣非其衣，食异而血气改，衣异而形仪殊，又返乎太昊以前，而蔑不兽矣。至是而文字不行，闻见不徵，虽有亿万年之耳目，亦无与徵之矣，此为混沌而已矣。①

王夫之的自然观从"气"出发，上达于天，形成万事万物，下授于人，禀天命之性而具有人性，"人之有性，函之于心，而感物以通……故由性生知，以知知性"②。他将人的起源上推至"植立之兽"，"饥则呴呴，饱则弃余"之语，勾画出原始人类在艰难环境中的挣扎生存。而人与动物之别就在于人能够进行理性思考来控制自己的行为，也就使得人

---

① 王夫之：《思问录 俟解 黄书 噩梦》，中华书局 2009 年版，第 72 页。
② 王夫之：《张子正蒙注》，中华书局 2011 年版，第 17-18 页。

的群体性生活即社会，具有了秩序性。王夫之云："以人为依，则人极建而天地之位定也。"① "天道不遗于禽兽，而人道则为人之独"②，"人者动物，得天地之最秀者也"③。人被天地自然所产生出来，并且能够发挥其主体能动性来主宰天地自然，他认为人有天明与己明，并且人相较于禽兽而言，人是较为优秀的，而在天人关系中，凸显出人的重要地位。

"轩辕以前，其犹夷狄乎"的追问，让王夫之脱离了把自然循环移植到人类历史循环论的桎梏，形成"全其质"与"备其文"的直线演进的模式，一方面从心性、理智的开发推衍出华夏与夷狄、君子与小人、士与农商的不同；另一方面"饮食男女之欲，人之大共也。共而别者，别之以度"④，用仁义礼智的道德理性，控制人"声色臭味之欲"⑤的生理和心理欲望，亦成为人与动物、君子与小人之别。与此同时，一种不恰当的"种族"和"地位"的优越感在他的思想中生成，"天下之大防二：华夏夷狄也，君子小人也。非本末有别而先王强为之别也。夷狄所生，于华夏所生异地。其地异，其气异矣。气异而习异，习异而所知所行，习异而所行蔑不异焉！"⑥王夫之以"气""地"关系解释民族性的差别，受到所处灭族亡国时代背景的影响，偏离了人性本质与文明演化的逻辑主线。

在人的"气习"问题上，王夫之把先天之气的虚提到决定性的影响，而忽视了人的后天实践，即"习"的日臻完善；继而仍然停留在虚的层面上讨论群道社会关系的差别，没有立基于社会发展的历史与政治展开。郭嵩焘则与之相反，无论是自己仕途多舛的境遇，还是考察西方风土国情有感晚清流弊的现实观照，都使他明确"文明"可以作为夷夏的区分，欧洲的"政教修明""教化"代表了其文明程度，中国则"亦

---

① 王夫之：《周易外传》，中华书局 2009 年版，第 29 页。
② 王夫之：《思问录 俟解 黄书 噩梦》，中华书局 2009 年版，第 7 页。
③ 王夫之：《张子正蒙注》，中华书局 2011 年版，第 86 页。
④ 王夫之：《诗广传》，中华书局 1964 年版，第 61 页。
⑤ 王夫之：《张子正蒙注》，中华书局 2011 年版，第 108 页。
⑥ 王夫之：《读通鉴论》，中华书局 1975 年版，第 976 页。

犹三代盛时之视夷狄也"。光绪四年二月初二日（1878年3月5日），郭嵩焘读到《泰晤士报》中"文明"时，感触很深，他认为：其一，文明之"道"不以地域为限，是以种族或国家为体，只要"苟得其道"就可以称为"文明"国家，也就推翻了王夫之气地关系的划分逻辑，使得人类社会发展的优劣成为种族或国家之间当下成就的横向比较；其二，文明—半开化—野蛮的不同阶段，指出了种族或国家的历史可以呈现出进步上升的趋势，存在着一定程度的社会变迁的进化思想；其三，郭氏又强调"自汉以来，中国教化日益微灭"，在他的平生著述中类似观点俯拾即是，其中又带有活跃在19世纪中叶到20世纪初的道德退化论的思想。

上述探讨郭嵩焘自然循环观中，源出《周易》的"从始而上进，或居终而倒退，以其往复相推"思想，可以阐明郭嵩焘关于中国与西国文明比较的实质。两种文明的比较其实是两个自有本末的独立民族，分别处于各自的发展循环中，三代以前中国处于上进而盛的阶段，自汉倒退，往复成一循环；相较之西方诸国正处在自循环中上进而盛的阶段。因此，郭嵩焘的华夷之辨实际上是中西各自社会循环演化中退与进的比较，并不是一个模式中的高下之教。

第四节　承前启后的科学"退化"思想

郭嵩焘及其同时代中国思想界的先进人物，如魏源、王韬、薛福成、郑观应、严复等，所持的或为循环或混有进化的社会变迁观点又各有差异。就既往研究来看，魏源的社会渐进观除了具有"一治一乱"，"一文一质"的循环论外，还混合着鲜明的"后世胜前世"的社会进化论思想；[①] 王韬指出"天下事未有久而不变者也"；继郭嵩焘之后出使西国的薛福成，面对西方的工业科技文明，从"宇宙间自然之理"的变易

---

① 孙功达：《试论魏源的社会历史观》，《甘肃社会科学》2002年第2期，第106-109页。

进化观发微，亦指出中国历史的进化，"人与万物无异耳……一变为文明之天下"，今日之天下已不是"华夷隔绝之天下"，而是"中外联属之天下"，应是"宜变古以就今"；郑观应认为历史的变易既不是循环，更不是倒退，而是向前发展的。尽管他们之中亦有持着一治一乱、一盛一衰的循环逻辑者，但这些郭嵩焘同时代思想者们所铸造的新古今论，无不以《易》中"穷则变，变则通"的传统哲学命题嫁接西方进化思想，或是承以王夫之、戴震等先儒的思想影响。

与郭嵩焘结为忘年交，并坦诚论析中西学术政制之异同的严复，却在《天演论》中有意淡化"演化（Evolution）"中的"退化"现象，他在翻译《天演论》和《原富》时没有为赫胥黎（T. H. Huxley，1825~1895）表达的"Ethics"准备固定的译词。赫胥黎强调的是人类伦理观，而不是进化伦理观。陆宝千认为严复始终赞扬斯宾塞的进化伦理观，《天演论》的译文包含了发挥赫胥黎的观点和以斯宾塞的理论来驳斥赫胥黎两个主题，《天演论》强调"社会伦理的进展并非模仿宇宙的过程，亦非规避，而是与之抗衡"。严复从达尔文"优胜劣汰，适者生存"的宇宙观寻求的人类行为准则，更符合他"自强保种"的初衷。章太炎自强救国的政治要求与西方进化论的结合却与严复正好相反，章太炎的《原人》《原变》特别强调了"退化"的可能性，如果不竞争，人就有退化为猴子的危险，以警示强敌环伺下退化的威胁。鲁迅在日本留学期间也曾把自己沉重的民族危机感，表述为中华民族和社会民众的生理肉体正在逐步退化，"呜呼，现象如是，虽弱水四环，锁户孤立，犹将汰于天行，以日退化，为猿鸟虫藻，以至非生物。"随着世界战争的愈演愈烈，"退化"的观点进入了国人的话语，关于人类身体和智力退化的文章见诸报端，1921 年《东方杂志》译介奥地利生物学家林克微支（A. Linckewiez）的退化论，他宣称现代社会组织、现代文化是食人的猛兽，人类"在二千年之内，也须又要变成猿猴了"。

郭嵩焘既没有前辈魏源鲜明的进化的历史观，又无后辈薛福成如王夫之一般关于人的智识进步会导致社会发展的观点，相比之下郭嵩焘既承认西方社会的进步，又指出中国人心风俗的退化，他独有的基于循环论的道德退化思想，与反达尔文主义、提倡人道伦理观的思想相近。发端于 20 世纪更至时下的反对科学主义，预言人祸致使自然环境走向崩溃的论争，或带有类似的观点。相比这些源于民族危机、战争侵略的清末民初仁人志士的反思，郭嵩焘在中国传统循环论以及《易》的变易思想的支持下，解释的"退化"更有其合理性，甚至打上了近代西方天文学的印痕，导致生命退化的原因是地球遭到彗星之类的天外星体撞击所致的"灾变"（Catastrophe）。对于当下，承认人的心智的退步，反思自我和社会的变迁，在一定意义上也是一种进步的认识。

结　语

　　晚清湘阴郭嵩焘，集经世诤臣和狂狷名士于一身，合西学先驱和经学宿儒于一人。^① 他洞悉世界的睿智何来？为何世人又称他为"独嚼大爱与大痛的孤独者，无法归类的精神漂泊者"？如果把"自我"作为因果关系的媒介去研究，郭嵩焘终归是一个欲求成为贤哲的中国传统知识分子。郭嵩焘对文化的价值选择深植于中国传统，乃所谓有源之水，"道因时而万殊"的船山哲学正是他认识和吸纳西方文化的哲学基础。他说：

　　　　国朝王船山先生《通鉴论》出，尽古今之变，达人事之宜，通德类情，易简以知险阻，指论明确，粹然一出于正，使后人无复可以置议。^②

　　思想基础是郭嵩焘行为选择的决定性因素。郭嵩焘思想中追求的"道"，是自我的发展最终符合整体社会的需要，而西方近代科学文明背后的哲学支撑，是要求自我的行为与超然的神的意志保持一致。这种超然的神的意志，即是人可以通过发挥最有效的自我获知的自然法则。儒

―――――――――――

①　范继忠：《孤独前驱——郭嵩焘别传》，人民文学出版社 2002 年版，内容简介。

②　郭嵩焘：《郭嵩焘全集》第十四册，梁小进主编，岳麓书社 2012 年版，第 351 页。

家首先将"修身"作为根本，只有修身才能齐家、治国、平天下，这就意味着也只有修身才能实现自我的社会性需要。在这种比较中，中国的修身与西方自我的发展，尽管最终追求的意义不同，但作为能动的实现过程是一致的。在船山哲学看来，"道"既然可以万变，那么在"道"之外还有一个超验的参照点，由此郭嵩焘便在"自我发展"即"修身"的意义上接受和吸纳了优秀的西方文化。郭嵩焘日记中屡屡对西人用心于学问的称赞、对西方天学的认同则是最好的例证。作为第一任驻英公使，郭嵩焘受命远赴英伦，直叙西游，被清流指为"汉奸"，人争欲杀。他颇具悲剧色彩的仕途境遇，以及亲历亲闻清廷中结党营私、清流的凌厉矫激，这些在仕途成长中的消极体验也成为他寻求文化变革的一种动因。郭嵩焘通过自我实现所要追求的，是由孔子提出并毕生致力的三代之治的理想社会，他认为自己在西方看到的便是三代治世的实现，西方社会发展所经历的上升途径恰恰是儒家思想中讲求的"修身"，因此通过教育学习西方科学技术并非离经叛道，而是能够达到终极追求的一种修身之法。郭嵩焘从"修身"或"自我发展"，即"人"的角度，疏解了中西文化间的紧张与对立，找到了一种不伤害民族自尊的圆融方式。实际上，人生的终极目的，既不是儒家所讲的"齐家治世"，也不是西方追求的"人定胜天"，实然是自我本身的实现。从思想基础来看，郭嵩焘是一位从船山哲学出发坚守和发展儒家思想的中国传统知识分子。

郭嵩焘在西方科学认知上所能达到的高度，首先建立在他思想基础上这种开放的世界观，他承认以政教为本、器物为末的西方文明胜于中国，从而采用了"认可与回避"的认知方式，保持客观中立的态度记录。在郭嵩焘认识近代西方天文学的过程中，他正确和积极的认知态度，使他革故鼎新，在自己的脑海里建立起西方以"日心说"为核心的宇宙图景，其后他对日地月关系、金星凌日、新星寻测等西方重要天文事件的理解和讨论都基于他对这个宇宙图景的信服。郭嵩焘在西方出使游历的两年中，从基本的宇宙观念，到通过了解西方科学发展史在一定程度上获知科学发现方法，再到通过自己仅有的西方天文知识判断同僚畏友间所谈内容、对比反思国人学问不精的原因，逐步在亲历与实证中对西方科学技术更为折服，坚定了自己出自船山哲学思想基础所做的判断——引进西方文化的有利因素，缓慢推进中国社会的变化。他选取的引进和推进方式，即是从"人"的角度提出的"和辑人民，求贤用之"的教化道路。这也证明了中国文化中探讨学问走的是一条伦理的道路，儒家披沥胸襟的内在动力是追求自我的社会性实现，找到社会治乱枢机。在这个意义上，郭嵩焘仍然是在儒家社会人的概念下认识西方科学的，人学习各种学问和技艺只是为了社会需要，人的发展成为社会、国家发展的手段，远离了西方近代科学的人文起始——人的主体性追求与构建。

郭嵩焘对新知识常孜孜然，在他的日记中随处可见近代新学：格林尼治天文台精密的授时装置；太阳、地球、月球的质量比；如何用光谱分析方法探测太阳的基本物质构成；牛顿万有引力如何维系天体运行；天下元素共 64 种，分若干类；法国人根据元素周期律发现镓元素；海王星发现的方法和故事；寻测"火神星"的激情；金星凌日运用于精确天文单位的观测意义；古希腊先贤的思想，以及欧洲文艺复兴时期培根、笛卡尔等人的学识；科学研究先预测再求证的方法；等等。然而，郭嵩焘对西方自然科学吸纳的思想基础源自人的社会性需要，这种动力比起西方对于超越现实存在之自我、以实现理想之自我的精神发展的内在动力，还是更加受制于社会关系的约束。自然科学所成就的普遍规律性和客观性，是靠人的意识和抽象活动取得的，其思想基础是文艺复兴时期人类理性的解放。郭嵩焘没有接受过系统的西方科学教育，缺乏足够的知识接应能力，对西方科学精神的理解与洞察，也远非啧啧称赞、尽心以知性可以做到的，先验理性、逻辑、心物二分和自然规律的观念，绝不可能通过短短几年的培养，就可以从西洋完好地移植到温湿水土决不相类似的中国文化中来。好学、颖睿、敏锐的郭嵩焘能够井然精彩地记录下西方所见奇闻轶事，指出西人精于格物数理，提倡学习西人追求精益求精的客观实在的行为方式，除了他从自我思想中找到了吸纳异域文化的合理性，不得不承认西方在展示科技文明时使用的"眼见为实"这项最普通的科学预设，亲眼看到甚至亲身体会，是塑成并证实信念的最有效的途径。真理的发现不仅需要反复实验，还需要向公众进行演示说明。公众讲座、实验演示和收藏品展览，四处巡回举行，这正是19世纪欧洲推进科学事业、提高公众科学素养的风格。这一点在中国和西方对金星凌日截然有别的社会反响中也可见一斑。

19世纪六七十年代，美国哈佛大学社会心理学家、社会学家英克尔斯（A. Inkeles）和他的同事，对于个人现代性，尤其是处在由传统社会向现代社会转型的发展中国家的个人变化——从传统人向现代人的转变，进行了统计学意义上的社会调查研究。研究认为，现代人首要应具备的特点是，乐意接受新经验以及新的观念，也就是说，他是相当开放的，在认识上是灵活的。[①]从这一点上看，本书开篇基于郭嵩焘客观、开放、持中的乐于接受新经验、对新技术抱有极大兴趣的立论基础，就推进了对"郭嵩焘认知高度和思想不易受到民族、国家界限的束缚"的论述。

从传统转向现代的过程中，西方人除了从事工业生产工作，广泛的见闻和参与公共事务，更多是接受学校教育和受大众传媒的影响。大众传媒是重要的知识载体，在传播科学文化知识方面具有不可替代的独特作用。贝尔纳·瓦耶纳（B. Veyenne）提出："小学和中学是传授已构成的知识，高等学校教授正在构成的知识，而新闻媒介的任务是传播处于萌芽时期的知识。真正的教育也离不开新闻媒介。"[②]通过对比郭嵩焘出使期间中西媒介报道金星凌日的内容，发现在知识点介绍和更新程度上中国并不落后于西方，根本原因是在传播密度、范围和受众接应力上形成了短板。依附于土地关系的中国百姓难以受到大众媒介传播知识的覆盖，顽固的权利精英又不愿接受或扶持新技术在传统社会中落地。因为，他们的传统知识和行为方式，是在这个传统国度中更有利于打通上升通道和掌固实际环境。郭嵩焘本就带着乐于接受新知识的开放心态，

① ［美］阿列克斯·英格尔斯、戴维·史密斯：《从传统人到现代人——六个发展中国家的个人变化》，顾昕译，中国人民大学出版社1992年版，第424页。

② ［法］贝尔纳·瓦耶纳：《当代新闻学》，丁雪英等译，新华出版社1986年版，第281页。

出洋前已经开始自由利用大众媒介增广见闻，当他更换地域，站在更高发展进程上时，西方大众传媒的教育功能得以在他身上发挥效用。郭嵩焘天文思想观念中宇宙图景的变化，天体物理性质和结构、新星发现等新知识的获取，无不借助过大众媒介的力量，他甚至同西方人一样在非物理空间的连接中释放追求新知的热情，无意中随大众媒介同西方人一起期盼"火神星"从天而降。

如果说郭嵩焘有超越时代或先知先觉的一面，那么是在于他的态度、价值、行为模式偏向或正在朝着现代性塑形，西游不过两年之短，却难能可贵地激发着他身上朝向现代性发展的素质，增益他的见识，对技术革新表现出极大的兴趣，懂得运用大众传媒的力量，鼓励民众参与国家事务，认为在国际事务上要据理而争、以礼相待，他的诸多观点往往独立于国内传统过时的权威，入乡随俗甚至使他乐于允许他的如夫人梁氏学习英语，打破"中国妇女无朝会之理"的流俗。我们没有必要认为从传统到现代，从东方到西方，他的观念中就必然要带着一种西方模式、西方文化的独有特征，所有可以归结在郭嵩焘身上的不同，用他自己的哲学说就是"因时而万疏"，用英克尔斯的研究而言就是"思路宽阔、头脑开放，准备迎接社会的变革"，用习近平新时代中国特色社会主义思想涵盖就是"解放思想、与时俱进"。习近平总书记曾引述古人智慧"明者因时而变，知者随事而制"来激励国际合作、促进共同发展。文化之间本就是"和"的，它们之间的可通约性是指向一种更高的普遍的人类特性的发展目的。走进 20 世纪之初，中国文化界关于"中西之争"的大论战，无论是梁启超砸碎的"科学万能梦"，还是胡适喊的"先享着科学的好处"，都是基于盼望国家、国民更好发展的时代选择。文化的鸿沟，在东方与西方之间、在人文与科学之间，"西化的"或是"保守的"，都是人们自设的。文化具有杂糅性，随着历史和时代的发展，"民族文化"在某种意义上越来越成为一种"乌托邦"的想象，西方征服式的文化傲视、经济殖民和东方保守的文化自居都无法展现文明的价值，文明的价值在于对人类生命的"意义建构"，它在意义上是泛文化的，在关系上是超越国家的。因此，有了我们看到的穿越在西方与东方、传统与现代、人文与科学之间的郭嵩焘的思想，这是一种拒绝宿命论、固执己见，作为一个人的独立性的生命价值的体现。

今人忆起郭嵩焘在末世国破时的明智之见、明智之举，必会想到他自题小像中极目未来的豪言："流传百代千龄后，定识人间有此人"①。很少有人注意到郭嵩焘辞世前的二十余年，特别是他卸职回乡后的十二三年中（光绪五年至光绪十七年卒，1879~1891 年），他除了读书解经、筹办学校、力主禁烟外，总是在山林间寻找让亲族与自己能够永远安息并荫佑后人的墓地。"家国友朋多负负"的剧痛，无法让他捆绑在社会关系下的自我释然，他在日记中叹道："自揣此生万不能得佳地，然求一可安葬者亦不可得，则真难矣！"②郭嵩焘的学理思想是中国 19 世纪末开眼看世界的先声，是 20 世纪中国近现代化变革的嚆矢；但他个人的生命情感最终归于了天地人合一的中国数术的传统文化。

郭嵩焘与近代西方天文学的研究，挖掘了背负着外交官员身份的中国传统知识分子多重自我在文化间的挣扎。郭嵩焘坚持以清醒敏锐的观察，尽最大可能地摒弃那些带有民族情感的偏见。不仅仅是郭嵩焘的日记，《走向世界丛书》中被选入的所有文本，都同样展示了本真本然的西方世界与传统中国记忆里世界的文化对话，由此提供了很多种文化之间对话的可能性和如何通约的问题。无论是关于郭嵩焘的个人研究、西方天文学的近代东传；扩展至西学东渐，数量庞大的清末民初西游日记、笔记、信札等私人文本；还是关注人文伦理的东方文化与关注自然物性的西方科学文化的对话问题，从"自我"为媒介出发，证明文化之间相通相融的可能性，以及展现出这一兼具矛盾又不断前行的过程，都只是研究的起点，还有很多更宽广、深层的问题有待解决。

从广度上看，还有许多清末民初西游者的私人文本尚待挖掘，如果将逃亡、留学、官派、外交等各种缘由走向西方者对比起来研究，分析群体反映与特征更具有普适意义；来华者与西游者站在不同文化视角上

---

① 郭嵩焘：《郭嵩焘全集》第十四册，梁小进主编，岳麓书社 2012 年版，第 211 页。

② 郭嵩焘：《郭嵩焘全集》第十二册，梁小进主编，岳麓书社 2012 年版，第 337 页。

的观看有何不同，他们在接受异族文化时有什么共性和不同呢？东学西传的过程中也一定不免民族自尊的阻力。诚如《走向世界丛书》重印前言所说："《走向世界丛书》的作者未必都有郭嵩焘那样的深刻见解和梁启超那样的著名文笔，如张德彝者无非一同文馆出身的平凡外交官，但他亦有一特长，便是在外国看得多，记得细，连伦敦车夫鞭马过甚被罚这样的小事都记了下来。但能从此类记述中看出普世的价值，看到全球文明的愿景。"①

《走向世界丛书》自出版之日起就被推崇其科学技术史研究领域的史料价值，吴以义的《海客述奇》一书发起研究，刘钝的《中国首批驻外使节眼中的科学实验》一文可谓晚清西游文本科学与人文视角研究的拓展之作。刘钝和刘广定就郭嵩焘、刘锡鸿、张德彝三人于光绪三年三月十四日、十五日（1877 年 4 月 27~28 日）日记中记录的实验内容进行了辨析，赞扬郭嵩焘描述简练精当、领悟相当准确，相比之下张德彝有所发挥，而刘锡鸿的悟性低劣和思想荒谬则如数暴露。② 实际上，1877 年 4 月 27 日郭嵩焘、刘锡鸿等人观看氯化银电池组放电实验就被记录于英国《伦敦皇家学会哲学会刊》（*Philosophical Transactions of the Royal Society of London*）中③，如能在国际科学史料中继续挖掘，已有的研究成果将更加丰满。限于笔者的知识结构和单薄力量，本书不过是浅尝辄止，以西游者私人文本为线索的西方科学史料还有很多，可从中获知更多科学文化传播互动时的细节，从而进行规律性总结。

从深度上看，在清末民初西游者日记中找到东西方文化对话的可能性和消解"民族主义"负累的方法之后，研究的指归究竟将走向何处？也就是说，东方伦理与西方科学，乃至人文与科学之间的相通对我们的

---

① 钟叔河：《走向世界丛书》，岳麓书社 2008 年版，修订重版前言。

② 刘钝：《中国首批驻外使节眼中的科学实验》，《科学文化评论》2010 年第 4 期，第 26-37 页。

③ Warren de la Rue & Hugo W. Muller, "Experimental Researches on the Electric Discharge with the Chloride of Silver Battery", *Philosophical Transactions of the Royal Society of London*, Vol.169, No.7 (1878), pp.155-241.

生活有何影响。正如理查德·罗蒂（Richard Rorty）认识到的："人类活动的目的不是休息而是更丰富、更好动的人类活动。我们应该认为，所谓人类的进步，就是使人类有可能做更多有趣的事情，变成更加有趣的人而不是走向一个仿佛事先已为我们准备好的地方。"[①] 在跨地域、跨文化、跨学科的知识传播与交流中，我们要重新审视心灵与世界、主观与客观、慰藉与真理之间的关系，它们中没有必须要放弃的，也没有一定要遵从的，文化交流中唯一要解放的是人类精神中的自我。

---

① ［美］理查德·罗蒂：《后哲学文化》，黄勇编译，上海译文出版社 1992 年版，第 84-85 页。

参考文献

一、中文文献

（一）原始文献

奕䜣等：《奏为查看金星过太阳度数事》，同治十三年七月十七日，中国第一历史档案馆，宫中全宗 04-01-0927-008。

郭嵩焘：《奏为因病恐难出洋呈请回籍调理事》，光绪二年四月初二日，中国第一历史档案馆，军机处录副光绪朝 03-5775-082。

郭嵩焘：《奏为患病未痊请假回籍事》，光绪二年五月初二日，中国第一历史档案馆，军机处录副光绪朝 03-5108-007。

郭嵩焘：《奏为久病未痊恳恩开署缺回籍安心调理事》，光绪二年七月初五日，中国第一历史档案馆，军机处录副光绪朝 03-5111-010。

郭嵩焘：《奏为伏乞天恩赏假三个月回籍就医以期不误公务事》，光绪二年七月十六日，中国第一历史档案馆，军机处录副光绪朝 03-5111-033。

何金寿：《奏为兵部侍郎郭嵩焘所撰使西纪程一书立言悖谬失体辱国请饬严行毁禁事》，光绪三年五月初六日，中国第一历史档案馆，军机处录副光绪朝 03-5663-118。

戈靖：《奏为纠参兵部左侍郎郭嵩焘崇洋鄙儒各款请旨交部议处事》，光绪五年，中国第一历史档案馆，军机处录副光绪朝 03-5144-010。

郭嵩焘：《奏为病难速痊恳请开缺调理事》，光绪五年六月十七日，中国第一历史档案馆，军机处录副光绪朝 03-5140-022。

郭嵩焘：《奏为自陈病危事》，光绪十七年六月十三日，中国第一历史档案馆，军机处录副光绪朝 03-5280-039。

郭嵩焘：《郭嵩焘全集》，梁小进主编，岳麓书社 2012 年版。

黄濬：《花随人圣庵摭忆》，霍慧玲点校，山西古籍出版社 1999 年版。

李慈铭：《越缦堂日记》，上海商务印书馆 1936 年版。

李慈铭：《越缦堂读书记》，中华书局 1963 年版。

阮元：《畴人传汇编》，广陵书社 2009 年版。

孙宝瑄：《忘山庐日记》，上海古籍出版社 1983 年版。

王夫之：《张子正蒙注》，中华书局 2011 年版。

王夫之：《读通鉴论》，中华书局 1975 年版。

王锡祺辑：《小方壶斋舆地丛钞》，杭州古籍书店 1985 年版。

王韬：《韬园尺牍》，中华书局 1959 年版。

王韬：《瓮牖余谈》，陈戍国点校，岳麓书社 1988 年版。

王先谦：《虚受堂书札》，文海出版社 1973 年版。

王闿运：《湘绮楼日记》，商务印书馆 1927 年版。

王闿运：《湘绮楼书牍》，上海古籍出版社 1995 年版。

魏源：《魏源全集》，岳麓书社 2011 年版。

翁同龢：《翁同龢日记》，中华书局 1989 年版。

徐继畬：《徐继畬集》，山西高校联合出版社 1995 年版。

永瑢、纪昀主编：《四库全书总目提要》，中华书局 1965 年版。

张福僖：《中西度量权衡表／光论》，商务印书馆 1936 年版。

郑观应：《郑观应集》，夏东元编，上海人民出版社 1982 年版。

钟叔河主编：《走向世界丛书》，岳麓书社 2008 年版。

北京天文台编：《中国古代天象记录总集》，江苏科学技术出版社 1988 年版。

陈元晖主编：《中国近代教育史资料汇编鸦片战争时期教育》，上海教育出版社 2007 年版。

复旦大学历史系中国近代史教研组编：《中国近代对外关系史资料选辑（1840~1949）》，上海人民出版社 1977 年版。

郭廷以编：《四国新档 英国档》，台湾"中央研究院"近代史研究所 1966 年版。

上海图书馆编：《中国近代期刊篇目汇录》，上海人民出版社，1965 年。

邵之棠辑：《皇朝经世文统编（外交部三遣使）》，台北文海出版社 1980 年版。

撷华书局编：《谕折汇存》光绪丁酉（1897）二月，撷华书局 1897 年版。

中国古潮汐史料整理研究组：《中国古代潮汐论著选译》，科学出版社 1980 年版。

中国第一历史档案馆等：《清代天文档案史料汇编》，大象出版社 1997 年版。

《宝镜新奇》，《点石斋画报》1897 年第 6 集。

《察看星月》，《万国公报》第 462 卷，1877 年 11 月 3 日。

《金星过日》，《中西闻见录》1873 年第 15 号。

《强国利民略论第三》，《万国公报》第 393 卷，1876 年 6 月 21 日。

《太白金星》，《东省经济月刊》1927 年第 11 期。

《天津信息》，《申报》1875 年 2 月 7 日。

《寻觅新星 答金星过日时刻》，《中西闻见录》1874 年第 27 号。

《中国郭刘两星使游玩名胜之区》，《万国公报》第 455 卷，1877 年 9 月 15 日。

（二）研究文献

［英］阿列克斯·英格尔斯、［英］戴维·史密斯：《从传统人到现

代人——六个发展中国家的个人变化》，顾昕译，中国人民大学出版社
1992 年版。

　　［英］艾瑞克·霍布斯鲍姆：《帝国的年代》，贾士蘅译，江苏人民
出版社 1999 年版。

　　［美］爱因斯坦：《爱因斯坦文集》，许良英、范岱年等编译，商务
印书馆 1976 年版。

　　［美］巴伯：《科学与社会秩序》，顾昕等译，生活·读书·新知三
联书店 1991 年版。

　　［英］贝尔纳：《历史上的科学》，伍况甫等译，科学出版社 1983
年版。

　　［英］布喇格：《光的世界》，陈岳生译，商务印书馆 1947 年版。

　　［英］查尔斯·辛格：《技术史》，上海科技教育出版社 2004 年版。

　　［法］德尼兹·加亚尔等：《欧洲史》，蔡鸿滨等译，海南出版社
2000 年版。

　　［美］丁韪良：《花甲忆记：一位美国传教士眼中的晚清帝国》，沈
弘等译，广西师范大学出版社 2004 年版。

　　［美］费正清编：《剑桥中国晚清史》，中国社会科学出版社 1985
年版。

　　［英］怀特海：《思维方式》，刘放桐译，商务印书馆 2004 年版。

　　［美］吉尔伯特·罗兹曼主编：《中国的现代化》，"比较现代化"课
题组译，江苏人民出版社 1998 年版。

　　［日］井上清：《日本历史》，天津人民出版社 1975 年版。

　　［美］卡约里：《物理学史》，戴念祖译，广西师范大学出版社 2002
年版。

　　［英］李约瑟：《中国科学技术史》，陆学善等译，科学出版社 2003
年版。

　　［美］理查德·罗蒂：《后哲学文化》，黄勇编译，上海译文出版社
1992 年版。

　　［美］理查德·S. 韦斯特福尔：《近代科学的建构机械论与力学》，

彭万华译，复旦大学出版社 2000 年版。

[德] 利奇温：《十八世纪中国与欧洲文化的接触》，朱杰勤译，商务印书馆 1962 年版。

[英] 慕维廉：《大英国志》上，鸿宾书局 1902 年版。

[法] 皮埃尔·西蒙·拉普拉斯：《宇宙体系论》，李珩译，上海译文出版社 2001 年版。

[英] 皮克斯通：《认识方式——一种新的科学、技术和医学史》，陈朝勇译，上海科技教育出版社 2008 年版。

[瑞士] 皮亚杰：《发生认识论原理》，王宪钿译，商务印书馆 1981 年版。

[日] 石田干之助：《中西文化之交流》，张宏英译，商务印书馆 1941 年版。

[荷] 斯宾诺莎：《神学政治论》，温锡增译，商务印书馆 2009 年版。

[英] 汤因比：《文明经受着考验》，浙江人民出版社 1988 年版。

[法] 雅克·勒高夫等主编：《新史学》，姚蒙译，译文出版社 1989 年版。

[意] 伊塔洛·卡尔维诺：《看不见的城市》，王志弘译，台北时报出版公司 1993 年版。

[英] 约翰·伯格：《观看之道》，戴行钺译，广西师范大学出版社 2005 年版。

[日] 中村雄二郎、山口昌男：《带你踏上知识之旅》，何慈毅译，南京大学出版社 2010 年版。

陈旭麓主编：《近代中国八十年》，上海人民出版社 1983 年版。

陈久金、杨怡：《中国古代天文与历法》，中国国际广播出版社 2010 年版。

陈美东：《中国科学技术史天文学卷》，科学出版社 2003 年版。

陈室如：《近代域外游记研究 1840-1945》，台北文津出版社 2008 年版。

杜石然主编：《中国古代科学家传记》，科学出版社 1993 年版。

范继忠：《孤独前驱——郭嵩焘别传》，人民文学出版社 2002
年版。

方豪：《中西交通史》，上海人民出版社 2008 年版。

费孝通：《乡土中国》，上海人民出版社 2007 年版。

郭廷以编：《郭嵩焘先生年谱》，台湾"中央研究院"近代史研究所
1971 年版。

郭少棠：《旅行：跨文化想象》，北京大学出版社 2005 年版。

郭双林：《西潮激荡下的晚清地理学》，北京大学出版社 2000 年版。

韩琦：《中国科学技术的西传及其影响 1582-1793》，河北人民出版
社 1999 年版。

韩琦：《通天之学：耶稣会士和天文学在中国的传播》，生活·读
书·新知三联书店 2018 年版。

何兆武：《西方哲学精神》，清华大学出版社 2003 年版。

胡道静、金良年：《梦溪笔谈导读》，巴蜀书社 1988 年版。

湖南省志编纂委员会编：《湖南省志湖南近百年大事纪述》，湖南人
民出版社 1959 年版。

江晓原、钮卫星：《欧洲天文学东渐发微》，上海书店出版社 2009
年版。

雷禄庆：《李鸿章年谱》，台湾商务印书馆 1977 年版。

李华川：《晚清一个外交官的文化历程》，北京大学出版社 2004
年版。

梁启超：《中国近三百年学术史》，天津古籍出版社 2003 年版。

梁漱溟：《梁漱溟全集》，中国文化书院学术委员会编，山东人民出
版社 2005 年版。

林毓生：《思想与人物》，台北联经出版事业公司 1983 版。

卢嘉锡、戴念祖编：《中国科学技术史物理学卷》，科学出版社
2001 年版。

刘晓莉：《晚清早期驻英公使研究（1894 年前）》，河南人民出版社

2008 年版。

陆宝千：《郭嵩焘——理学家之洋务思想》，台北广文书局 1983
年版。

陆宝千：《郭嵩焘先生年谱补正及补遗》，台湾"中央研究院"近代
史研究所 2005 年版。

彭漪涟：《中国近代逻辑思想史论》，上海人民出版社 1991 年版。

钱基博：《近百年湖南学风》，岳麓书社 1943 年版。

钱穆：《中国史学名著》，生活·读书·新知三联书店 2000 年版。

沈云龙主编：《近代中国史料丛刊》第 10 册，台北文海出版社
1967 年版。

史革新、龚书铎等编：《清代理学史》，广东教育出版社 2007 年版。

苏精：《清季同文馆及其师生》，自刊本 1985 年版。

孙广德：《晚清传统与西化的争论》，台湾商务印书馆 1982 年版。

唐君毅：《中国哲学原论原教篇宋明儒学思想之发展》，台湾学生书
局 1990 年版。

王尔敏：《晚清政治思想史论》，广西师范大学出版社 2005 年版。

王兴国：《郭嵩焘评传》，南京大学出版社 1998 年版。

王兴国：《郭嵩焘研究著作述要》，湖南大学出版社 2009 年版。

王锦光、洪震寰：《中国光学史》，湖南教育出版社 1986 年版。

汪荣祖：《走向世界的挫折——郭嵩焘与道咸同光时代》，台北东
大图书公司 1993 年版。

吴以义：《海客述奇》，上海科学普及出版社 2004 年版。

邬昆如：《形上学》，五南图书出版股份有限公司 2004 年版。

席泽宗：《人类认识世界的五个里程碑》，清华大学出版社 2000
年版。

席泽宗：《古新星新表与科学史探索——席泽宗院士自选集》，陕
西师范大学出版社 2002 年版。

熊月之：《西学东渐与晚清社会》，上海人民出版社 1994 年版。

杨小明、高策：《明清科技史料丛考》，中国社会科学出版社 2008

年版。

尹德翔：《东海西海之间：晚清使西日记中的文化观察、认证与选择》，北京大学出版社 2009 年版。

袁洪亮：《中国近代人学思想史》，人民出版社 2006 年版。

曾永玲：《郭嵩焘大传中国清代第一位驻外公使》，辽宁人民出版社 1989 年版。

曾振宇：《中国气论哲学研究》，山东大学出版社 2001 年版。

赵敦华：《现代西方哲学新编》，北京大学出版社 2001 年版。

张剑：《中国近代科学与科学体制化》，四川人民出版社 2008 年版。

张静：《郭嵩焘思想文化研究》，南开大学出版社 2001 年版。

张其昀、萧一山、彭国栋等：《清史》550 卷，成文出版社 1971 年版。

郑文光：《中国天文学源流》，科学出版社 1979 年版。

钟叔河：《走向世界 —— 近代中国知识分子考察西方的历史》，中华书局 2000 年版。

朱传誉主编：《郭嵩焘传记资料》，天一出版社 1979 年版。

朱汉民：《湘学原道录》，中国社会科学出版社 2002 年版。

朱谦之：《中国哲学对于欧洲的影响》，福建人民出版社 1985 年版。

邹振环：《西方传教士与晚清西史东渐》，上海古籍出版社 2007 年版。

《中国天文学史文集》编辑组编：《中国天文学文集》，科学出版社 1978 年版，第 3 页。

［英］李约瑟：《中国科学传统的贫困与成就》，《科学与哲学》1982 年版第 1 期，第 31 页。

陈绍金：《小孔成像在中国古代之研究》，《汉中师范学院学报（自然科学版）》1996 年第 2 期。

陈左高：《清代日记中的中欧交往史料》，《社会科学战线》1984 年第 1 期。

车行健：《台湾学界对郭嵩焘研究之重要成果简述》，《中国文哲研究通讯》2004 年第 1 期。

程俊俊、吕凌峰：《晚清出洋知识分子对西历的态度》，《科学文化评论》2012 年第 1 期。

丁志萍：《俄罗斯科学院掠影》，《科学文化评论》2008 年第 2 期。

邓亮、韩琦：《〈重学〉版本流传及其影响》，《文献》2009 年第 3 期。

邓亮、韩琦：《晚清来华西人关于中国古代天文学起源的争论》，《自然辩证法通讯》2010 年第 3 期。

邓亮：《化学元素在晚清的传播 —— 关于数量、新元素的补充研究》，《中国科技史杂志》2011 年第 3 期。

邓亮、韩琦：《新学传播的序曲：艾约瑟、王韬翻译〈格致新学提纲〉的内容、意义及其影响》，《自然科学史研究》2012 年第 2 期。

房奕：《良将·国士·窃火者 —— 留英期间严复与郭嵩焘交往研究》，《船山学刊》2003 年第 2 期。

韩琦、段异兵：《毕奥对中国天象记录的研究及其对西方天文学的贡献》，《中国科技史料》1997 年第 1 期。

韩琦：《17、18 世纪欧洲和中国的科学关系 —— 以英国皇家学会和在华耶稣会士的交流为例》，《自然辩证法通讯》1997 年第 3 期。

韩琦：《传教士伟烈亚力在华的科学活动》，《自然辩证法通讯》1998 年第 2 期。

韩琦：《〈数理格致〉的发现 —— 兼论 18 世纪牛顿相关著作在中国的传播》，《中国科技史料》1998 年第 2 期。

韩琦：《李善兰"中国定理"之由来及其反响》，《自然科学史研究》1999 年第 1 期。

韩琦：《礼物、仪器与皇帝马戛尔尼使团来华的科学使命及其失败》，《科学文化评论》2005 年第 5 期。

韩琦：《李善兰、艾约瑟译胡威立〈重学〉之底本》，《或问》2009 年第 17 期。

韩琦：《明末清初欧洲占星术著作的流传及其影响 —— 以汤若望的〈天文实用〉为中心》，《中国科技史杂志》，2013 年第 4 期。

韩琦：《康熙帝之治术与"西学中源"说新论 ——〈御制三角形推算法论〉的成书及其背景》，《自然科学史研究》2016 年第 1 期。

韩琦、邓亮：《科学新知在东南亚和中国沿海城市的传播 —— 以嘉庆至咸丰年间天王星知识的介绍为例》，《自然辩证法通讯》2016 年第 6 期。

胡化凯：《五行说与中国古代对色散现象的认识》，《科学技术与辩证法》1994 年第 3 期。

胡宗刚：《清朝末出使大臣郭嵩焘游邱园 —— 兼述中文"植物园"一词之来源》，《中华科技史学会学刊》2008 年第 12 期。

黄林：《百余年来郭嵩焘研究之回顾》，《湖南师范大学社会科学学报》1999 年第 6 期。

黄一农：《龙与狮对望的世界：以马戛尔尼使团访华后的出版物为例》，《故宫学术季刊》2003 年第 2 期。

江国梁：《〈易〉学中的"光 — 气学说"简论》，《宗教学研究》1988 年第 Z1 期。

金观涛、刘青峰：《从"格物致知"到"科学""生产力"—— 知识体系和文化关系的思想史研究》，《"中央研究院"近代史研究所集刊》2004 年第 46 期。

孔祥吉：《略论容闳对美国经验的宣传与推广 —— 以戊戌维新为中心》，《广东社会科学》2007 年第 1 期。

孔祥吉：《我与清人日记研究》，《博览群书》2008 年第 5 期。

李学勤：《论殷墟卜辞的"星"》，《郑州大学学报》1981 年第 4 期。

李双璧：《"求富 — 治本"：后期洋务思潮的新模式》，《贵州社会科学》1990 年第 12 期。

吕凌峰、石云里：《科学新闻与占星辨谬 ——1874 年金星凌日观测活动的中文记载》，《中国科技史杂志》2009 年第 1 期。

刘钝：《当"焘大使"遭遇"福先生"—— 评吴以义〈海客述

奇〉》,《自然科学史研究》2007 年第 1 期。

刘钝:《中国首批驻外使节眼中的科学实验》,《科学文化评论》2010 年第 4 期。

刘钝:《维多利亚科学一瞥 —— 基于两种陈说的考察》,《中国科技史杂志》2013 年第 3 期。

陆思贤、李迪:《元上都天文台与阿拉伯天文学之传入中国》,《内蒙古师院学报 (自然科学版)》1981 年版第 1 期。

罗荣渠:《中国早期现代化的延误 —— 一项比较现代研究》,《近代史研究》1991 年第 1 期。

钮卫星:《出入中外往来古今 —— 〈古新星新表与科学史探索 —— 席泽宗院士自选集〉评述》,《中国科技史杂志》2007 年第 3 期。

潘光哲:《追索晚清阅读史的一些想法 —— "知识仓库""思想资源" 与 "概念变迁"》,《新史学》2005 年版第 3 期。

潘光哲:《晚清中国士人与西方政体类型知识 "概念工程" 的创造与转化 —— 以蒋敦复与王韬为中心》,《新史学》2011 年第 3 期。

全汉昇:《清末的 "西学源出中国" 说》,《岭南学报》1935 年第 2 期。

苏明俊:《金星凌日观测史》,《天文教育》2004 年第 4 期。

王尔敏:《晚清外交思想的形成》,《"中央研究院" 近代史研究所集刊》1969 年第 8 期。

王锦光、余善玲:《张福僖和〈光论〉》,《自然科学史研究》1984 年第 2 期。

王兴国:《从郭嵩焘到谭嗣同:从一个侧面看浏阳算学社产生背景》,《求索》1995 年第 6 期。

王维江:《谁是 "清流" —— 晚清 "清流" 称谓考》,《史林》2005 年第 3 期。

王中江:《儒家经典诠释学的起源》,《学术月刊》2009 年第 7 期。

闻人军:《中国物理学史的序幕 —— 评中国光学史》,《物理》1986 年第 8 期。

武家璧：《〈尚书·考灵耀〉的四仲中星及相关问题》，《广西民族学院学报（自然科学版）》2006 年第 4 期。

吴铭能：《晚清"湖湘经学研究"座谈会纪录》，《中国文哲研究通讯》2004 年第 1 期。

许立言：《〈走向世界丛书〉研究中国近代科技史的一部有价值的参考书》，《中国科技史料》1981 年第 3 期。

席泽宗：《十七、十八世纪西方天文学对中国的影响》，《自然科学史研究》1988 年第 3 期。

熊月之：《论郭嵩焘与刘锡鸿的纷争》，《华东师范大学学报》1983 年第 6 期。

夏维奇：《郭嵩焘与西方电报文明》，《社会科学辑刊》2010 年第 5 期。

夏泉：《郭嵩焘出使英国时的矛盾心态》，《近代史研究》1990 年第 3 期。

杨栋梁：《试论岩仓使节团与日本的近代化》，《南开史学》1982 年第 2 期。

杨念群：《近代中国史学研究中的"市民社会"》，《二十一世纪》1995 年第 12 期。

杨小明、甄跃辉：《郭嵩焘科技观初探》，《科学技术与辩证法》2009 年第 4 期。

曾振宇：《响应西方：中国古代哲学概念在"反向格义"中的重构与意义迷失——以严复气论为中心的讨论》，《文史哲》2009 年第 4 期。

张顺洪：《乾嘉之际英人评华分歧的原因》，《世界历史》1991 年第 4 期。

周凌枫：《中西文化之争与传统之重——评〈东海西海之间：晚清使西日记中的文化观察、认证与选择〉》，《学术交流》2011 年第 6 期。

常修铭：《马戛尔尼使节团的科学任务——以礼品展示与科学

调查为中心》，硕士学位论文，台湾"国立"清华大学历史研究所，2006 年。

程俊俊：《晚清出洋士人对西方天文学的认识》，硕士学位论文，中国科学技术大学，2012 年。

邓亮：《艾约瑟在华科学活动研究》，硕士学位论文，中国科学院自然科学史研究所，2002 年。

邓亮：《西方天文学史在晚清的传播（1853-1898）：以人物与天文发现为中心》，博士学位论文，中国科学院自然科学史研究所，2009 年。

李季仙：《郭嵩焘及其外交理论》，学士学位论文，国立武汉大学，1942 年。

雷俊玲：《清季首批驻英人员对欧洲的认识》，博士学位论文，台湾中国文化大学，1999 年。

郭明中：《清末驻德公使李凤苞研究》，硕士学位论文，台湾"国立"中兴大学，2001 年。

杨静雯：《郭嵩焘教育思想与实践》，硕士学位论文，台湾辅仁大学，2006 年。

杨波：《晚清旅西记述研究（1840-1911）》，博士学位论文，河南大学，2010 年。

甄跃辉《郭嵩焘科技观——基于〈伦敦与巴黎日记〉的研究》，硕士学位论文，东华大学，2009 年。

二、外文文献

（一）原始文献

Airy, G. B., *On the Means Which will be Available for Correcting the Measure of the Sun's Distance, in the Next Twenty-five Years*, Washington: Smithsonian Institution, 1857.

Airy, G. B. & Airy, W., *Autobiography of Sir George Biddell Airy*,

London: Cambridge University Press, 1896.

Association for the Reform and Codification of the Law of Nations, *Reports of Sixth Annual Conference Held at Frankfurt-on-the-main, 20-23 August, 1878*, London: W. Clowes and Sons, 1879.

Hall, A., *Observations and Orbits of the Satellites of Mars*, Washington: U. S. Government Printing Office, 1878.

Lardner, D., *Handbook of Astronomy*, London: James Walton, 1867.

Perry, S. J., *Notes of a Voyage to Kerguelen Island to Observe the Transit of Venus, December 8, 1874*, London: H. S. King, 1876.

Royal Astronomical Society, *Monthly Notices of the Royal Astronomical Society,* Vol.50, London: Priestley and Weale, 1890.

Scholedler F. & Melock, H., *The Book of Nature*, New York: Sheldon & Company, 1870.

Staunton, G. L., *An Authentic Account from the King of Great Britain to the Emperor of China*, London: W. Bulmer & Co., 1797.

Maunder, E. W., *The Royal Observatory, Greenwich, a Glance at Its History and Work*, London: The Religious Tract Society, 1900.

Margary A. R., *The Journey of Augustus Raymond Margary*, London: Macmillan and Co., 1876.

Warren, H. W., *Recreations in Astronomy, with Directions for Practical Experiments and Telescopic Work*, New York: Harper & Brothers, 1879.

Airy, G. B., "On the Preparatory Arrangements Which will be Necessary for Efficient Observation of the Transits of Venus in the Years 1874 and 1882" , *Monthly Notices of the Royal Astronomical Society*, Vol.29, No.12 (December 1868) .

Lecoq de Boisbaudran P. É., "On the Spectrum of Gallium", *American Chemist*, Vol.6, (February 1876) .

De la Rue, W. & Muller, H. W., "Experimental Researches on the

Electric Discharge with the Chloride of Silver Battery" , *Philosophical Transactions of the Royal Society of London*, Vol.169, No.7（1878）.

Draper, H., "Discovery of Oxygen in the Sun by Photography, and a New Theory of the Solar Spectrum", *Proceedings of the American Philosophical Society*, Vol.17, No.100（August 1877）.

Dunkin, E. "M. Le Verrier", *The Observatory*, Vol.1, No.7（October 1877）.

Liveing, G. D. & Dewar, J., "On the Reversal of the Lines of Metallic Vapours", *Proceedings of the Royal Society of London*, Vol.27, No.187（May 1878）.

Lockyer, J. N., "Draper's Researches on Oxygen in the Sun", *Popular Science Monthly*, Vol.15, No.9（September 1879）.

Newcomb, S., "On the Mode of Observing the Coming Transits of Venus", *American Journal of Science*, Vol.50, No.148（July 1870）.

Newcomb, S., "The Satellites of Mars", *The Observatory*, Vol.1, No.6（September 1877）.

"The Planet Vulcan", *Astronomical Register*, Vol.16, No.190（October 1878）.

Chicago Tribune, Dec 10th, 1874.

New York Times, Aug 8th, 1878; Aug 16th, 1878.

Nature, Aug 22nd, 1878.

Punch, Feb 10th, 1877.

The Illustrated London News, Feb 24th, 1877.

The Irish Times, Dec 9th, 1874.

The Graphic, Mar 23rd, 1875; Aug 25th, 1877.

The London and China Express, May 11th, 1877; Aug 3rd, 1877.

The North China Herald, Apr 4th, 1879.

The Times, Nov 29th, 1877; Oct 3rd, 1878; Jun 2nd, 1879.

"Births, Deaths, Marriages and Obituaries", *Daily News,* Sep 24th, 1877.

"His Excellency Kuo-Sung-Tao, the Chinese Envoy Extraordinary and Chief of the Mission to Great Britain", *The Graphic*, Feb 24th, 1877.

"London, Monday", *Daily News*, Sep 24th, 1877.

"New Planets", *Daily News*, Feb 2nd, 1878.

"Our Library Table", *The Bristol Mercury and Daily Post*, Nov 7th, 1896.

"The Planet Mars", *The Leeds Mercury*, Apr 18th, 1877.

（二）研究文献

Boulger, D. C., *The Life of Sir Halliday MaCartney*, London: John Lane, 1908.

Clerke, A. M., *A Popular History of Astronomy during the Nineteenth Century*, London: Adams and Charles Black, 1902.

Cohen, P. & Schrecker, J.（ed.）, *Reform in Nineteenth Century China*, Cambridge: Harvard University Press, 1976.

Cranmer-Byng, J. L.（ed.）, *An Embassy to China, Being the Journal Kept by Lord MaCartney during His Embassy to the Emperor Ch'ien-lung 1793~1794*, London: Longmans, 1962.

Fairbank, J. K.,（ed.）, *The Chinese World Order, Traditional China's Foreign Relations*, Cambridge: Harvard University Press, 1968.

Frodsham, J. D., *The First Chinese Embassy to the West: the Journals of Kuo Sung-t'ao, Liu His-hung and Chang Te-yi*, Oxford: Clarendon Press, 1974.

Grego, P., *The Moon and How to Observe It*, Boston: Birkhäuser, 2005.

Hevia, J. L., *Cherishing Men from Afar, Qing Guest Ritual and the MaCartney Embassy of 1793*, Durham: Duke University Press, 1995.

Levenstein, H., *Seductive Journey, American Tourists in France from*

Jefferson to the Jazz Age, Chicago: University of Chicago Press, 1998.

Peyrefitte A., *The Immobile Empire*, New York: Knopf, 1992.

Ratcliff, J., *The Transit of Venus Enterprise in Victorian Britain*, London: Pickering & Chatto Ltd, 2008.

Reichwein, A., *China and Europe: Intellectual and Artistic Contacts in the Eighteenth Century*, London: Kegan Paul & Co., 1925.

Serviss, G. P., *Other Worlds, Their Nature, Possibilities and Habitability in the Light of the Latest Discoveries*, New York: D. Appleton and Company, 1901.

Woolf, H., *The Transits of Venus, a Study of Eighteenth-century Science*, Princeton: Princeton University Press, 1959.

Wong H. H., *A New Profile in New Profile in Sino-western Diplomacy: The First Chinese Minister to Great Britain*, Hong Kong: Chung Hwa Book Co., Ltd., 1987.

Consolmagno, G. J. "Astronomy, Science Fiction and Popular Culture, 1277 to 2001（And beyond）", *Leonardo*, Vol.29, No.2（February 1996）.

Dick, S. J., "The Transit of Venus", *Scientific American*, Vol.290, No.5（May 2004）.

Eastman, L. E., "Ch'ing-i and Chinese Policy Formation during the Nineteenth Century", *The Journal of Asian Studies*, Vol.24, No.4,（August 1965）.

Fontenrose, R., "In Search of Vulcan", *Journal for the History of Astronomy*, Vol.4, No.4（October 1973）.

Hirshfeld, A. W., "Picturing the Heavens——the Rise of Celestial Photography in the 19th Century", *Sky & Telescope*, Vol.107, No.4（April 2004）.

Hollis, H. P., "Large Telescope", *Observatory*, Vol.37, No.475（June 1914）.

Holmes, C. N., "Earlier Photography of the Firmament", *Popular Astronomy*, Vol. 26, No.2（February 1918）.

Jones, H. S. & Cullen, R. T., "Preliminary Results of Tests of and Observations with the Reversible Transit Circle of the Royal Observatory, Greenwich", *Monthly Notices of the Royal Astronomical Society*, Vol.104, No.3（June 1944）.

Lowne, C. M., "The Object Glass of the Airy Transit Circle at Greenwich", *The Observatory*, Vol.101, No.1041（April 1981）.

Pang, A. Soojung-Kim, "The Social Event of the Season, Solar Eclipse Expeditions and Victorian Culture", *Isis*, Vol.84, No.2（June 1993）.

附录：主要外国人名对照表

Adams, John C. 亚当斯（阿达摩斯、阿达曼斯）

Airy, George Biddell 艾里

Allen, Young John 林乐知

Anaxagoras 阿那克萨哥拉

Arago, D. F. J. 阿拉果

Bacon, Francis 培根（倍根、比耕）

Beer, Wilhelm 比尔

Benoist, Michel 蒋友仁（西洋蒋某）

Berkeley, George 贝克莱（马科里）

Bessel, Friedrich Wilhelm 贝塞尔

Boisbaudran, P. É. L. 布瓦博德朗（哇布得隆）

Boyle, Robert 玻意耳

Bragg, W. 布喇格

Cassini, G. D. 卡西尼

Challis, James 查理士（铿尔斯）

Christie, William Henry Mahoney 克立斯谛

Cicero 西塞罗（西萨罗）

Comte, Auguste 孔德

Cook, James 库克（楛克）

Coronelli, Vincenzo Maria 柯罗尼

Davy, Humphry 戴维

De la Rue, Warren 德拉鲁（谛拿尔娄、谛拿娄、谛尔娄、谛拿罗）

Delaunay 德劳内

Descartes, René 笛卡尔（戴嘎尔得、嘎尔代希恩）

Diaz, Emmanuel 阳玛诺

Draper, Henry 德雷伯

Edison, Thomas Alva 爱迪生（爱谛生）

Edkins, Joseph 艾约瑟

Encke, Johann Franz 恩克

Flamsteed, John 弗拉姆斯蒂德（茀兰斯得）

Fryer, John 傅兰雅

Galilei, Galileo 伽利略（嘎里赖、格力里渥、伽离略）

Gilbert, Grove Karl 吉尔伯特

Gill, David 吉尔

Gregory, James 格雷戈里

Hall, Asaph 霍尔（哈尔）

Halley, Edmond 哈雷（哈略、哈力）

Hansen, Peter Andreas 汉森

Harvey, William 哈维（哈尔非）

Herschel, William 威廉·赫歇耳（赫什尔、侯实勒、侯实勒）

Herschel, John 约翰·赫歇耳

Hillier, Walter C. 禧在明

Hobson, Benjamin 合信

Huggins, William 哈金斯（侯根斯）

Huxley, Thomas Henry 赫胥黎

Jenner, Edward 詹纳（瞻勒尔）

Kirchhoff, Gustav Robert 基希霍夫

Schall von Bell, Johannes Adam 汤若望

Schiaparelli, Giovanni 斯基亚帕雷利

Secchi, Angelo 塞奇（色启）

Shaw, Robert 罗伯特·肖（沙敫）

Socrates 苏格拉底（梭克拉谛斯）

Spinoza, B. 斯宾诺莎

Spencer, Herbert 斯宾塞

Spottiswoode, William 斯博得斯武得（斯博德斯武得、司柏的斯伍）

Swift, Lewis A. 斯威夫特（洛基尔、禄吉尔）

Tisserand, François Félix 蒂塞朗（萧尔萧）

Tyndall, John 丁铎尔（丁达、定大、定得、定得尔）

Verbiest, Ferdinand 南怀仁

Watson, James 沃森（洼尊、洼得生）

Watt, James 瓦特（瓦的）

Whewell, William 胡威立

Wylie, Alexander 伟烈亚力

后 记

　　从"自我"出发，用观察和审视自己内心体验的方式，去理解在中西文化冲突中郭嵩焘的思想矛盾与自我调适。本书述评了郭嵩焘——被视为近代中国睁眼看世界的"先觉者"——充任驻外公使期间的天文思想及其活动。开始于其使西伊始，在热闹喧嚣中怀揣的希冀和憧憬，结束于其东归返乡后，在孤独清冷中伴随的无奈和不甘，其志不得伸终日郁郁，直至寿终正寝就剩一抔黄土。同一个人的际遇，前后可以差别天壤，不得不令观者唏嘘。他使西的日记，记录了他使西期间的见闻和心路历程，记得辛苦，我读他的所有文字，也读他内心的煎熬，读得亦倍感艰辛。纵然只是几页日记，也能看出他思想包括天文思想的宏丰，他儒家思想和西方科学思想无法自洽的矛盾以及中西文化之间的激烈冲撞和融合。他身上所体现的这种特质，很好地代表了晚清一代最先向西方寻求"强国"良方的士大夫群体的共同特性。在研读郭嵩焘的整个过程中，我一直怀着深深的敬意，然而始终有一种莫名的悲怆，萦绕不去。

　　本书是在我博士论文的基础上修订而成。起初本想仅就郭嵩焘的科学思想深入发掘，一段时间后发现这个范围还是太大，不好驾驭。《礼记》言"学然后知不足"；牛顿说，"学问如拾螺蚌海滨，终无有尽时也"。我深刻体会到自己的学力尚浅，太大的主题未必能做到尽善。故此，最终缩小了选题范围，选定在天文学这个更加集中的主题层面，对郭嵩焘的思想认知、观念转变和归国影响，进行更为具体的研究。成稿时正值 2012 年《郭嵩焘全集》整理出版，现在又适逢《走向世界丛书》百种完璧，我匆匆赶路的步履总追赶不上学界前进的速度，以致研究留下了很多遗憾，清末旅西士大夫对西方科技的认知研究，势必成为我长期持续的学术计划。

本书获得了许多师长和朋友的襄助：感谢我的博士导师山西大学科学技术史研究所的杨小明教授以及研究所的高策教授和授业指导我的所有老师；特别感谢我的博士后导师，中国科学院自然科学史研究所的韩琦研究员，他在百忙中指导我阅读了许多新的文献，又对书稿进行了修改和完善；还要感谢中国政法大学费多益教授，中国科学院大学王大明教授，北京大学地球与空间科学学院白志强教授，昆明理工大学于波教授，浙江工商大学梁春芳教授和孙功达教授，新乡医学院的邵金远教授和陈娓教授，中少总社科普编辑室张云兵主任。他们的指点和鞭策，使我受益匪浅。

书中大量引用的 19 世纪英国书报刊文献，来自英国国家图书馆的远程服务，插图图片亦来自彼时书报。在此，我要对给予本书直接、间接帮助的英国国家图书馆、中国国家图书馆古籍馆、中国第一历史档案馆等文献提供机构，表示诚挚感谢！

感谢新乡医学院将其作为博士科研启动项目资助。更要感谢人民出版社的支持！

最后，感谢父母的辛苦付出，两位舅舅——中国科学院生物物理研究所的梁培宽先生为本书作序，新华通讯社的梁立先生大力支持，还要感谢表哥梁钦宁先生的关心。特别感谢杨碧霄先生，多年来亦兄亦师亦友，没有他的鼓励和协助，本书无法面世。

书至此，心有戚戚然，疏漏未尽之处，只能假以时日，逐渐弥补缺憾。

庞雪晨
书于北京
2018 年 5 月 30 日

责任编辑:贺　畅

图书在版编目(CIP)数据

郭嵩焘与近代西方天文学/庞雪晨 著. —北京:人民出版社,2019.1
ISBN 978－7－01－019124－9

Ⅰ.①郭…　Ⅱ.①庞…　Ⅲ.①天文学史-研究-西方国家-近代
Ⅳ.①P1-095

中国版本图书馆 CIP 数据核字(2018)第 057024 号

郭嵩焘与近代西方天文学
GUOSONGTAO YU JINDAI XIFANG TIANWENXUE

庞雪晨　著

人民出版社 出版发行
(100706　北京市东城区隆福寺街 99 号)

北京盛通印刷股份有限公司印刷　新华书店经销

2019 年 1 月第 1 版　2019 年 1 月北京第 1 次印刷
开本:710 毫米×1000 毫米 1/16　印张:18.75
字数:270 千字

ISBN 978－7－01－019124－9　定价:67.00 元

邮购地址 100706　北京市东城区隆福寺街 99 号
人民东方图书销售中心　电话 (010)65250042　65289539